ANALISI DELLE SERIE STORICHE
Modellistica, previsione e scomposizione

Springer - Collana di Statistica

a cura di

Adelchi Azzalini

Francesco Battaglia

Michele Cifarelli

Klaus Haagen

Ludovico Piccinato

Elvezio Ronchetti

Volumi pubblicati

C. Rossi, G. Serio
La metodologia statistica nelle applicazioni biomediche
1990, 354 pp, ISBN 3-540-52797-4

L. Piccinato
Metodi per le decisioni statistiche
1996, 492 pp, ISBN 3-540-75027-4

A. Azzalini
Inferenza statistica:
una presentazione basata sul concetto di verosimiglianza
2a edizione
2000, 382 pp, ISBN 88-470-0130-7

A. Rotondi, P. Pedroni, A. Pievatolo
Probabilità, Statistica e Simulazione
2001, 496 pp, ISBN 88-470-0081-5

E. Bee Dagum
Analisi delle serie storiche:
modellistica, previsione e scomposizione
2002, 312 pp, ISBN 88-470-0146-3

E. Bee Dagum

ANALISI DELLE SERIE STORICHE
Modellistica, previsione
e scomposizione

 Springer

E. Bee Dagum
Dipartimento di Scienze Statistiche
Università di Bologna

Springer-Verlag Italia
una società del gruppo BertelsmannSpringer Science+Business Media GmbH

http://www.springer.it

ISBN 88-470-0146-3

Riprodotto da copia camera-ready fornita dall'Autore
Progetto grafico della copertina: Simona Colombo, Milano
Impianti: Photo Life - Ideanet, Milano
Stampato in Italia: Grafiche Moretti, Segrate, Milano

SPIN: 10850839

Prefazione

Modellistica, previsione e scomposizione di serie storiche univariate sono i temi di cui il presente libro tratta. La parte riguardante la scomposizione costituisce una novità rispetto ai libri sull'analisi delle serie storiche. Infatti, pur essendo cruciale nell'analisi economica corrente, la scomposizione viene solitamente ignorata o affrontata in maniera superficiale.

L'enfasi è qui rivolta alla teoria sottostante i processi stocastici lineari, i processi stagionali autoregressivi integrati a media mobile (*SARIMA*) con e senza modelli di intervento e ai metodi di scomposizione basati su medie mobili. Ogni volta che viene introdotto un concetto nuovo, si tenta accuratamente di giustificarne l'esigenza e spiegarne il significato tanto matematico quanto euristico.

Due capitoli sono interamente dediti a casi di studio reali in cui il lettore può trovare riferimenti concreti, al fine di facilitare la comprensione delle complessità relative a costruzione di modelli e scomposizione.

Benchè la maggior parte degli esempi illustrati riguardi serie storiche economiche e sociali, il materiale presentato trova larga applicazione anche in discipline quali l'ingegneria, la medicina, la finanza, la geografia e in generale in tutti i settori in cui sia rilevante lo studio delle osservazioni effettuate nel corso del tempo.

Al lettore è richiesta una certa familiarità con l'analisi matematica, il calcolo delle probabilità e l'inferenza statistica, ma, dal momento che le espressioni matematiche sono il più delle volte definite, dimostrate e accompagnate da spiegazioni, il libro può essere utilizzato anche da studenti con una formazione di base assai semplice.

Un corso di primo livello su modellistica e previsione nell'analisi delle serie storiche può essere basato sui capitoli 1, 2, 3, 4, 5, 8 e 9 escludendo i paragrafi contrassegnati da un asterisco, che contengono materiale approfondito, più appropriato per un corso avanzato. Qualora, invece, l'interesse sia rivolto alla scomposizione, si può fare riferimento ai capitoli 1, 2, 10, 11 e 12 e, quando si riveli necessario, ad alcuni paragrafi dei capitoli relativi all'identificazione di modelli *ARIMA*.

Un corso più approfondito e generale di analisi delle serie storiche, effettuato nell'ambito di una laurea specialistica o di un dottorato di ricerca, richiede certamente lo studio di tutto il materiale presente nel libro, sebbene sia a discrezione del docente decidere se essere più o meno selettivo nei confronti di alcuni argomenti.

Il contenuto del libro è frutto di molti anni di insegnamento nell'ambito dei corsi di Diploma e Laurea presso la facoltà di Scienze Statistiche dell'Università di Bologna, e di seminari tenuti in Canada, Stati Uniti, Argentina, Australia, Nuova Zelanda, Filippine, Gran Bretagna, Francia, Spagna e Portogallo, rivolti alla formazione di statistici specializzati nell'analisi delle serie storiche.

Ringrazio in modo speciale i miei illustri colleghi, Professori Italo Scardovi e Paola Monari, per i loro sempre stimolanti commenti e per l'incoraggiamento a portare a termine questo libro. Vorrei ringraziare il Professor Francesco Battaglia per avere letto l'intero manoscritto e per avermi fornito preziosi consigli. Sono molto grata alle Dottoresse Annalisa Laghi e Laura Lizzani per il loro valido contributo nella preparazione di una versione preliminare del testo, in particolare per aver curato i capitoli 6, 9 e 12 e alla Dottoressa Alessandra Luati per avere arricchito l'intero manoscritto con numerosi grafici. Altre persone hanno contribuito in modo indiretto, tra cui i miei colleghi e studenti, che ringrazio qui tutti insieme.

Infine, la mia gratitudine va a mio marito, Camilo Dagum, per i suoi importanti commenti, per l'incoraggiamento e per essermi stato vicino durante la stesura del libro.

Naturalmente, io resto l'unica responsabile di eventuali errori.

Bologna, Luglio 2001   Estela Bee Dagum

Indice

PARTE II

Capitolo 3
Processi stazionari lineari 57

Capitolo 4
Processi non stazionari omogenei lineari 93

Capitolo 5
Processi non stazionari stagionali 109

Capitolo 6[*]
Stima di modelli $ARIMA$ 133

Capitolo 12
Procedura *X11ARIMA* per la destagionalizzazione: un caso di studio 253

Introduzione

L'analisi delle serie storiche riveste un ruolo di primaria importanza nell'ambito delle metodologie statistiche in quanto ha come oggetto lo studio dell'evoluzione temporale di fenomeni dinamici, quali i fenomeni socio-economici.

Una serie storica consiste di un insieme di osservazioni su un certo fenomeno ordinate nel tempo. Si pensi ad esempio ai dati registrati quotidianamente relativi al cambio lira/dollaro o a quelli registrati trimestralmente relativi al tasso di disoccupazione.

Solitamente le osservazioni sono misurate ad istanti di tempo equispaziati, ad esempio giornalmente, mensilmente, trimestralmente, annualmente, ecc., a seconda della natura del fenomeno oggetto di studio. In tale situazione la serie storica può essere indicata come:

$$\{x_t; \quad t = 1, ..., n\}$$

dove il pedice t indica il tempo a cui il dato x_t si riferisce.

Non è comunque necessario che gli istanti di tempo in corrispondenza dei quali le osservazioni sono raccolte siano regolari, anche se nel corso del testo si farà sempre riferimento a tale ipotesi.

Ciascun valore può rappresentare una quantità rilevata in un istante temporale, ad esempio la temperatura corporea misurata ogni ora, il prezzo di un'azione registrato settimanalmente alla chiusura della Borsa, oppure può derivare dall'accumulo di quantità rilevate su un intervallo temporale, ad esempio il consumo mensile di energia elettrica, il prodotto interno lordo ai prezzi di mercato misurato trimestralmente.

Le osservazioni che costituiscono una serie storica sono tra loro dipendenti ed è proprio la natura di questa dipendenza che costituisce l'oggetto di interesse. Gli n valori osservati sono realizzazioni di n differenti variabili aleatorie X_1, ..., X_n fra loro **dipendenti**.

L'obiettivo dell'analisi delle serie storiche è quello di studiare le relazioni tra tali variabili casuali attraverso la costruzione di modelli miranti o all'ottenimento di previsioni di breve periodo o alla scomposizione della serie storica in un insieme di componenti latenti.

Si ricordi che le metodologie proprie dell'analisi statistica classica si fondano generalmente sull'ipotesi di campionamento casuale: i valori osservati rappresentano realizzazioni di variabili aleatorie tra loro indipendenti.

In questo testo sarà considerata solo l'analisi di serie storiche univariate, ovvero relative all'evoluzione temporale di un singolo fenomeno.
Prendiamo in considerazioni alcuni esempi di serie storiche.

Fig. 1. Serie storica dei turisti in Emilia-Romagna (in migliaia), periodo gennaio 1985 – agosto 1994

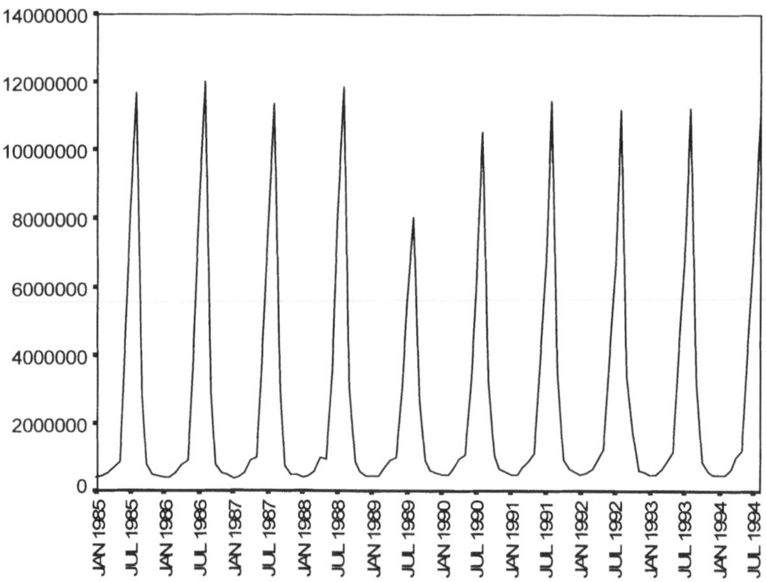

Nel grafico in Figura 1 è rappresentata la serie storica mensile del numero di turisti italiani che hanno soggiornato in Emilia-Romagna dal gennaio 1985 all'agosto 1994.
Non si nota una crescita nel numero dei turisti ma è evidente l'impatto regolare della stagionalità. Si osserva sempre (in ogni anno) un picco di massimo in corrispondenza del mese di agosto e un picco di minimo in corrispondenza del mese di gennaio. Questo comportamento caratterizza la stagionalità. Nel 1989 c'è un picco di massimo molto più basso rispetto agli altri anni. Ossia si osserva la presenza di un caso anomalo. Nell'estate del 1989 nel mare Adriatico si è infatti verificato il fenomeno delle alghe che ha provocato una riduzione del flusso turistico in Emilia-Romagna.
Il grafico in Figura 2 mostra la serie storica del numero dei disoccupati (in migliaia), misurata trimestralmente nel periodo 1984 – 1995. La serie presenta un comportamento stagionale con picchi di minimo nel terzo trimestre e picchi di massimo nel primo trimestre di ogni anno. In particolare è evidente un salto in corrispondenza del quarto trimestre del 1992, si è in presenza di un cambiamento nella struttura della serie.

Fig. 2. Serie storica dei disoccupati in senso stretto (in migliaia), periodo 1° trimestre 1984 – 4° trimestre 1995

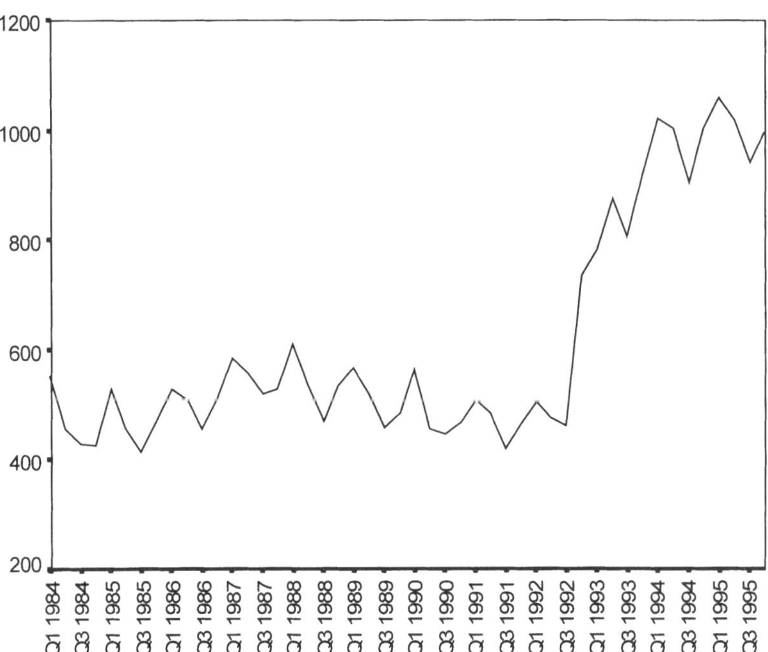

Possono essere tanti i fattori che causano un cambiamento strutturale. In questo caso il cambiamento strutturale è dovuto a un cambio di definizione, si è cioè modificato il modo di misurare la disoccupazione in senso stretto.

La Figura 3 mostra il grafico della serie dell'indice della produzione di beni di investimento (base 1990=100) rilevato mensilmente nel periodo gennaio 1985 – ottobre 1995.

La serie mostra una leggera tendenza (trend) crescente ed è caratterizzata da un comportamento fortemente stagionale, con picchi di minimo nel mese di agosto e di massimo nel mese di marzo.

Modelli e previsioni

Uno degli obiettivi primari nell'analisi delle serie storiche è effettuare previsioni. In questo libro, il problema delle previsioni viene affrontato attraverso la specificazione di modelli per serie storiche, nell'ipotesi che il processo generatore sia lineare e gaussiano . A questo proposito, si discute la procedura sviluppata da Box e Jenkins (1970) per l'identificazione, stima e verifica di modelli autoregressivi integrati a media mobile (*ARIMA*, acronimo di *autoregressive integrated moving average*).

Fig. 3. Serie storica dell'indice della produzione di beni di investimento (base 1990=100), periodo gennaio 1985 – ottobre 1995

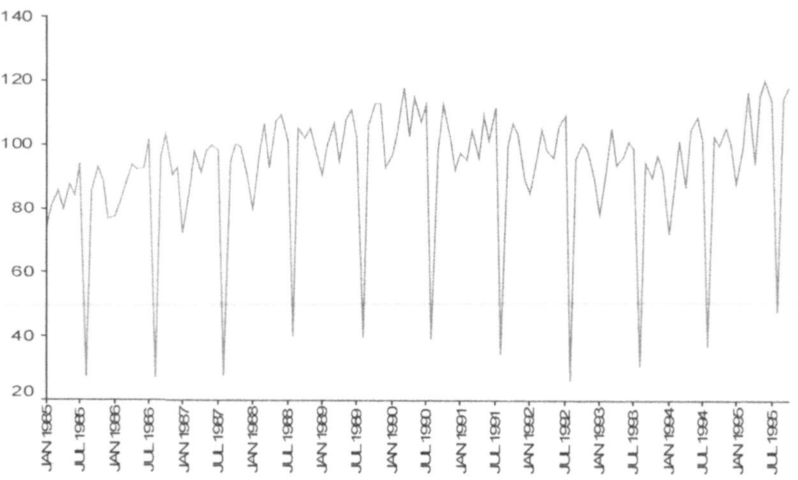

L'identificazione è basata sulle funzioni di autocorrelazione globale e parziale di serie stazionarie. Intuitivamente, una serie storica è stazionaria se la sua struttura probabilistica è in uno stato di equilibrio. Nell'ipotesi di normalità distributiva, una serie è stazionaria se media e varianza sono finite e costanti e se la funzione di autocorrelazione dipende solo dal ritardo temporale e non dall'istante in cui la serie ha avuto origine. Spesso sono necessarie trasformazioni che rendano una serie stazionaria, in quanto molti dati economici e sociali presentano una tendenza e non soddisfano quindi la condizione di media costante. Le trasformazioni applicate più di frequente sono la trasformazione logaritmica, che stabilizza la varianza, e le differenze di ordine finito, solitamente non maggiore di due, che correggono la non stazionarietà in media. Una volta resa stazionaria la serie, essa può essere modellizzata con un processo autoregressivo a media mobile (*ARMA*) che ha il vantaggio di fornirne una rappresentazione molto parsimoniosa (il numero dei parametri è ridotto). Un modello *ARMA* è caratterizzato dalla presenza di valori ritardati della serie osservata e di disturbi casuali, anch'essi ritardati. Ad esempio

$$Z_t - \phi Z_{t-1} = a_t - \theta a_{t-1}$$

$$Z_t = \phi Z_{t-1} + a_t - \theta a_{t-1}, \quad a_t \sim NID\left(0, \sigma_a^2\right)$$

è un modello *ARMA(1,1)* nel senso che la serie osservata, Z_t, è ritardata di un periodo pari ad uno e lo stesso avviene per il disturbo casuale a_t. In generale, si adotta la notazione *ARMA(p,q)*, dove *p* è il numero dei parametri autoregressivi (coerentemente con l'ordine del ritardo delle osservazioni) e *q* è il numero dei parametri media mobile (coerentemente con l'ordine del ritardo del disturbo casuale). Allo stesso modo, si parla di modello *ARIMA(p,d,q)* quando si intende che differenze di ordine *d* (generalmente *d* non è maggiore di due) sono state applicate ai dati e che la risultante serie segue un modello *ARMA(p,q)*. Se nella serie è presente stagionalità, allora il modello stagionale *ARIMA* diventa un modello *SARIMA(p,d,q)(P,D,Q)$_s$* dove *(P,D,Q)* ha la stessa interpretazione di *(p,d,q)* ma in riferimento alla componente stagionale e il pedice *s* denota la periodicità stagionale che è, ad esempio, uguale a 12 per dati mensili o a 4 per dati trimestrali; *SARIMA* sta per *seasonal ARIMA*.

I modelli *ARIMA* sono appropriati solo per serie temporali che siano realizzazioni di processi stocastici lineari e gaussiani. Quando la non linearità è dovuta a cause di tipo deterministico, quali gli effetti dei diversi livelli di attività giornaliera (variazioni di giorni lavorativi) nelle serie di flusso, l'impatto delle feste mobili come la Pasqua, la presenza di dati anomali, il verificarsi di cambiamenti strutturali, per linearizzare i dati si può ricorrere a diversi modelli di intervento. Tali modelli solitamente consistono di funzioni impulso o funzioni a gradini (funzioni step) per le parti deterministiche nonlineari e di modelli *ARIMA* o *ARMA* per il resto.

Ad esempio, il modello stagionale *ARIMA* per la serie della produzione industriale dei beni di investimento è un modello $(2,1,0)(0,1,1)_{12}$ senza alcun intervento. La Figura 4 mostra, sovrapposti alle osservazioni (linea continua), i valori stimati dal modello (linea tratteggiata), più un anno di previsioni.

Per la serie dei disoccupati, è evidente la presenza di un cambio strutturale nella tendenza. Un modello appropriato per questa serie è un classico $(0,1,1)(0,1,1)_4$ con un intervento definito come una funzione step nel quarto trimestre del 1992. La Figura 5 mostra le osservazioni (linea continua) e i valori stimati (linea tratteggiata) con due anni di previsioni.

La maggior parte dei metodi utilizzati per stimare i parametri nell'analisi delle serie storiche si basa sul metodo della massima verosimiglianza. Il vantaggio di tale procedimento è che, in grandi campioni, gli stimatori che ne derivano sono statisticamente efficienti. D'altro canto, a causa della nonlinearità delle equazioni di verosimiglianza, per ottenere le stime è spesso necessario ricorrere a procedure iterative. Box e Jenkins (1970) suggeriscono l'uso della massima verosimiglianza per individuare le stime dei parametri ed una procedura iterativa a tre stadi, identificazione,

Fig. 4. Serie della produzione dei beni industriale di investimento con un anno di previsioni dal modello ARIMA$(2,1,0)(0,1,1)_{12}$

Fig. 5. Serie dei disoccupati con due anni di previsioni dal modello ARIMA$(0,1,1)(0,1,1)_4$

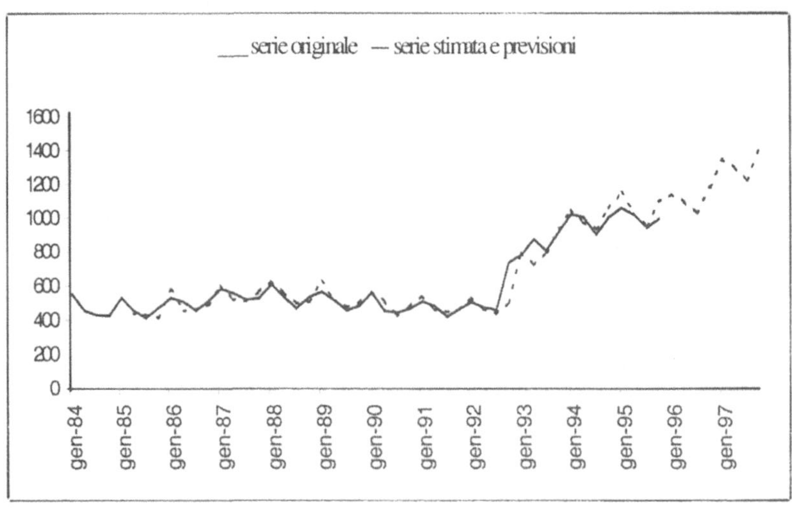

l'analisi dei residui che, affinchè il modello identificato e stimato sia accettabile, dovrebbero risultare non autocorrelati e gaussiani.

Scomposizione delle serie storiche
Oltre alle previsioni, un altro importante obiettivo nell'analisi delle serie storiche è la scomposizione. L'assunzione più comune è che la variazione totale di una serie possa essere attribuita a diverse cause ben identificabili, e di conseguenza scomposta. Tradizionalmente, gli statistici economici hanno distinto quattro componenti principali: la tendenza o trend, il ciclo, la stagionalità, e la componente irregolare.
Il trend riflette cambiamenti di lungo periodo che possono durare più anni e che hanno origine da cause strutturali, quali, ad esempio, eventi istituzionali, cambiamenti demografici o tecnologici.
Il ciclo, o ciclo d'affari, al quale più comunemente ci si riferisce, è una quasi-oscillazione caratterizzata da periodi di espansione e di contrazione nell'economia. In molte analisi, il trend e il ciclo sono stimati simultaneamente in quanto in serie relativamente corte è difficile individuare una tendenza di lungo periodo.
Le variazioni stagionali rappresentano l'effetto congiunto di fattori climatici ed istituzionali che si ripetono con una certa regolarità durante l'anno. Sono quattro le cause determinanti la stagionalità: il clima, la composizione del calendario, le scadenze imposte e le aspettative.
Infine, la componente irregolare rappresenta movimenti imprevedibili dovuti ad eventi di ogni genere. Solitamente, la componente irregolare ha un comportamento casuale stabile, ma, in alcuni casi, può comprendere valori estremi o anomali dovuti a cause ben determinate quali, ad esempio, inondazioni, inverni particolarmente rigidi o scioperi.
Queste componenti non sono direttamente osservabili, sono variabili latenti, e possono essere ben identificate e quindi stimate. Le variazioni stagionali possono essere chiaramente distinte dal trend per via del loro carattere oscillatorio, dal ciclo d'affari in quanto hanno periodicità annuale e dalla componente irregolare poiché sono sistematiche.
Per dati di flusso, quali ad esempio le vendite al dettaglio, la produzione industriale, l'arrivo di turisti, si possono riscontrare altre variazioni dovute alla composizione del mese. Tra tali variazioni, le più importanti sono quelle dovute ai giorni lavorativi, che rappresentano il numero di volte in cui ogni giorno della settimana compare in un mese, e quelle dovute alle feste mobili, come la Pasqua.
Ad esempio, le Figure dalla 7 alla 9 mostrano, rispettivamente, il trend-ciclo, le variazioni stagionali e la componente irregolare della serie delle donne canadesi disoccupate di età maggiore di 25 anni dal 1976 al 1997 (la serie originale è in Figura 6). La serie originale risente fortemente

Fig. 6. Serie storica delle donne canadesi disoccupate di età maggiore di 25 anni nel periodo dal 1976 al 1997

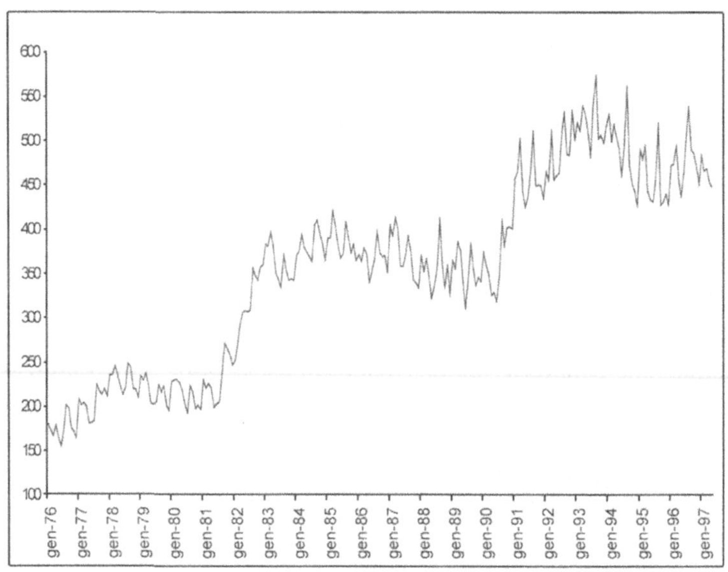

Fig. 7. Trend-ciclo

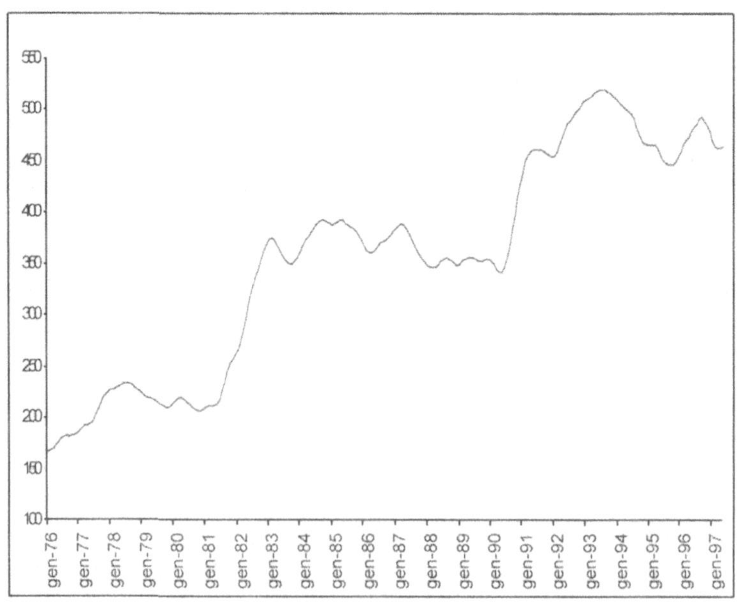

Fig. 8. Componente stagionale

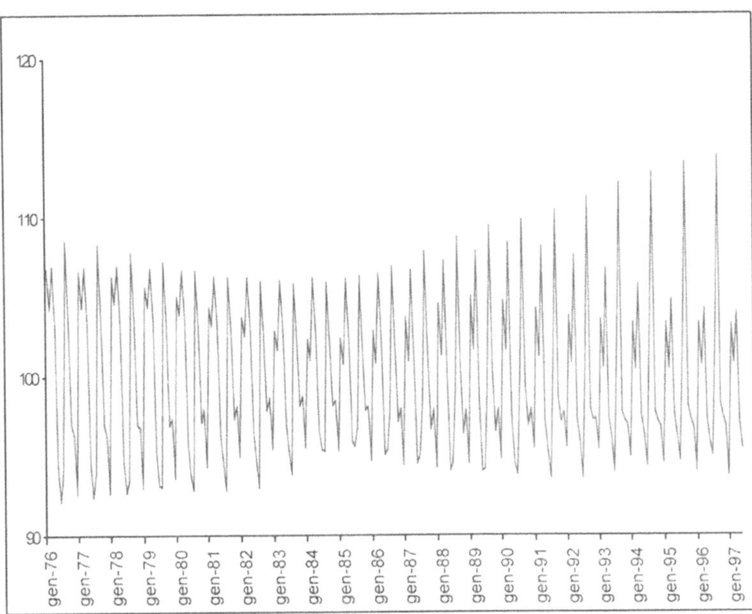

Fig. 9. Componente irregolare

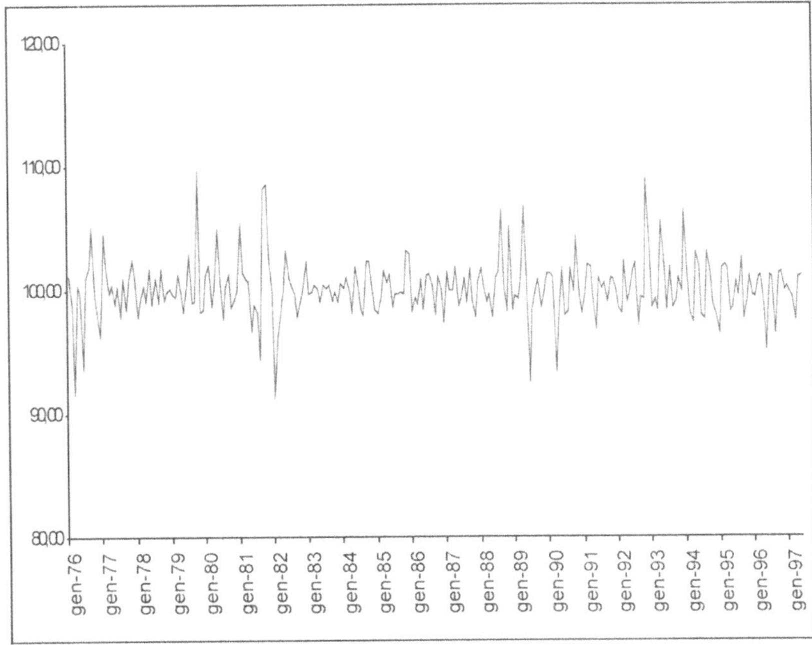

Fig. 10. Serie destagionalizzata

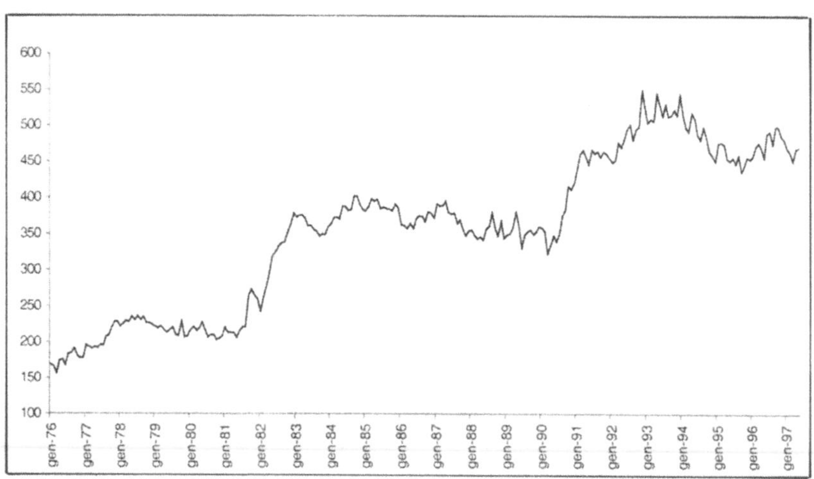

degli effetti della stagionalità e del ciclo economico, che tuttavia non si manifestano chiaramente. L'andamento del trend-ciclo è riportato in Figura 7: si notano due salti negli anni 1981-82 e 1990-91, che sono anni di recessione economica. La Figura 8 mostra le variazioni stagionali che sono caratterizzate da due punti di massimo e due di minimo. Un picco di massimo è osservato in corrispondenza del mese di agosto, ed uno secondario in marzo, mentre i minimi si osservano in dicembre e giugno. Appare chiaro che, nel corso del tempo, la stagionalità è evoluta incrementando la sua ampiezza. Gli effetti della componente irregolare appaiono in Figura 9: in generale si osserva un andamento regolare e stabile, a meno di qualche valore estremo. La serie destagionalizzata è in Figura 10: dato che contiene anche gli effetti della componente irregolare appare meno smooth del trend-ciclo.

L'identificazione e la stima di queste componenti è stata fatta mediante il software *X11ARIMA/88* messo a punto da Statistics Canada, che è il più applicato dei software per la scomposizione di serie storiche e che sarà discusso nel presente testo. Tale software è basato sul metodo sviluppato da Dagum (1978b) che consiste nel: (i) modellare la serie originale con un modello *SARIMA*, (ii) estendere la serie originale con tre anni di previsioni effettuate sulla base del modello *SARIMA* più appropriato, secondo alcuni criteri di adattamento e previsione, alla serie in questione, (iii) stimare ogni componente mediante filtri lineari (medie mobili) che sono simmetrici per le osservazioni centrali e asimmetrici per i primi e ultimi valori della serie. I filtri asimmetrici risultano dalla convoluzione dei filtri lineari per le estrapolazioni nei modelli *SARIMA* con i filtri di smoothing del *Census X11* sviluppato da Shiskin, Young e Musgrave

(1967). Per serie di flusso, componenti deterministiche quali le variazioni di giorni lavorativi e l'effetto della Pasqua sono stimate con modelli di regressione con variabili dummy e vengono rimosse prima ancora di effettuare i passi (i) e (iii) sopra specificati. La stessa procedura sequenziale è seguita tanto nel software *X11ARIMA/88* quanto nell' *X11ARIMA/2000* sviluppati da Statistics Canada, ma non nella versione *X11ARIMA/80* che spesso, per dati di flusso, non giudicava accettabili i modelli *ARIMA* per la presenza di variazioni di giorni lavorativi o dell'effetto Pasqua che richiedono modelli di intervento.

Struttura del libro

Il libro è suddiviso in quattro parti.

La prima parte, che include i primi due capitoli, fornisce una descrizione dei fondamenti probabilistici dell'analisi delle serie storiche con particolare riferimento ai processi stocastici stazionari, invertibili e gaussiani e alla proprietà di ergodicità. Il capitolo 2 discute gli strumenti per identificare il comportamento dei processi lineari stazionari ed invertibili, ossia le funzioni di autocovarianza e autocorrelazione nonchè le loro rispettive trasformate di Fourier, lo spettro e la funzione di densità spettrale.

La seconda parte consiste dei capitoli 3,4,5,6 e 7. Il capitolo 3 riguarda un'importante classe di modelli stocastici lineari e stazionari, le cui proprietà sono analizzate in dettaglio. I processi lineari stazionari che sono utili nella modellizzazione delle serie storiche sono i processi autoregressivi (*AR*), media mobile (*MA*) e misti autoregressivi a media mobile (*ARMA*). Dal momento che molte serie osservate non soddisfano la proprietà di stazionarietà, i modelli introdotti nel capitolo 3 sono ulteriormente sviluppati nel capitolo 4 nella classe dei processi non stazionari denominati autoregressivi integrati a media mobile (*ARIMA*). Tali modelli sono estesi nel capitolo 5, in modo da poter essere adattati a serie affette da variazioni stagionali, che costituiscono la maggior parte delle serie mensili e trimestrali. Nello stesso capitolo vengono introdotti anche diversi modelli di intervento per serie che risentono di effetti deterministici come scioperi, variazioni di giorni lavorativi, cambiamenti strutturali.

La stima dei modelli stazionari *AR, MA, ARMA* con il metodo della massima verosimiglianza è discussa nel capitolo 6, mentre il capitolo 7 riguarda le previsioni.

La terza parte del libro, che include i capitoli 8 e 9, copre estensivamente l'approccio iterativo alla costruzione di modelli proposto da Box e Jenkins e basato su tre stadi: identificazione, stima e verifica. Per illustrare il procedimento, una serie storica reale è analizzata in dettaglio attraverso il software *SPSS* e i risultati dell'analisi sono commentati.

La quarta parte è costituita dai capitoli 10,11 e 12 e concerne il problema della scomposizione delle serie storiche. Nel capitolo 10 si introducono definizioni e concetti relativi alle componenti non osservabili, quali trend, ciclo, stagionalità, variazione di giorni lavorativi, feste mobili e componente irregolare. Il capitolo 11 tratta i fondamenti statistici del metodo *X11ARIMA* sviluppato da Dagum (1978b) analizzando i filtri lineari (medie mobili) singoli e a cascata per il trend-ciclo e per la stagionalità attraverso le rispettive funzioni di guadagno e i rispettivi sfasamenti. Il capitolo 12 contiene un'applicazione reale attraverso il più utilizzato software per la destagionalizzazione di serie storiche, ossia, l'*X11ARIMA/88* sviluppato da Stastistics Canada. Tutte le opzioni del software sono spiegate e l'output, tabelle e grafici compresi, è commentato.

Capitolo 1
Introduzione ai processi stocastici

1.1 Processi stocastici: definizione e caratterizzazioni

Una serie temporale è un insieme di osservazioni su un certo fenomeno ordinate nel tempo, solitamente misurate ad istanti di tempo equispaziati, ad esempio mensilmente, trimestralmente, ecc. Le osservazioni sono fra loro dipendenti, ed è proprio la natura di questa dipendenza ad essere oggetto di interesse.

Da un punto di vista teorico, una serie temporale è definita come una realizzazione campionaria di un processo stocastico, dove per processo stocastico si intende una famiglia di variabili aleatorie ordinate secondo un dato parametro che nell'analisi delle serie storiche è il tempo.

Formalmente un processo stocastico è una funzione aleatoria di due argomenti: il tempo, $t \in T$, definito in uno spazio parametrico T, e l'evento ω definito in uno spazio probabilistico (Ω,β,P):

$$X = \{X(\omega,t); \omega \in \Omega, t \in T\}. \tag{1.1.1}$$

Il processo stocastico $\{X(\omega,t)\}$ è quindi una relazione funzionale tra un dominio, dato dal prodotto $\Omega \times T$ ed un codominio dato dalla retta reale $\Re$.

Consideriamo alcuni casi particolari:

- se $t \in T$ e $\omega \in \Omega$ sono variabili, allora la (1.1) definisce un processo stocastico;

- se $t \in T$ è variabile e $\omega = \omega_0$, allora $\{X(\omega_0,t)\}$ si configura come una funzione reale ben definita del tempo t. Tale funzione del tempo è definita "traiettoria" del processo stocastico;

- se $\omega \in \Omega$ è variabile e $t = t_0$ è fissato, $\{X(\omega,t_0)\}$ definisce una variabile aleatoria, cioè una funzione misurabile di $\omega \in \Omega$;

- se $t = t_0$ e $\omega = \omega_0$, allora $\{X(\omega_0,t_0)\}$ si riduce a un numero reale.

Dato che il processo $\{X(\omega,t)\}$ è un insieme di variabili casuali indicizzate da un parametro t variabile nello spazio parametrico T, conveniamo, nel seguito, di indicarlo con $\{X_t\}$, $t \in T$.

In tale ottica definiamo **serie storica** una realizzazione finita di un processo stocastico $\{X(\omega,t)\}$.

Una serie storica si configura come un insieme di osservazioni relative a variabili aleatorie differenti. La serie storica $\{x_1, x_2, ..., x_n\}$ è, cioè, un campione nel quale x_1 è realizzazione di $X(\omega, t=1)$, x_2 è realizzazione di $X(\omega, t=2)$, ..., x_n è generato da $X(\omega, t=n)$, $\omega \in \Omega$. Le variabili aleatorie $X(\omega, t=1)$, $X(\omega, t=2)$, ..., $X(\omega, t=n)$ possono essere caratterizzate da strutture probabilistiche differenti.

L'analisi delle serie storiche mira quindi a pervenire dalla conoscenza di una serie storica alla conoscenza del processo stocastico che l'ha generata; come si vedrà, ciò si rende possibile solo per processi stocastici che presentano particolari proprietà.

La figura 1 illustra diverse realizzazioni di un ipotetico processo stocastico.

Fig. 1. Realizzazioni di un processo stocastico

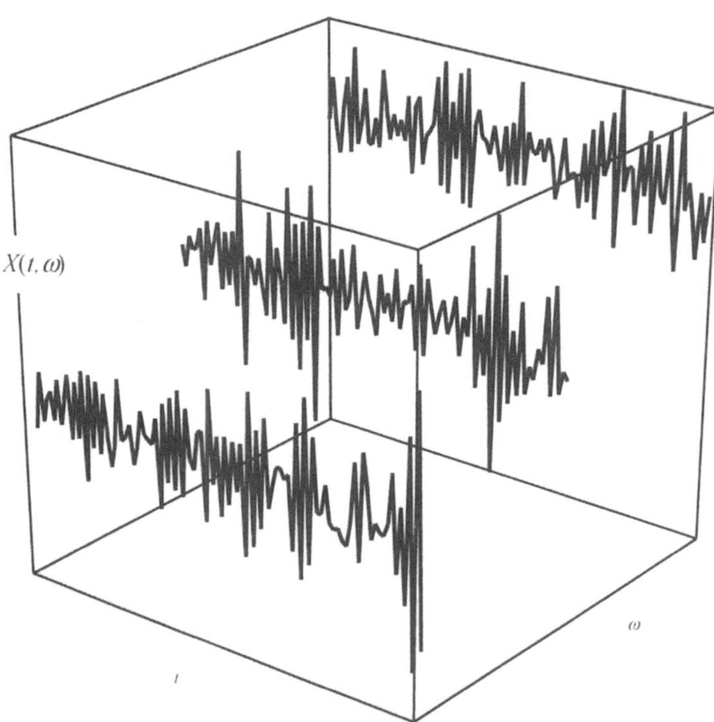

Mentre nell'inferenza classica si dispone, in genere, di un campione di n osservazioni su un'unica variabile aleatoria, nell'analisi delle serie storiche il campione contiene n osservazioni su n differenti variabili aleatorie.

La maggior parte dei fenomeni economici, demografici, sociali, ecc. assumono valori compresi in certi intervalli (quindi lo spazio di probabilità Ω è continuo) e sono rilevati a intervalli di tempo discreti, usualmente equispaziati (lo spazio parametrico T è, cioè, discreto). Sono quindi processi continui a parametro discreto.

I fenomeni possono essere rilevati come variabili di stock o di flusso. Si parla di variabile di stock quando si registra l'ammontare del fenomeno oggetto di analisi in un dato istante di tempo, mentre di variabile di flusso quando si rileva l'ammontare del fenomeno accumulato in un certo intervallo temporale. Tutto ciò ha implicazioni per la modellizzazione e la scomposizione delle serie storiche.

Un processo $\{X_t\}$, che, come visto, si configura come una successione di variabili aleatorie, risulta noto se sono note:

- tutte le funzioni di ripartizione semplici:

$$F_t(x) = P(X_t \le x) = \int_{-\infty}^{x} f(X_t) dX_t , \qquad (1.1.2)$$

$\forall x \in \Re$ e $t \in T$;

- tutte le funzioni di ripartizione doppie:

$$F_{t_1,t_2}(x_1,x_2) = P\left(X_{t_1} \le x_1, X_{t_2} \le x_2\right) =$$

$$= \int_{-\infty}^{x_1} \int_{-\infty}^{x_2} f\left(X_{t_1}, X_{t_2}\right) dX_{t_1} dX_{t_2} \qquad (1.1.3)$$

$\forall x_1, x_2 \in \Re$ e $\forall t_1, t_2 \in T$;

- tutte le funzioni di ripartizione n-dimensionali:

$$F_{t_1,t_2,...,t_n}(x_1,x_2,...,x_n) = P\left(X_{t_1} \le x_1, X_{t_2} \le x_2,...,X_{t_n} \le x_n\right) =$$

$$= \int_{-\infty}^{x_1} \int_{-\infty}^{x_2} ... \int_{-\infty}^{x_n} f\left(X_{t_1}, X_{t_2},...,X_{t_n}\right) dX_{t_1} dX_{t_2} ... dX_{t_n} \qquad (1.1.4)$$

$\forall x_1, x_2,...,x_n \in \Re$ e $\forall t_1, t_2,...,t_n \in T$.

La famiglia di tutte queste funzioni di ripartizione congiunte, per qualsiasi n-pla di istanti temporali e $\forall n = 1,2,...$, costituisce la famiglia delle funzioni di ripartizione finite associate al processo. Tale famiglia caratterizza completamente il processo $\{X_t\}$ solo se la (1.1.4) soddisfa le seguenti due condizioni:

(a) simmetria;

(b) coerenza.

La (1.1.4) è simmetrica se è invariante a ogni permutazione contemporanea di x_j e t_j, cioè non dipende dall'ordine degli indici, ovvero:

$$F_{t_{j_1},t_{j_2},...,t_{j_n}}\left(x_{j_1},x_{j_2},...,x_{j_n}\right)=F_{t_1,t_2,...,t_n}\left(x_1,x_2,...,x_n\right), \qquad (1.1.5)$$

dove $\left(j_1,j_2,...,j_n\right)$ indica una qualsiasi permutazione di $(1,2,...,n)$.

La (1.1.4) è coerente se:

$$F_{t_1,t_2,...,t_m,t_{m+1},...,t_n}\left(x_1,x_2,...,x_m,\infty,...,\infty\right)=F_{t_1,t_2,...,t_m}\left(x_1,x_2,...,x_m\right) \qquad (1.1.6)$$

$\forall\, t_{m+1},...,t_n \in T$ se $m<n$.

Tale condizione implica che per qualche $x_{m+1}\to\infty$ essa tende alla funzione di ripartizione delle rimanenti variabili casuali, cioè:

$$\lim_{x_{m+1}\to+\infty} F_{t_1,t_2,...,t_{m+1}}\left(x_1,x_2,...,x_{m+1}\right)=F_{t_1,t_2,...,t_m}\left(x_1,x_2,...,x_m\right). \qquad (1.1.7)$$

In un famoso teorema dovuto a Kolmogorov (1933) è stato dimostrato che la (1.1.4) insieme alle (1.1.5) e (1.1.6) definisce in modo univoco le distribuzioni di probabilità dello spazio campionario dei processi stocastici. Anche l'implicazione inversa è vera, ossia, ogni famiglia di funzioni di distribuzione finite (1.1.4) che soddisfi le condizioni (1.1.5) e (1.1.6) definisce un processo stocastico.

Non è possibile identificare il processo stocastico generatore di una serie storica osservata utilizzando l'approccio di Kolmogorov. Infatti la specificazione di tutte le distribuzioni di ripartizione di una successione di variabili casuali $\{X_t\}$ sulla quale si osserva soltanto una realizzazione finita $\{x_t\}$, avrà troppi parametri da stimare a partire dai dati disponibili.

Nella pratica, si specificano soltanto i momenti del primo e del secondo ordine delle distribuzioni congiunte, ossia il valore medio $E(X_t)$ e i momenti del secondo ordine $E(X_t X_{t+k})$, $t=1$, 2, ...; $k=0,1,2,...$, focalizzando l'attenzione sulle proprietà del processo $\{X_t\}$ che dipendono solo da questi momenti.

In seguito sono introdotti diversi processi stocastici molto utili nell'identificazione dei modelli statistici per le serie storiche.

1.2 Processo stocastico stazionario

Intuitivamente un processo è stazionario se la sua struttura probabilistica rimane invariata al variare del tempo.

Ciascuna osservazione di una serie storica è la realizzazione di una diversa variabile aleatoria, è quindi auspicabile che le diverse variabili aleatorie presentino una certa omogeneità della struttura probabilistica rispetto al tempo, perché in tal caso il campione risulta più informativo sulla struttura del processo generatore.

Formalmente, un processo stocastico $\{X_t\}$ viene definito *stazionario in senso forte* se tutte le funzioni di ripartizione finite rimangono invariate quando l'insieme di punti t_1, t_2,..., t_n è traslato lungo l'asse temporale. Cioè:

$$F_{t_1,t_2,...,t_n}(x_1,x_2,...,x_n) = F_{t_1+\tau,t_2+\tau,...,t_n+\tau}(x_1,x_2,...,x_n), \qquad (1.2.1)$$

$\forall n$, $\forall (t_1, t_2,..., t_n)$, $\forall \tau$ e $\forall(x_1,x_2,...,x_n)$.

Le funzioni di ripartizione finite di un processo stazionario in senso forte dipendono solo dalla posizione relativa e non dai valori effettivi di t_1, t_2,..., t_n, ciò implica che se gli istanti temporali sono traslati, le funzioni di ripartizione rimangono invariate.

Tale condizione implica che per un processo stazionario in senso forte tutte le funzioni di ripartizione unidimensionali, $F_t(x) - P(X_t \leq x)$, per ciascun $t \in T$, devono essere identiche.

Anche le funzioni di ripartizione bidimensionali, $F_{t_1,t_2}(x_1,x_2) = P(X_{t_1} \leq x_1, X_{t_2} \leq x_2)$, sono determinate solo dalla distanza temporale ($t_2 - t_1$), e non dai valori di t_1 e t_2.

Pertanto, la stazionarietà in senso forte implica che **se esistono** i momenti del processo, essi non saranno funzione del tempo t.

Un concetto di stazionarietà meno restrittivo è quello di stazionarietà in senso debole o in covarianza.

Un processo viene definito *stazionario in senso debole* o *in covarianza* (nel seguito si dirà, semplicemente, stazionario) se soddisfa le seguenti proprietà:

(1) il valor medio o momento del primo ordine μ è finito e costante, $\forall t \in T$. Cioè:

$$E(X_t) = \mu < \infty; \qquad (1.2.2)$$

(2) la funzione varianza è finita e costante, $\forall t \in T$, cioè:

$$E(X_t - \mu)^2 = \sigma^2 < \infty; \qquad (1.2.3)$$

(3) la funzione di autocovarianza o momento centrato del secondo ordine:

$$E\left[(X_t - \mu)(X_{t-k} - \mu)\right] = \gamma_k \qquad (1.2.4)$$

è finita e dipende solo dal ritardo temporale $k \in T$.

γ_0 definisce la varianza del processo, mentre $\rho_k = \dfrac{\gamma_k}{\gamma_0}$ la funzione di autocorrelazione.

L'operatore valor medio $E(\bullet)$ per ogni funzione misurabile $g(\bullet)$ rispetto alla famiglia delle funzioni di ripartizione finite di $\{X_t\}$ è definito da:

$$E[g(X_t)] = \int_{-\infty}^{+\infty} g(x_t)dF(x_t), \quad \forall t \in T . \tag{1.2.4.a}$$

Si noti che se un processo è stazionario in senso forte con momenti del secondo ordine **finiti** allora esso è anche stazionario in senso debole. Infatti, se le funzioni di ripartizione sulle quali si integra nella (1.2.4.a) non dipendono dal tempo, allora i loro valori attesi sono anch'essi indipendenti dal tempo. Il contrario non è vero, cioè un processo stazionario in senso debole non è necessariamente stazionario in senso forte in quanto la media e la funzione di autocovarianza possono non essere funzione del tempo, ma momenti di ordine superiore, come, ad esempio, $E(X_t^3)$, possono esserlo. In definitiva, queste proprietà non si implicano a vicenda perché si può avere un processo stazionario in senso forte che non lo è in senso debole, in quanto la stazionarietà in senso forte non richiede che i momenti del primo e del secondo ordine siano **finiti**.

1.2.1 Processo puramente casuale o white noise

Il più semplice processo stazionario è il processo puramente casuale chiamato white noise o rumore bianco, indicato con $\{a_t\} \sim WN(0, \sigma_a^2)$ e così definito:

$$E(a_t) = 0 \tag{1.2.5}$$

$$Var(a_t) = E(a_t^2) = \sigma_a^2 < \infty \tag{1.2.6}$$

$$Cov(a_t, a_{t-k}) = E(a_t a_{t-k}) = \gamma_k = 0, \quad \text{per} \quad \text{ogni} \quad k \neq 0 . \tag{1.2.7}$$

Tale processo rappresenta una successione di variabili casuali di media zero e varianza costante e finita incorrelate tra loro[1].

La condizione di varianza finita e costante (1.2.6) è chiamata **omoschedasticità**, mentre la condizione di varianza non costante è detta **eteroschedasticità**.

Il processo puramente casuale o white noise definito dalle (1.2.5) – (1.2.7) è talvolta chiamato processo white noise in senso forte in quanto è

---

[1] Questo processo è chiamato rumore bianco perché il suo spettro (come si vedrà nel capitolo 2), interpretato come una scomposizione della varianza totale del processo nelle sue componenti di frequenza angolare date da funzioni seno e coseno, è come quello della luce bianca che presenta una intensità costante a tutte le frequenze angolari.

richiesta l'omoschedasticità. Infatti la definizione più semplice di processo white noise richiede la (1.2.5), la (1.2.7) e varianza finita (non necessariamente costante). In questo testo si utilizza la definizione di processo white noise dato dalle (1.2.5) – (1.2.7) a meno che non sia specificato diversamente. Talvolta nella definizione di white noise si impone anche la condizione di **indipendenza** che è più forte di quella di non-autocorrelazione, come nel caso di variabili aleatorie indipendenti e identicamente distribuite (I.I.D.).

1.3 Processo stocastico invertibile

Un processo stocastico $\{X_t\}$ viene definito invertibile se può essere espresso come una funzione delle variabili aleatorie precedenti, X_{t-k}, e dalle innovazioni a_{t-k}, $k>0$, che si sono incorporate nella dinamica del processo; cioè:

$$X_t = f\left(X_{t-1}, X_{t-2}, \dots; a_{t-1}, a_{t-2}, \dots\right) + a_t \qquad (1.3.1)$$

dove con $\{a_t\}$ indichiamo un processo puramente casuale (white noise).

Nell'ipotesi che il processo cominci in un determinato istante temporale, fissate alcune condizioni iniziali, possiamo ottenere stime di a_t, indicate con $\hat{a}_t$, nel seguente modo:

$$\hat{a}_t = X_t - f\left(X_{t-1}, X_{t-2}, \dots, \hat{a}_{t-1}, \hat{a}_{t-2}, \dots\right) \qquad (1.3.2)$$

Se definiamo con $e_t = a_t - \hat{a}_t$ l'errore di stima di a_t, detta "innovazione", allora il processo $\{X_t\}$ si dice invertibile se $\lim_{t\to\infty} E\left(e_t^2\right) = 0$.

Una definizione più restrittiva di invertibilità, equivalente alla precedente per processi lineari (si veda il paragrafo 1.6), è:

$$X_t = c_0 + c_1 X_{t-1} + c_2 X_{t-2} \dots + a_t; \qquad (1.3.3)$$

dove $\{c_0, c_1, c_2, \dots\}$ è una successione di costanti, $\{a_t\}$ un processo puramente casuale e $\sum_{j=0}^{\infty} c^2{}_j < +\infty$. L'uguaglianza (1.3.3) va intesa in media quadratica.

La proprietà di invertibilità è chiaramente connessa alla possibilità di formulare previsioni nell'ambito dei processi stocastici, perchè ci permette di esplicitare il processo $\{X_t\}$ tramite una funzione convergente delle variabili casuali "precedenti" l'istante t. Si noti che le proprietà di stazionarietà e di invertibilità non si implicano tra di loro.

1.4 Processo stocastico normale

Questa categoria si riferisce alla distribuzione di probabilità che specifica il processo stocastico. La distribuzione più comune è la distribuzione normale o Gaussiana.

Sia $\mathbf{X} = (X_1,...,X_n)'$ un vettore aleatorio. Si dice che $\mathbf{X} \sim N(\boldsymbol{\mu},\boldsymbol{\Sigma})$ ha una distribuzione normale multivariata con vettore delle medie $\boldsymbol{\mu}$ e matrice di varianza-covarianza non singolare $\boldsymbol{\Sigma}$ se la funzione di densità

$$f(\mathbf{x}) = f(x_1,...,x_n) =$$

$$= (2\pi)^{-\frac{n}{2}} (\det \Sigma)^{-\frac{1}{2}} \exp\left\{ -\frac{1}{2}(\mathbf{x}-\boldsymbol{\mu})'\Sigma^{-1}(\mathbf{x}-\boldsymbol{\mu}) \right\} \tag{1.4.1}$$

dove l'(i,j)-esimo elemento di $\boldsymbol{\Sigma}$ è la $Cov(X_i, X_j) = E[(X_i - \mu_i)(X_j - \mu_j)]$.

Un processo $\{X_t\}$ si definisce normale o gaussiano se tutte le sue distribuzioni congiunte sono normali multivariate, cioè se per ogni n-pla $(t_1, t_2,...,t_n)$ la distribuzione di $(X_{t_1}, X_{t_2},..., X_{t_n})$ è normale n-variata, per ogni n.

Un tale processo stocastico è completamente specificato dai suoi momenti del primo e del secondo ordine. Se il processo è anche stazionario, il valor medio è costante $\mu_t = \mu$, $\forall t \in T$, e γ_k dipende solo dal ritardo k. In tale caso, la funzione di ripartizione congiunta di $(X_1,...,X_n)$ coincide con la funzione di ripartizione congiunta di $(X_{1+k},...,X_{n+k})$ per ogni n e per $k>0$. Quindi un processo stocastico normale stazionario in senso debole è anche stazionario in senso forte.

1.5 Processo stocastico Markoviano[*]

Un processo si definisce Markoviano se le proprietà probabilistiche del processo al tempo t dipendono soltanto dal valore assunto dal processo al tempo t-1, e non dai valori precedenti $X_{t-j}, j=2,3,...$

Esempio

Consideriamo un processo stocastico del tipo:

$$X_t = \phi X_{t-1} + a_t \tag{1.5.1}$$

dove

$$E(a_t) = 0$$

$$E(a_t a_{t-k}) = \begin{cases} \sigma_a^2 & k = 0 \\ 0 & k \neq 0 \end{cases}$$

Tale processo, che sarà definito, in seguito, processo autoregressivo di ordine 1 (*AR(1)*), è un processo Markoviano. Esso presenta, infatti, una distribuzione di probabilità completamente specificata se X_{t-1} è noto e non dipende dalle precedenti X_t:

$$E(X_t|X_{t-1}) = \phi X_{t-1} \qquad (1.5.2)$$

$$Var(X_t|X_{t-1}) = \sigma_a^2. \qquad (1.5.3)$$

1.6 Ergodicità[*]

Dato che una serie temporale corrisponde, come abbiamo visto, ad una singola realizzazione finita di un processo stocastico, volendo stimare i parametri del processo generatore, l'attenzione deve spostarsi dall'aggregazione di osservazioni relative ad un particolare istante temporale (media di insieme) all'aggregazione di osservazioni nel tempo (media temporale). Possiamo pensare a una distribuzione di eventi dei quali soltanto uno è osservato.

La figura 2 mostra una serie di distribuzioni di probabilità ipotetiche dei possibili eventi attorno ai valori osservati. I valori osservati non coincidono necessariamente coi valori medi delle distribuzioni di probabilità.

Fig. 2. Distribuzioni di probabilità ipotetiche per una serie simulata

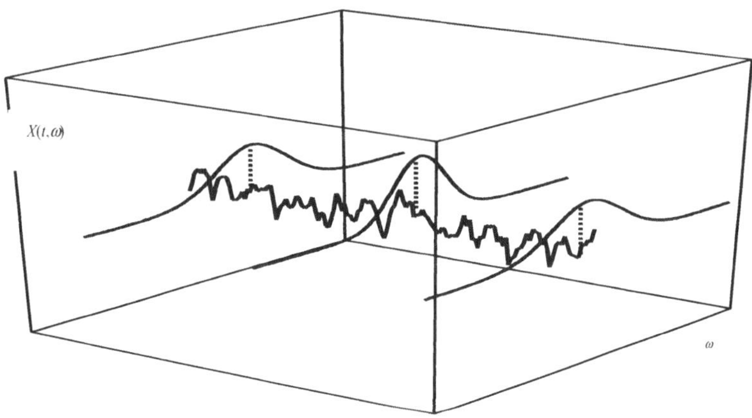

L'ergodicità di un processo stocastico garantisce che, data una successione di dati, sia possibile fare inferenza su alcuni momenti del processo. A tale scopo è necessario, ma non sufficiente, che il processo generatore non dipenda dal tempo (sia, cioè, stazionario). Le stime del valore atteso, della varianza e della funzione di autocovarianza di un processo stazionario, ottenute da misure di sintesi temporale di una sua singola realizzazione finita, sono consistenti solo se questo è ergodico.

Un processo stocastico stazionario $\{X_t\}$ è ergodico rispetto al valore medio o speranza matematica di una funzione $v(X_t)$, $E[v(X_t)]$, se lo stimatore temporale $\hat{v}_n(x_t)$ converge in media quadratica al valore medio della funzione, quando $n \to \infty$, cioè

$$\lim_{n \to \infty} E[\hat{v}_n(x_t) - E[v(X_t)]]^2 = 0. \tag{1.6.1}$$

Un processo stocastico stazionario è ergodico in media o nel momento del primo ordine se

$$\lim_{n \to \infty} E(\hat{\mu}_n - \mu)^2 = 0; \tag{1.6.2}$$

dove,

$$\hat{\mu}_n = \frac{1}{n} \sum_{t=1}^{n} x_t . \tag{1.6.3}$$

Condizione necessaria e sufficiente perchè ciò si verifichi, è che la media della funzione di autocovarianza tenda a zero (teorema ergodico di Slutsky, 1937), quando il numero di osservazioni va all'infinito ($n \to \infty$), cioè

$$\lim_{n \to \infty} E(\hat{\mu}_n - \mu)^2 = 0 \quad \Leftrightarrow \quad \lim_{n \to \infty} \frac{1}{n} \sum_{k=0}^{n} \gamma_k = 0. \tag{1.6.4}$$

La condizione $\gamma_k \to 0$, per $k \to \infty$, è condizione sufficiente al verificarsi della (1.6.4). Per verificare che l'ergodicità sia soddisfatta per momenti di ordine più elevato, il teorema di Slutsky si applica al processo delle varianze e delle covarianze.

In particolare, un processo stazionario normale è ergodico rispetto al momento del secondo ordine (varianza e autocovarianza) se e solo se

$$\lim_{n \to \infty} \frac{1}{n} \sum_{k=0}^{n} (\gamma_k)^2 = 0 \tag{1.6.5}$$

che risulta certamente verificato se $\gamma_k \to 0$. Si noti che tale condizione si rivela necessaria e sufficiente per l'ergodicità rispetto a qualunque momento del processo, in quanto la funzione di autocovarianza caratterizza completamente i processi gaussiani stazionari di valor medio costante.

Esempio

Per mostrare che un processo stazionario non è necessariamente ergodico, consideriamo un processo armonico:

$$X_t = a\cos(\omega t) + b\,\text{sen}(\omega t) \tag{1.6.6}$$

dove a e b sono variabili puramente casuali di media zero, $E(a) = E(b) = 0$, varianza costante σ^2, $E(a^2) = E(b^2) = \sigma^2$, e incorrelate fra loro, $E(ab) = 0$. Il processo (1.6.6) è stazionario perché:

1) $E(X_t) = E(a)\cos(\omega t) + E(b)\,\text{sen}(\omega t) = 0$

2) $Var(X_t) = E(a\cos(\omega t) + b\,\text{sen}(\omega t))^2 = \sigma^2\left(\cos^2(\omega t) + \text{sen}^2(\omega t)\right) = \sigma^2$

3) $E[X_t X_{t-k}] = \gamma(k) = \sigma^2 \cos(\omega k)$

Per verificare la condizione di ergodicità rispetto alla media, applichiamo la (1.6.4)

$$\lim_{n\to\infty} \frac{1}{n} \int_0^n \gamma(k)\,dk = \lim_{n\to\infty} \sigma^2 \frac{\text{sen}(\omega n)}{\omega n} = 0. \tag{1.6.7}$$

La (1.6.7) dimostra l'ergodicità di $\{X_t\}$ rispetto alla media.

Per verificare la condizione di ergodicità rispetto alla funzione di covarianza, applichiamo la (1.6.5), cioè,

$$\lim_{n\to\infty} \frac{1}{n} \int_0^n (\gamma(k))^2\,dk = \frac{\sigma^4}{2} \neq 0. \tag{1.6.8}$$

quindi il processo $\{X_t\}$ non è ergodico nei momenti del secondo ordine.

1.7 Operatori lineari

Si introducono ora alcuni operatori lineari utili negli sviluppi algebrici successivi.

Una trasformazione iniettiva T dallo spazio vettoriale V allo spazio vettoriale W (entrambi definiti sullo stesso campo F) è una funzione che associa a ogni elemento $v \in V$ un *unico* elemento $w \in W$ tale che

$$w = T(v).$$

Una trasformazione L è *lineare* se per qualsiasi $c \in F$, $(v_1, v_2) \in V$, vale la relazione,

$$L(cv_1 + v_2) = cL(v_1) + L(v_2).$$

Se L è una trasformazione da V a V, L è un *operatore lineare* in V.

L'operatore lineare ritardo (*backshift operator*) B è definito dalla seguente trasformazione (alcune volte è indicato con il simbolo L, che sta per *lag operator*):

$$BZ_t = Z_{t-1}. \tag{1.7.1}$$

Applicando B a Z_{t-1} si ottiene $BZ_{t-1} = Z_{t-2}$ e sostituendo nella (1.7.1) si ha $B(BZ_t) = B^2 Z_t = Z_{t-2}$. In generale:

$$B^j Z_t = Z_{t-j}, \qquad j=1,2,... \tag{1.7.2}$$

e $B^0 \equiv 1$ in modo che la (1.7.2) vale per ogni j intero non negativo.

L'operatore lineare ritardo obbedisce a tutte le regole dell'algebra ordinaria per cui è corretto effettuare ogni calcolo algebrico valido come se l'operatore B fosse una variabile matematica capace di assumere anche valori complessi.

L'operatore lineare anticipo (*forward operator*) è definito come il reciproco dell'operatore ritardo, vale a dire:

$$FZ_t = Z_{t+1}; \quad F^j Z_t = Z_{t+j}; \quad F = B^{-1}. \tag{1.7.3}$$

Un ulteriore operatore lineare frequentemente usato nel seguito è l'operatore differenza, così definito:

$$\nabla Z_t = Z_t - Z_{t-1}. \tag{1.7.4}$$

L'operatore ∇ è equivalente all'operatore $(1 - B)$, infatti

$$\nabla Z_t = Z_t - Z_{t-1} = Z_t - BZ_t = (1 - B)Z_t. \tag{1.7.5}$$

Applicando due volte l'operatore differenza si ottiene:

$$\nabla^2 Z_t = (1 - B)^2 Z_t = (1 - 2B + B^2)Z_t = Z_t - 2Z_{t-1} + Z_{t-2} \tag{1.7.6}$$

In generale

$$\nabla^j Z_t = (1 - B)^j Z_t. \tag{1.7.7}$$

1.8 Processo stocastico lineare

Un processo stocastico lineare $\{Z_t\}$ è definito come una somma ponderata di valori presenti e passati di una successione di variabili casuali $\{a_t\}$ incorrelate, a media zero e a varianza costante:

$$Z_t = a_t + \psi_1 a_{t-1} + \psi_2 a_{t-2} + ... = \sum_{j=0}^{\infty} \psi_j a_{t-j} \tag{1.8.1}$$

dove $\psi_0 \equiv 1$ e $\{\psi_j\}$ è una successione di costanti con $\sum\limits_{j=0}^{\infty} \psi_j^2 < \infty$. La

condizione $\sum\limits_{j=0}^{\infty} \psi_j^2 < \infty$ assicura la convergenza in media quadratica

della serie $\sum\limits_{j=0}^{\infty} \psi_j a_{t-j}$. In certi casi la condizione più forte $\sum\limits_{j=0}^{\infty} |\psi_j| < \infty$

è richiesta per garantire che la somma infinita converga con probabilità uno (convergenza quasi certa). Infatti $E(|a_t|) \leq \sigma_a$ e

$$E(|Z_t|) \leq \sum_{j=0}^{\infty} \left[\psi_j \, |E(|a_{t-j}|)| \right] \leq \left(\sum_{j=0}^{\infty} |\psi_j| \right) \sigma_a < \infty.$$ La convergenza della

somma infinita dei valori assoluti implica la convergenza in media quadratica, ma il contrario non è vero.

La (1.8.1) è chiamata processo media mobile infinito, $MA(\infty)$. In un processo stocastico lineare più generale la sommatoria è definita per $-\infty < j < \infty$; ossia include anche i valori futuri di a_t.

Il processo lineare (1.8.1) può essere scritto in modo alternativo come una somma ponderata dei valori passati delle Z_t più uno shock casuale a_t:

$$Z_t = \pi_1 Z_{t-1} + \pi_2 Z_{t-2} + \ldots + a_t = \sum_{j=1}^{\infty} \pi_j Z_{t-j} + a_t \tag{1.8.2}$$

Per studiare la relazione esistente tra i pesi ψ e π, possiamo scrivere la (1.8.1) facendo uso dell'operatore ritardo B:

$$Z_t = \left(1 + \sum_{j=1}^{\infty} \psi_j B^j \right) a_t = \psi(B) a_t \tag{1.8.3}$$

dove $\psi(B) = \sum\limits_{j=0}^{\infty} \psi_j B^j$; $\quad \psi_0 = 1$; $\quad B^0 = 1$

$\psi(B)$ rappresenta il filtro lineare che lega Z_t ad a_t. $\psi(B)$ è la funzione generatrice dei pesi ψ_j. Attraverso l'operatore B possiamo scrivere la (1.8.2) come:

$$\sum_{j=0}^{\infty} \pi_j B^j Z_t = \pi(B) Z_t = a_t \tag{1.8.4}$$

dove

$\pi_0 = 1$ e $B^0 = 1$.

$\pi(B)$ rappresenta la funzione generatrice dei pesi π. Il peso π_j è il coefficiente associato alla j-esima potenza di B.

Applicando ad entrambi i membri della (1.8.4) l'operatore $\psi(B)$ si ottiene:

$$\psi(B)\pi(B)Z_t = \psi(B)a_t = Z_t \qquad (1.8.5)$$

da cui segue che:

$$\psi(B)\pi(B) = 1 \qquad (1.8.6)$$

e quindi:

$$\pi(B) = \psi^{-1}(B) \qquad (1.8.7)$$

Grazie a questa relazione possiamo derivare i pesi π conoscendo i pesi ψ e viceversa.

1.9 Condizioni di stazionarietà, invertibilità ed ergodicità per un processo lineare

Per trattare di problemi di stazionarietà e invertibilità di un processo lineare $Z_t = \psi(B)a_t$ definito nella (1.8.1), $\psi(B)$ deve essere vista come la funzione di risposta del filtro, dove B è adesso una variabile che assume valori complessi, $B = e^{-i\omega}$ $-\pi \le \omega \le \pi$. In particolare si devono considerare le differenti situazioni che si verificano quando $|B| < 1$, $|B| = 1$ oppure $|B| > 1$, ossia quando il numero complesso B sta all'interno, sopra oppure all'esterno del cerchio unitario del piano complesso. Questo argomento sarà discusso in dettaglio nel capitolo successivo.

Un processo lineare è **stazionario** se la serie $\psi(B)$ converge per $|B| \le 1$ ossia all'interno o sopra il cerchio unitario.

Un processo lineare è **invertibile** se la serie $\pi(B)$ converge per $|B| \le 1$ ossia all'interno o sopra il cerchio unitario.

I processi stazionari lineari sono sempre ergodici in media, mentre sono ergodici nel momento del secondo ordine, se si verificano le seguenti due condizioni:

$$\sum_{j=0}^{\infty} |\psi_j| < \infty \qquad \sum_{j=0}^{\infty} \psi_j^2 |j| < \infty.$$

1.10 Teorema di Wold

Ogni processo stocastico stazionario $\{X_t\}$ di valor medio μ può sempre univocamente scomporsi in due processi $\{Z_t\}$ e $\{V_t\}$ fra di loro incorrelati per ogni t, tali che:

$$X_t = Z_t + V_t \tag{1.10.1}$$

dove $Z_t = \sum_{j=0}^{\infty} \psi_j a_{t-j}$; $\psi_0 = 1$ e $\sum_{j=0}^{\infty} \psi_j^2 < \infty$ con $\{a_t\} \sim WN(0, \sigma_a^2)$.

$\{Z_t\}$ è un processo media mobile di ordine infinito, $MA(\infty)$. $\{a_t\}$ rappresenta l'errore white noise che si compie nel prevedere Z_t, con informazioni fino a Z_{t-1}, attraverso una funzione lineare di tutte le variabili Z_t ritardate, indicata con $\hat{Z}_{t-1}(1)$. Cioè

$$a_t = Z_t - \hat{Z}_{t-1}(1) \tag{1.10.2}$$

rappresenta l'errore di previsione, anche chiamato "innovazione", che si compie nel prevedere Z_t al tempo t-1. L'errore quadratico medio di a_t è dato da:

$$\sigma_a^2 = E\left(Z_t - \hat{Z}_{t-1}(1)\right)^2 \tag{1.10.3}$$

Se non si restringono le previsioni alla classe delle combinazioni lineari di tutti i valori passati, indicati dal vettore $\mathbf{Z}_{t-1} = (Z_{t-1}, Z_{t-2}, ..., Z_{t-\infty})'$, si dimostra che la **media condizionata** $E(Z_t \mid \mathbf{Z}_{t-1})$ è la previsione **ottima**, ovvero la previsione che minimizza la (1.10.3) (si veda l'Appendice A.1).

Invece se si restringe la classe dei previsori alle combinazioni lineari dei valori passati di Z_t e si impone la condizione che l'errore di previsione sia incorrelato con $\mathbf{Z}_{t-1}$, ovvero $E(a_t \mathbf{Z}_{t-1}) = 0$, allora la proiezione lineare di Z_t su $\mathbf{Z}_{t-1}$, indicata da $\hat{E}(Z_t \mid \mathbf{Z}_{t-1})$, si dimostra essere quella che minimizza la (1.10.3) (seguendo un approccio simile a quello illustrato nell'appendice A.1).

Infine, se si assume che $\{a_t\}$ sia un processo white noise gaussiano, allora la previsione ottima non ristretta è uguale al previsore dato dalla proiezione lineare, a condizione che una costante sia inclusa nell'insieme di variabili su cui la previsione è basata (si veda Hamilton, 1994, pag. 100), cioè:

$$\hat{E}(Z_t \mid \mathbf{Z}_{t-1}) = E(Z_t \mid \mathbf{Z}_{t-1}). \tag{1.10.4}$$

$\{Z_t\}$ è chiamata componente stocastica **non deterministica** in quanto la conoscenza di **una** sola realizzazione di $\{Z_t\}$ non è sufficiente a determinare i valori futuri Z_{t+k}, $\forall k > 0$, quindi la varianza dell'errore di previsione non è nulla.

V_t può essere rappresentato da:

$$V_t = \mu + \sum_{j=1}^{\infty} \left[\alpha_j \operatorname{sen}\left(\omega_j t\right) + \beta_j \cos\left(\omega_j t\right) \right], \qquad 0 \le \omega_j \le \pi \qquad (1.10.5)$$

dove μ (la media del processo $\{X_t\}$) è costante, la frequenza ω_j è fissa e $\{\alpha_j\}$ e $\{\beta_j\}$ sono processi aleatori white noise e incorrelati fra loro.

$\{V_t\}$ è chiamata componente **deterministica** in quanto può essere prevista, con errore nullo, attraverso una combinazione lineare dei valori passati. La conoscenza di una realizzazione di $\{V_t\}$ è sufficiente ad ottenere previsioni con errore nullo. Se $\{V_t\}=0$ allora $\{X_t\}$ è chiamato processo **puramente non deterministico**.

Il teorema di Wold mostra che la linearità è una proprietà fortemente legata alla stazionarietà. Quella data dal teorema è, comunque, solo una rappresentazione di un processo stazionario che non riduce la possibilità di ottenere rappresentazioni non lineari. Il teorema si basa solo sui momenti finiti del secondo ordine di $\{X_t\}$ e non fa uso di momenti di ordine superiore. Esso descrive quindi solo le **previsioni lineari ottime**.

L'ottenimento della scomposizione di Wold richiede la stima di un numero infinito di parametri ψ_j a partire dai dati che sono generalmente in numero finito. Questo problema è superato nella pratica attraverso l'assunzione che $\psi(B)$ possa essere espresso dal rapporto di due polinomi di ordine finito, $\theta(B)$ e $\phi(B)$. Su tale principio si basano i modelli autoregressivi media mobile ($ARMA$) di cui si parlerà nei capitoli successivi.

Appendice A.1[*]

Si indichi con $\hat{Z}_t(1)$ la previsione di Z_{t+1} basata su una combinazione lineare delle osservazioni corrente e passate, $\mathbf{Z}_t = (Z_1, Z_2, ..., Z_t)$. Si vuole dimostrare che se $\hat{Z}_t(1)$ è uguale al valore atteso condizionato

$E(Z_{t+1} \mid \mathbf{Z}_t)$ allora essa minimizza l'errore quadratico medio di previsione:

$$MSE\big(\hat{Z}_t(1)\big) = E\big(Z_{t+1} - \hat{Z}_t(1)\big)^2 \qquad\qquad (A.1)$$

e in tal senso è detta previsione ottima.

Si indichi con $g(\mathbf{Z}_t)$ un qualsiasi altro previsore di Z_{t+1}. Il suo errore quadratico medio è dato da:

$$\begin{aligned}
E[Z_{t+1} - g(\mathbf{Z}_t)]^2 &= E[Z_{t+1} - E(Z_{t+1} \mid \mathbf{Z}_t) + E(Z_{t+1} \mid \mathbf{Z}_t) - g(\mathbf{Z}_t)]^2 \\
&= E[Z_{t+1} - E(Z_{t+1} \mid \mathbf{Z}_t)]^2 + E[E(Z_{t+1} \mid \mathbf{Z}_t) - g(\mathbf{Z}_t)]^2
\end{aligned}$$

$$(A.2)$$

in quanto

$$2E\{[Z_{t+1} - E(Z_{t+1} \mid \mathbf{Z}_t)][E(Z_{t+1} \mid \mathbf{Z}_t) - g(\mathbf{Z}_t)]\} = 0. \qquad (A.3)$$

Infatti scrivendo la (A.3) come $2E(N_{t+1})$ e considerando in primo luogo il valore atteso condizionato rispetto a $\mathbf{Z}_t$, si ottiene

$$\begin{aligned}
E_N(N_{t+1} \mid \mathbf{Z}_t) &= [E(Z_{t+1} \mid \mathbf{Z}_t) - g(\mathbf{Z}_t)] \cdot E([Z_{t+1} - E(Z_{t+1} \mid \mathbf{Z}_t)] \mid \mathbf{Z}_t) \\
&= [E(Z_{t+1} \mid \mathbf{Z}_t) - g(\mathbf{Z}_t)] \cdot E(a_{t+1} \mid \mathbf{Z}_t) \\
&= [E(Z_{t+1} \mid \mathbf{Z}_t) - g(\mathbf{Z}_t)] \cdot 0 = 0
\end{aligned} \qquad (A.4)$$

applicando la legge dei valori attesi iterati si ha:

$$E_N(N_{t+1} \mid \mathbf{Z}_t) = 0 \qquad e \qquad E_{\mathbf{Z}}[E_N(N_{t+1} \mid \mathbf{Z}_t)] = 0 \qquad (A.5)$$

poiché si prende il valore atteso di zero, cioè

$$E(N_{t+1}) = E_{\mathbf{Z}}[E_N(N_{t+1} \mid \mathbf{Z}_t)] = 0$$

prendendo il valore atteso sull'insieme condizionato siamo nella situazione non condizionata.

Quindi la (A.2) si riduce a:

$$\begin{aligned}
MSE[g(\mathbf{Z}_t)] &= var(Z_{t+1} \mid \mathbf{Z}_t) + E[E(Z_{t+1} \mid \mathbf{Z}_t) - g(\mathbf{Z}_t)]^2 \\
&= var(Z_{t+1} \mid \mathbf{Z}_t) + (distorsione)^2
\end{aligned} \qquad (A.6)$$

Essendo la varianza condizionata indipendente dal previsore, il minimo si verifica quando

$$g(\mathbf{Z}_t) = E(Z_{t+1} \mid \mathbf{Z}_t).$$

Inoltre lo stimatore è non distorto perché:

$$E(E(Z_{t+1} \mid \mathbf{Z}_t)) = Z_{t+1}.$$

Se Z_{t+1} e $\mathbf{Z}_t$ sono indipendenti, $E(Z_{t+1} \mid \mathbf{Z}_t) = E(Z_{t+1})$, le informazioni in $\mathbf{Z}_t$ non aiutano nella previsione di Z_{t+1}.

Il problema di approssimare Z_{t+1} tramite $\mathbf{Z}_t$ mediante il criterio dell'errore quadratico medio nella classe dei previsori lineari ammette soluzione se la varianza di $\mathbf{Z}_t$ è positiva e la autocovarianza tende a zero per $k \to \infty$.

Si noti che se Z_t si distribuisce come una normale multivariata, allora $E\left(Z_{t+1} \mid \mathbf{Z}_t\right) = \alpha' \mathbf{Z}_t$, ovvero $E\left(Z_{t+1} \mid \mathbf{Z}_t\right)$ è una combinazione lineare delle variabili aleatorie $Z_1, Z_2, ..., Z_t$.

Capitolo 2
La funzione di autocovarianza e lo spettro

2.1 Funzioni di autocovarianza e di autocorrelazione globale per un processo stocastico stazionario

La funzione di autocovarianza al ritardo k, γ_k, di un processo stazionario $\{X_t\}$ di media costante μ è definita come la covarianza tra le variabili casuali X_t e X_{t-k}, al variare di $k=0,1,2...$:

$$\gamma_k = Cov(X_t, X_{t-k}) = E[(X_t - \mu)(X_{t-k} - \mu)]. \tag{2.1.1}$$

Ponendo $k=0$ nella (2.1.1) si ha l'espressione della varianza del processo stazionario X_t:

$$\gamma_0 = Var(X_t) = E[(X_t - \mu)^2]. \tag{2.1.2}$$

La funzione di autocorrelazione globale al ritardo k, ρ_k, di un processo stazionario $\{X_t\}$ di media costante μ è definita come il coefficiente di correlazione lineare tra le variabili casuali X_t e X_{t-k} al variare di $k=0,1,2,...$ e si ottiene dividendo la funzione di autocovarianza (2.1.1) per la varianza (2.1.2):

$$\rho_k = Corr(X_t, X_{t-k}) = \frac{\gamma_k}{\gamma_0}. \tag{2.1.3}$$

La funzione di autocorrelazione di $\{X_t\}$ soddisfa le seguenti proprietà:

1. $\rho_0 = 1$

Ciò può essere facilmente verificato valutando la (2.1.3) per $k=0$. 1 è il valore massimo assumibile dalla funzione di autocorrelazione ρ_k.

2. $\rho_k = \rho_{-k}$

Questa proprietà indica che la funzione è simmetrica rispetto all'origine ed è quindi sufficiente stimarla solo per ritardi positivi. La simmetria deriva dalla condizione di stazionarietà, infatti, restringendosi, senza perdita di generalità alcuna, al caso $\mu = 0$,

$$\gamma_k = E(X_t X_{t-k}) = E(X_{t-k} X_t) = E(X_t X_{t+k}) = \gamma_{-k}.$$

Essendo γ_0 sempre positiva si ricava

$$\rho_k = \rho_{-k} .$$

3. $|\rho_k| \le 1$

Ciò in quanto la varianza di una variabile aleatoria o di una combinazione lineare di variabili aleatorie è positiva. Infatti,

sia $Y_t = \lambda_1 X_t + \lambda_2 X_{t-k}$

$$Var(Y_t) = \lambda_1^2 Var(X_t) + \lambda_2^2 Var(X_{t-k}) + 2\lambda_1 \lambda_2 Cov(X_t, X_{t-k}).$$

Il membro a sinistra è non negativo e il membro a destra è una forma quadratica in λ_1 e λ_2. Ovvero:

$$Var(Y_t) = \begin{pmatrix} \lambda_1 & \lambda_2 \end{pmatrix} \begin{pmatrix} Var(X_t) & Cov(X_t, X_{t-k}) \\ Cov(X_{t-k}, X_t) & Var(X_{t-k}) \end{pmatrix} \begin{pmatrix} \lambda_1 \\ \lambda_2 \end{pmatrix}$$

Perché la forma quadratica in (λ_1, λ_2) sia definita positiva il determinante della matrice deve essere positivo, cioè

$$Var(X_t)Var(X_{t-k}) \ge \left[Cov(X_t, X_{t-k}) \right]^2$$

ossia

$$\rho_k^2 = \frac{\left[Cov(X_t, X_{t-k}) \right]^2}{Var(X_t)Var(X_{t-k})} \le 1 .$$

Per un processo stazionario si ha quindi: $|\rho_k| = \left| \frac{\gamma_k}{\gamma_0} \right| \le 1 .$

4. La funzione di autocorrelazione ρ_k è invariante in modulo rispetto a qualsiasi trasformazione lineare di $\{X_t\}$, in quanto ρ_k è un coefficiente di correlazione lineare.

5. Dato il vettore $X' = (X_1, ..., X_n)$, il valore atteso $E(XX')$ definisce la matrice di varianza e covarianza. La matrice

$$\mathbf{P}_{(n)} = \begin{pmatrix} 1 & \rho_1 & \cdots & \rho_{n-1} \\ \rho_1 & 1 & \cdots & \rho_{n-2} \\ \vdots & \vdots & \vdots & \vdots \\ \rho_{n-1} & \rho_{n-2} & \cdots & 1 \end{pmatrix} \tag{2.1.4}$$

i cui elementi rappresentano le autocorrelazioni tra X_t e X_{t-k} ($k=0,1,...,n-1$) è detta matrice di autocorrelazione di Toeplitz di ordine n. Gli elementi di ciascuna diagonale sono uguali tra loro. La matrice è simmetrica rispetto alle due diagonali principali, ed è positiva semidefinita.

Non tutte le successioni di valori compresi tra 1 e -1 possono essere funzioni di autocorrelazione di un processo stazionario, soltanto quelle la cui corrispondente matrice di Toeplitz è positiva definita.

Una matrice è positiva definita se il suo determinante e tutti i minori principali sono maggiori di zero. Infatti, le funzioni di autocovarianza e autocorrelazione di un processo stazionario sono definite positive. Si consideri una combinazione lineare delle variabili aleatorie $X_1,...,X_n$,

$$L_t = l_1 X_1 + l_2 X_{t-1} + ... + l_n X_{t-n+1}.$$

Dal momento che

$$Cov(X_t, X_{t-k}) = \gamma_k$$

la varianza è

$$Var(L_t) = \sum_{i=1}^{n}\sum_{k=1}^{n} l_i l_{i\ k} \gamma_k$$

che è maggiore di zero se gli l_i non sono tutti nulli.

Si ricordi che i minori principali sono i determinanti delle sottomatrici di ordine da 1 fino a n, solitamente prese lungo la diagonale principale. In particolare per $n=2$, abbiamo due minori principali, uno di ordine 1 cioè

$|1|$, e uno di ordine 2 cioè $\begin{vmatrix} 1 & \rho_1 \\ \rho_1 & 1 \end{vmatrix}$ che devono soddisfare la positività,

ovvero,

$$|1| > 0;$$

$$\begin{vmatrix} 1 & \rho_1 \\ \rho_1 & 1 \end{vmatrix} > 0 \text{ ossia } 1 - \rho_1^2 > 0, \text{ da cui } -1 < \rho_1 < 1.$$

Allo stesso modo per $n = 3$,

$$|1| > 0, \qquad \begin{vmatrix} 1 & \rho_1 \\ \rho_1 & 1 \end{vmatrix} > 0, \qquad \begin{vmatrix} 1 & \rho_1 & \rho_2 \\ \rho_1 & 1 & \rho_1 \\ \rho_2 & \rho_1 & 1 \end{vmatrix} > 0$$

da cui si ricava

$$-1 < \rho_1 < 1, \qquad -1 < \frac{\rho_2 - \rho_1^2}{1 - \rho_1^2} < 1.$$

Nella pratica è difficile verificare che $\mathbf{P}_n$ sia positiva definita per **tutti** i valori di **n**. In generale si fa uso della trasformata di Fourier della funzione di autocorrelazione, la funzione di densità spettrale, che deve essere positiva.

6. Il determinante della matrice di Toeplitz assume valori tra 0 e 1.

7. Se ρ_k è la funzione di autocorrelazione globale di un processo stazionario, allora esiste una funzione $f(\omega)$ definita per $-\pi \leq \omega \leq \pi$, tale che

$$\int_{-\pi}^{\pi} f(\omega)d\omega = 1; \quad f(\omega) \geq 0$$

e

$$f(\omega) = \frac{1}{2\pi}\left[1 + 2\sum_{k=1}^{\infty} \rho_k \cos(\omega k)\right]$$

è la **funzione di densità spettrale** del processo stazionario $\{X_t\}$.

2.2 Funzione di autocorrelazione parziale per un processo stazionario

ρ_k è la funzione di autocorrelazione globale perché tiene conto delle correlazioni corrispondenti a tutti i ritardi. Per esempio, ρ_2 misura la dipendenza lineare tra X_t e X_{t-2}, ma incorpora anche la correlazione lineare tra X_t e X_{t-1} e tra X_{t-1} e X_{t-2}.

La funzione di autocorrelazione parziale di un processo stazionario $\{X_t\}$ al ritardo k è definita come la correlazione lineare fra X_t e X_{t-k}, al **netto** di tutte le correlazioni lineari intermedie, ossia quelle tra X_t e X_{t-1}, tra X_t e X_{t-2} e così via fino alla correlazione lineare tra X_t e X_{t-k+1}.

Ponendo $\{Z_t\} = \{X_t - \mu\}$, la funzione di autocorrelazione parziale, ϕ_{kk}, può essere espressa come:

$$\phi_{kk} = Corr\left(\begin{array}{l} Z_t - E(Z_t \mid Z_{t-1}, Z_{t-2}, ..., Z_{t-k+1}), \\ Z_{t-k} - E(Z_{t-k} \mid Z_{t-1}, Z_{t-2}, ..., Z_{t-k+1}) \end{array}\right) \tag{2.2.1}$$

per $k=1,2,...$

e si può dimostrare che (si veda Box e Jenkins, 1976, pag. 64):

$$\phi_{kk} = \frac{|\mathbf{Q_k}|}{|\mathbf{P_k}|} \qquad \text{per} \qquad k=1,2,.. \tag{2.2.2}$$

dove $\mathbf{P_k}$ è la matrice di Toeplitz di ordine k che è funzione delle autocorrelazioni globali fino al ritardo k-1 e $\mathbf{Q_k}$ è la stessa matrice dove però l'ultima colonna è sostituita dal vettore $(\rho_1, \rho_2, ..., \rho_k)'$:

$$\phi_{kk} = \frac{|\mathbf{Q_k}|}{|\mathbf{P_k}|} = \frac{\begin{vmatrix} 1 & \rho_1 & .. & \rho_1 \\ \rho_1 & 1 & .. & \rho_2 \\ \vdots & \vdots & & \vdots \\ \rho_{k-1} & \rho_{k-2} & .. & \rho_k \end{vmatrix}}{\begin{vmatrix} 1 & \rho_1 & .. & \rho_{k-1} \\ \rho_1 & 1 & .. & \rho_{k-2} \\ \vdots & \vdots & & \vdots \\ \rho_{k-1} & \rho_{k-2} & .. & 1 \end{vmatrix}}$$

(2.2.3)

Posto per convenzione $\phi_{00} = 1$ le successive autocorrelazioni parziali per $k=1,2,3,\ldots$ si possono derivare facilmente dalla (2.2.3):

$$\phi_{11} = \rho_1$$

$$\phi_{22} = \frac{\begin{vmatrix} 1 & \rho_1 \\ \rho_1 & \rho_2 \end{vmatrix}}{\begin{vmatrix} 1 & \rho_1 \\ \rho_1 & 1 \end{vmatrix}} = \frac{\rho_2 - \rho_1^2}{1 - \rho_1^2}$$

(2.2.4)

$$\phi_{33} = \frac{\begin{vmatrix} 1 & \rho_1 & \rho_1 \\ \rho_1 & 1 & \rho_2 \\ \rho_2 & \rho_1 & \rho_3 \end{vmatrix}}{\begin{vmatrix} 1 & \rho_1 & \rho_2 \\ \rho_1 & 1 & \rho_1 \\ \rho_2 & \rho_1 & 1 \end{vmatrix}} = \frac{\rho_3\left(1 - \rho_1^2\right) + \rho_1\left(\rho_1^2 + \rho_2^2 - 2\rho_2\right)}{\left(1 - \rho_2\right)\left(1 + \rho_2 - 2\rho_1^2\right)}$$

...

La funzione di autocorrelazione parziale è utile per determinare l'ordine di processi autoregressivi che hanno una funzione di autocorrelazione globale infinita, come sarà discusso nei capitoli successivi. In altre parole, permette di conoscere l'ordine di un processo autoregressivo da adattare alle osservazioni. Un processo autoregressivo di ordine p, indicato da $AR(p)$, è definito come:

$$Z_t = \phi_1 Z_{t-1} + \phi_2 Z_{t-2} + \ldots + \phi_p Z_{t-p} + a_t$$

(2.2.5)

dove $\{a_t\} \sim WN\left(0, \sigma_a^2\right)$.

Se indichiamo con ϕ_{kj} il j-esimo coefficiente di un processo autoregressivo di ordine k, tale che ϕ_{kk} è l'ultimo coefficiente, allora ϕ_{kk} è il coefficiente di **autocorrelazione parziale** al ritardo k.

2.3 Stima delle funzioni di autocovarianza e di autocorrelazione globale

A partire da una serie storica $\{x_1, x_2, ..., x_n\}$ realizzazione finita di un processo stocastico stazionario, costituita da n osservazioni possiamo ottenere stime delle funzioni di autocovarianza e di autocorrelazione come segue.

La stima della funzione di autocovarianza è data da:

$$\hat{\gamma}_k = \frac{1}{n} \sum_{t=k+1}^{n} (x_t - \hat{\mu})(x_{t-k} - \hat{\mu}), \qquad k=0,1,2,... \qquad (2.3.1)$$

dove

$$\hat{\mu} = \frac{1}{n} \sum_{t=1}^{n} x_t$$

è la media della serie storica e rappresenta la stima del valor medio μ.

La stima della varianza è pari a:

$$\hat{\gamma}_0 = \frac{1}{n} \sum_{t=1}^{n} (x_t - \hat{\mu})^2 . \qquad (2.3.2)$$

Il coefficiente di autocorrelazione globale al ritardo k può essere stimato attraverso:

$$\hat{\rho}_k = \frac{\hat{\gamma}_k}{\hat{\gamma}_0} = \frac{\sum_{t=k+1}^{n} (x_t - \hat{\mu})(x_{t-k} - \hat{\mu})}{\sum_{t=1}^{n} (x_t - \hat{\mu})^2}, \qquad k=1,2,... \qquad (2.3.3)$$

Tale stimatore è consistente e asintoticamente corretto ed è più efficiente dello stimatore che pone $\dfrac{1}{n-k}$ a denominatore di γ_k. Quando $\dfrac{1}{n}$ è sostituito da $\dfrac{1}{n-k}$ le matrici di autocovarianza e di autocorrelazione risultanti possono non essere positive semidefinite, pertanto utilizziamo le definizioni (2.3.1) e (2.3.3). Si dimostra che le matrici di autocovarianza e autocorrelazione stimate sono non-singolari se esiste almeno uno scarto $(x_t - \hat{\mu})$ non nullo o equivalentemente se $\hat{\gamma}_0 > 0$ (si veda Brokwell e Davis, 1996, pag. 58).

Box e Jenkins (1976, pag. 33) sottolineano che per ottenere stime della funzione di autocorrelazione attendibili e utili ai fini dell'identificazione del modello sono necessarie almeno cinquanta osservazioni e le autocorrelazioni stimate dovrebbero essere calcolate per $k=0,1,...,K$ dove K non deve superare il 25-30% delle osservazioni disponibili.

Bartlett (1946) ha derivato la seguente espressione approssimata per la varianza del coefficiente di autocorrelazione stimato $\hat{\rho}_k$, sotto l'ipotesi che il processo $\{X_t\}$ sia gaussiano:

$$Var(\hat{\rho}_k) \cong \frac{1}{n} \sum_{j=-\infty}^{\infty} \left(\rho_j^2 + \rho_{j+k}\rho_{j-k} - 4\rho_k\rho_j\rho_{j-k} + 2\rho_j^2\rho_k^2 \right) \qquad (2.3.4)$$

Per ciascun processo per cui le autocorrelazioni ρ_j sono zero per $j>k$, tutti i termini del membro destro della (2.3.4) sono nulli per $k > q$. In questa ipotesi l'approssimazione della varianza di $\hat{\rho}_k$ formulata da Bartlett per le autocorrelazioni stimate al ritardo $k>q$, dopo il quale la funzione di autocorrelazione teorica si suppone si annulli è:

$$Var(\hat{\rho}_k) \cong \frac{1}{n} \left[1 + 2\left(\rho_1^2 + \rho_2^2 + ... + \rho_q^2 \right) \right], \qquad k>q \qquad (2.3.5)$$

Una stima di tale varianza si ottiene sostituendo le autocorrelazioni stimate $\hat{\rho}_k$ $k=1,2,...q$ alle corrispondenti autocorrelazioni globali ρ_k:

$$V\hat{a}r(\hat{\rho}_k) = \frac{1}{n} \left(1 + 2\sum_{j=1}^{q} \hat{\rho}_j^2 \right), \quad k>q. \qquad (2.3.6)$$

Questa è chiamata la varianza stimata a grandi ritardi.

Se la serie è un processo white noise $\rho_j = 0$ per $j=1,2,...$ e $Var(\hat{\rho}_k) \cong \frac{1}{n}$.

2.4 Stima della funzione di autocorrelazione parziale

Una stima della funzione di autocorrelazione parziale può essere ottenuta sostituendo nella definizione (2.2.3) ai coefficienti di autocorrelazione globale ρ_k, le corrispondenti stime $\hat{\rho}_k$. Un metodo alternativo e più efficiente consiste nell'effettuare una serie di regressioni ricorsive.

La successione dei coefficienti di autocorrelazione parziale $\{\phi_{kk}\}_{k=1}^{\infty}$ si deriva dai seguenti modelli di regressione:
si esprime in primo luogo Z_t in funzione di Z_{t-1}, cioè

$$- \quad Z_t = \phi_{11} Z_{t-1} + a_t . \tag{2.4.1}$$

La stima del coefficiente di autocorrelazione parziale al ritardo 1 è $\hat{\phi}_{11}$.

Si estende quindi il modello (2.4.1) in modo da incorporare Z_{t-2}, cioè

$$- \quad Z_t = \phi_{21} Z_{t-1} + \phi_{22} Z_{t-2} + a_t . \tag{2.4.2}$$

La stima del coefficiente di autocorrelazione parziale al ritardo 2 è $\hat{\phi}_{22}$.

Si estende infine il modello (2.4.1) in modo da incorporare Z_{t-k}, $k \geq 1$, cioè

$$- \quad Z_t = \phi_{k1} Z_{t-1} + \phi_{k2} Z_{t-2} + ... + \phi_{kk} Z_{t-k} + a_t . \tag{2.4.3}$$

La stima del coefficiente di autocorrelazione parziale al ritardo k è $\hat{\phi}_{kk}$.

Questo perché in un modello di regressione multipla il coefficiente associato alla k-esima variabile esplicativa rappresenta l'effetto lineare di questa sulla variabile dipendente tenuto conto (al netto) dell'effetto degli altri regressori presenti nel modello.

Quenouille (1949) ha derivato una espressione approssimata per la varianza del coefficiente di autocorrelazione parziale, nell'ipotesi che il processo generatore abbia una funzione di autocorrelazione parziale che si annulla ai lag $k>p$:

$$Var\left(\hat{\phi}_{kk}\right) \cong \frac{1}{n}, \qquad k>p. \tag{2.4.4}$$

Le autocorrelazioni parziali $\{\phi_{11}, \phi_{22}, ...\}$ possono essere stimate a partire dalle autocorrelazioni globali $\{\rho_1, \rho_2, ...\}$ attraverso l'algoritmo di Durbin e Levinson che si basa sulle seguenti relazioni:

$$\phi_{11} = \rho_1$$

$$\phi_{k+1,k+1} = \frac{\rho_{k+1} - \sum_{j=1}^{k} \phi_{kj} \rho_{k+1-j}}{v_k} \tag{2.4.5}$$

$$\phi_{k+1,j} = \phi_{kj} - \phi_{k+1,k+1}\phi_{k,k+1-j}, \quad j=1,...,k \quad k=1,2,...$$

Per k dato, $\{\phi_{kj} ; j=1,...,k\}$ sono i coefficienti di Z_{k+1-j} nella regressione di Z_{k+1} su $\{Z_1,...,Z_k\}$. v_k è la varianza dei residui della regressione, essendo $v_0 = 1$, $v_1 = 1 - \phi_{11}^2$ e in generale $v_n = v_{n-1}\left(1 - \phi_{nn}^2\right)$.

Esempio
Per il seguente processo autoregressivo $AR(1)$ così definito:

$$Z_t = \phi Z_{t-1} + a_t , \qquad |\phi| < 1, \qquad a_t \sim WN\left(0, \sigma_a^2\right)$$

i coefficienti delle regressioni sono:

$$\phi_{11} = \phi$$

$$\phi_{21} = \phi \ \text{ e } \ \phi_{22} = 0$$

...

$$\phi_{k1} = \phi, \ \phi_{k2} = 0, ..., \ \phi_{kk} = 0.$$

La funzione di autocorrelazione parziale del processo $AR(1)$ è

$$\phi_{kk} = \begin{cases} \phi & per \quad k = 1 \\ 0 & per \quad k \neq 1 \end{cases}.$$

2.5 Funzione di autocovarianza e di autocorrelazione per un processo lineare stazionario

La funzione di autocovarianza γ_k del processo lineare stazionario $\{Z_t\}$ definito nella (1.8.1) risulta:

$$\gamma_k = E(Z_t Z_{t-k}) = E\left[\sum_{j=0}^{\infty} \psi_j a_{t-j} \sum_{j=0}^{\infty} \psi_{j+k} a_{t-j-k}\right] =$$

$$= \sigma_a^2 \sum_{j=0}^{\infty} \psi_j \psi_{j+k}, \quad per \quad k=0,1,2,... \tag{2.5.1}$$

Si ricordi che $E(a_t a_{t-k}) = \begin{cases} \sigma_a^2 & k = 0 \\ 0 & k \neq 0 \end{cases}$ con $\sigma_a^2 < \infty$.

Per k=0, la (2.5.1) esprime la varianza del processo lineare:

$$\gamma_0 = \sigma_a^2 \sum_{j=0}^{\infty} \psi_j^2. \tag{2.5.2}$$

La varianza è finita a condizione che:

$$\sum_{j=0}^{\infty} \psi_j^2 < \infty.$$

La funzione di autocorrelazione si ottiene dividendo la funzione di autocovarianza (2.5.1) per la varianza (2.5.2) del processo:

$$\rho_k = \frac{\gamma_k}{\gamma_0} = \frac{\displaystyle\sum_{j=0}^{\infty} \psi_j \psi_{j+k}}{\displaystyle\sum_{j=0}^{\infty} \psi_j^2}, \qquad k=0,1,2,... \tag{2.5.3}$$

2.6 Funzioni generatrici delle autocovarianze e delle autocorrelazioni per un processo lineare[*]

La funzione generatrice delle autocovarianze è definita come:

$$\Gamma(B) = \sum_{k=-\infty}^{\infty} \gamma_k B^k = \gamma_0 + \sum_{k=1}^{\infty} \gamma_k \left(B^k + B^{-k} \right),\tag{2.6.1}$$

può essere usata per calcolare i valori della funzione di autocovarianza di un processo lineare Z_t ad ogni lag k. La varianza è il coefficiente di $B^0 = 1$, mentre l'autocovarianza al lag k, γ_k, è il coefficiente associato a B^k oppure a $B^{-k} = F^k$ (ricordando che $\gamma_k = \gamma_{-k}$).

Per il processo lineare (1.8.1) si ha:

$$\Gamma_Z(B) = \sigma_a^2 \psi(B)\psi(B^{-1}) = \sigma_a^2 \psi(B)\psi(F)\tag{2.6.2}$$

Infatti, sostituendo γ_k nella (2.6.1) con la sua espansione nella (2.5.1) si ha

$$\Gamma_Z(B) = \sigma_a^2 \sum_{k=-\infty}^{\infty} \sum_{j=0}^{\infty} \psi_j \psi_{j-k} B^k =\tag{2.6.3}$$

$$= \sigma_a^2 \sum_{k=-\infty}^{\infty} \sum_{j=0}^{\infty} \psi_j \psi_{j+k} B^k$$

dato che $\gamma_k = \gamma_{-k}$. Inoltre, dato che $\psi_j = 0$ per $j<0$ la (2.6.3) diventa

$$\Gamma_Z(B) = \sigma_a^2 \sum_{k=-\infty}^{\infty} \sum_{k=-j}^{\infty} \psi_j \psi_{j+k} B^k \ .\tag{2.6.4}$$

Ponendo $j+k=h$ si può scrivere

$$\Gamma_Z(B) = \sigma_a^2 \sum_{k=-\infty}^{\infty} \sum_{h=0}^{\infty} \varphi_j \varphi_h B^{h-j} =$$

$$= \sigma_a^2 \sum_{j=0}^{\infty} \psi_j B^{-j} \sum_{h=0}^{\infty} \psi_h B^h\tag{2.6.5}$$

ossia

$$\Gamma_Z(B) = \sigma_a^2 \psi\left(B^{-1}\right)\psi(B) = \sigma_a^2 \psi(B)\psi(F).$$

La funzione generatrice delle autocorrelazioni si ottiene dividendo la (2.6.1) per la varianza:

$$R(B) = \frac{\Gamma(B)}{\gamma_0} = \sum_{k=-\infty}^{\infty} \rho_k B^k = 1 + \sum_{k=1}^{\infty} \rho_k \left(B^k + B^{-k}\right) \tag{2.6.6}$$

essendo $\rho_0 = 1$. Per il processo lineare (1.8.1), la (2.6.6) diventa:

$$R_Z(B) = \frac{\psi(B)\psi(B^{-1})}{|\psi(1)|^2} = \frac{\psi(B)\psi(F)}{|\psi(1)|^2} \tag{2.6.7}$$

dove $|\psi(1)|^2 = \left(1 + \psi_1^2 + \psi_2^2 + ...\right) = \dfrac{\gamma_0}{\sigma_a^2} = \dfrac{Var(Z_t)}{\sigma_a^2}$ è il quadrato della

norma della funzione $\psi(B)$ calcolata per $B=1$.

Esempio
Sia il processo lineare definito da:
$$Z_t = a_t - \theta a_{t-1} = (1 - \theta B)a_t$$
dove

$$E(a_t) = 0, \qquad E(a_t a_{t-k}) = \begin{cases} \sigma_a^2 & k = 0 \\ 0 & k \neq 0 \end{cases}$$

allora, in questo modello,
$$\psi(B) = 1 - \theta B$$
e sostituendo tale espressione nella (2.6.2) si ottengono la funzione generatrice delle autocovarianze

$$\Gamma(B) = \sigma_a^2 (1 - \theta B)(1 - \theta B^{-1}) = \sigma_a^2 \left[-\theta B^{-1} + (1 + \theta^2) - \theta B\right] \tag{2.6.8}$$

da cui segue che le autocovarianze sono:
$$\gamma_0 = \sigma_a^2 \left(1 + \theta^2\right)$$
$$\gamma_1 = -\theta \sigma_a^2$$
$$\gamma_k = 0, \qquad\qquad \forall k \geq 2$$

La funzione generatrice delle autocorrelazioni è:

$$R(B) = \frac{(1 - \theta B)(1 - \theta B^{-1})}{(1 + \theta^2)} = \frac{1}{(1 + \theta^2)}\left[-\theta B^{-1} + (1 + \theta^2) - \theta B\right] \tag{2.6.9}$$

da cui segue che le autocorrelazioni sono:

$$\rho_0 = 1$$
$$\rho_1 = -\theta/(1 + \theta^2)$$
$$\rho_k = 0, \qquad\qquad \forall k \geq 2$$

2.7 Spettro e funzione di densità spettrale per un processo lineare[*]

Se nella funzione generatrice delle autocovarianze si sostituisce B con $e^{-i\omega}$ (si ricordi che $e^{-i\omega} = cos(\omega) - isin(\omega)$), con $i = \sqrt{-1}$ e $-\pi \le \omega \le \pi$, si ottiene, a meno della costante $\dfrac{1}{2\pi}$, lo **spettro** del processo. Invece se si fa lo stesso nella funzione generatrice delle autocorrelazioni si ottiene, a meno della costante $\dfrac{1}{2\pi}$, la **funzione di densità spettrale** o **spettro normalizzato**.

Infatti, ponendo $B = e^{-i\omega}$ nella (2.6.1), dove $-\pi \le \omega \le \pi$ è la frequenza in radianti (si noti che $\omega = 2\pi f$, dove $f = \dfrac{1}{p}$ è la frequenza angolare ed è pari al reciproco del periodo p necessario alle funzioni seno e coseno per completare un ciclo), si ottiene:

$$p(\omega) = \sum_{k=-\infty}^{\infty} \gamma_k e^{-i\omega k} = \gamma_0 + \sum_{k=1}^{\infty} \gamma_k \left(e^{-i\omega k} + e^{i\omega k} \right) =$$
$$= \gamma_0 + 2\sum_{k=1}^{\infty} \gamma_k \cos(\omega k) \tag{2.7.1}$$

che è uguale allo spettro del processo a meno di una costante uguale a $\dfrac{1}{2\pi}$.

Lo spettro, che indichiamo con $g(\omega)$, è definito come la trasformata di Fourier della funzione di autocovarianza ossia:

$$g(\omega) = \frac{1}{2\pi}\left(\gamma_0 + \sum_{k=1}^{\infty} \gamma_k \left(e^{-i\omega k} + e^{i\omega k} \right) \right) =$$
$$= \frac{1}{2\pi}\left(\gamma_0 + 2\sum_{k=1}^{\infty} \gamma_k \cos(\omega k) \right), \qquad 0 \le \omega \le \pi. \tag{2.7.2}$$

Dato che $g(\omega)$ è una funzione simmetrica rispetto allo zero, tutta l'informazione sullo spettro è contenuta nell'intervallo $[0, \pi]$. Lo stesso vale per lo spettro di ogni processo non deterministico a valori reali. Invece se la serie è a valori complessi o lo spettro non è simmetrico intorno allo zero, allora ω assume valori nell'intervallo $-\pi \le \omega \le \pi$.

La funzione di spettro cumulato o integrato è definita come:

$$G(\omega) = \int_{-\pi}^{\omega} g(\eta)d\eta \qquad (2.7.3)$$

$G(\omega)$ è una funzione monotona non decrescente tale che $G(-\pi) = 0$ e $G(\pi) = \gamma_0$.

Lo spettro del processo lineare $\{Z_t\}$ definito nella (1.8.1) può essere ricavato dalla (2.6.2) sostituendo B con $e^{-i\omega}$ e diventa:

$$g_Z(\omega) = \frac{\sigma_a^2}{2\pi}\left[\psi\left(e^{i\omega}\right)\psi\left(e^{-i\omega}\right)\right] = \frac{\sigma_a^2}{2\pi}\left|\psi\left(e^{-i\omega}\right)\right|^2, \quad 0 \le \omega \le \pi \qquad (2.7.4)$$

$\left|\psi\left(e^{-i\omega}\right)\right|^2$ è chiamata **funzione di trasferimento** (*power transfer function*) del filtro lineare ed è uguale al **quadrato del modulo** di $\psi\left(e^{-i\omega}\right)$ chiamata **funzione di risposta** del filtro (*frequency response function*). Si noti che il modulo o norma di una funzione a valori complessi è uguale alla radice quadrata della somma del quadrato della parte reale più il quadrato della parte immaginaria. La (2.7.4) è l'espressione che lega lo spettro dell'output $g_Z(\omega)$ di un filtro lineare allo spettro uniforme $\dfrac{\sigma_a^2}{2\pi}$ di un input rumore bianco o white noise $\{a_t\}$ moltiplicandolo per la funzione di trasferimento del filtro. Infatti il processo rumore bianco non è autocorrelato e quindi la (2.7.2) si riduce a

$$g(\omega) = \frac{\gamma_0}{2\pi} \text{ dove } \gamma_0 = \sigma_a^2 \text{ è la varianza del processo.}$$

Lo spettro può essere normalizzato dividendo per la varianza ed è chiamato densità spettrale. La densità spettrale è infatti la trasformata di Fourier della funzione di autocorrelazione:

$$f(\omega) = \frac{R\left(e^{-i\omega}\right)}{2\pi} = \frac{1}{2\pi}\left(1 + 2\sum_{k=1}^{\infty} \rho_k \cos(\omega k)\right), \; 0 \le \omega \le \pi . \qquad (2.7.5)$$

La funzione di ripartizione spettrale $F(\omega)$ di un processo stazionario con densità spettrale $f(\omega)$, è definita come:

$$F(\omega) = \int_{-\pi}^{\omega} f(\eta)d\eta \qquad (2.7.6)$$

$F(\omega)$ è una funzione monotona non decrescente, limitata $F(-\pi) = 0$ e $F(\pi) = 1$, quindi possiede tutte le proprietà della **funzione di ripartizione** di una variabile casuale. Analogamente la funzione di densità spettrale $f(\omega)$ possiede le proprietà della **distribuzione di probabilità**, $f(\omega) \geq 0$ e $\int_{-\pi}^{\pi} f(\omega)d\omega = 1$.

Per un processo stocastico lineare $\{Z_t\}$ la densità spettrale diventa

$$f_Z(\omega) = \frac{1}{2\pi} \frac{\psi(e^{i\omega})\psi(e^{-i\omega})}{|\psi(1)|^2} = \frac{1}{2\pi} \frac{|\psi(e^{-i\omega})|^2}{|\psi(1)|^2}, \qquad 0 \leq \omega \leq \pi.$$

(2.7.7)

Esempio

Riprendendo l'esempio precedente, lo spettro di Z_t risulta:

$$g_Z(\omega) = \frac{\sigma_a^2}{2\pi}(1 - \theta e^{-i\omega})(1 - \theta e^{i\omega}) = \frac{\sigma_a^2}{2\pi}(1 + \theta^2 - 2\theta\cos(\omega))$$

e la densità spettrale è:

$$f_Z(\omega) = \frac{1}{2\pi} \frac{(1 + \theta^2 - 2\theta\cos(\omega))}{(1 + \theta^2)}$$

Se $\{Z_t\} = \{a_t\}$, dove $\{a_t\}$ è un processo rumore bianco, allora lo spettro è costante e pari a:

$$g_Z(\omega) = \frac{\sigma_a^2}{2\pi}, \quad 0 \leq \omega \leq \pi$$

dove σ_a^2 rappresenta la varianza di Z_t che è uguale alla varianza di a_t.
Anche la densità spettrale è costante per ogni frequenza ω e pari a:

$$f_Z(\omega) = \frac{1}{2\pi}, \quad 0 \leq \omega \leq \pi$$

L'area sottesa dallo spettro nell'intervallo $(-\pi, \pi)$ è la varianza di Z_t, cioè:

$$\int_{-\pi}^{\pi} g(\omega)d\omega = \sigma_a^2.$$

Lo spettro di un processo lineare può essere visto come la scomposizione della varianza in termini delle frequenze. Per un processo rumore bianco, ciò significa che il processo può essere visto come un infinito numero di componenti cicliche tutte con uguale potenza o peso.
La funzione di autocovarianza e lo spettro sono coppie di trasformate reali di Fourier, come mostrato nelle successive formule (2.7.8) e (2.7.9):

$$\gamma_k = \int_{-\pi}^{\pi} e^{-i\omega k} dG(\omega) = \int_{-\pi}^{\pi} e^{-i\omega k} g(\omega) d\omega =$$
$$= 2 \int_{0}^{\pi} \cos(\omega k) g(\omega) d\omega, \quad k=0,\pm 1,\pm 2,\& \tag{2.7.8}$$

$$g(\omega) = \sum_{k=-\infty}^{\infty} \gamma_k e^{-i\omega k} = \frac{1}{2\pi}\left(\gamma_0 + 2\sum_{k=1}^{\infty} \gamma_k \cos(\omega k)\right), 0 \le \omega \le \pi \tag{2.7.9}$$

Lo stesso è valido per la funzione di autocorrelazione e la densità spettrale, come mostrato nelle (2.7.10) e (2.7.11), ossia:

$$\rho_k = \int_{-\pi}^{\pi} e^{\omega k} dF(\omega) = \int_{-\pi}^{\pi} e^{-i\omega k} f(\omega) d\omega =$$
$$= 2 \int_{0}^{\pi} \cos(\omega k) f(\omega) d\omega, \quad k=0,\pm 1,\pm 2,... \tag{2.7.10}$$

$$f(\omega) = \sum_{k=1}^{\infty} \rho_k e^{-i\omega k} = \frac{1}{2\pi}\left(1 + 2\sum_{k=1}^{\infty} \rho_k \cos(\omega k)\right), \qquad 0 \le \omega \le \pi$$
$$\tag{2.7.11}$$

Si noti che $F(\omega)$ può essere vista come una distribuzione di probabilità e ρ_k come la sua funzione caratteristica.

2.8 Teorema di Cramer-Kolmogorov sulla rappresentazione spettrale di un processo stocastico stazionario[*]

La rappresentazione spettrale di un processo stocastico stazionario $\{Z_t\}$ è data dalla scomposizione di $\{Z_t\}$ in una somma di funzioni periodiche non correlate fra loro. Unitamente a questa scomposizione, esiste la scomposizione corrispondente della funzione di autocovarianza di $\{Z_t\}$ in funzioni periodiche che è stata analizzata nel paragrafo precedente.

La scomposizione spettrale di un processo stazionario è analoga alla rappresentazione di Fourier di funzioni deterministiche. Nell'analisi di Fourier le funzioni periodiche o cicliche sono seni e coseni. Esse presentano la proprietà importante di poter essere approssimate da un numero finito di termini in modo che l'errore quadratico medio fra la funzione e la sua approssimazione è minimo. Esse presentano inoltre la proprietà di essere fra loro ortogonali cosicché i relativi coefficienti possono essere determinati indipendentemente.

L'analisi spettrale moderna usa le serie di Fourier basandosi sull'ipotesi che l'ampiezza e la fase dei seni e coseni siano variabili casuali. L'analisi spettrale è equivalente all'analisi temporale basata sulla funzione di autocovarianza ma diventa più utile nell'analisi di filtri lineari e di processi stazionari multivariati.

Supponiamo di avere un processo stazionario deterministico definito da:

$$Y_t = \mu + \sum_{j=1}^{J} \left[\alpha_j \cos(\omega_j t) + \beta_j \, sen(\omega_j t) \right]; \qquad 0 \le \omega_j \le \pi \qquad (2.8.1)$$

dove α_j e β_j sono variabili casuali tali che

$$E(\alpha_j) = E(\beta_j) = 0, j = 1,\dots, J,$$

$$Var(\alpha_j) = Var(\beta_j) = \sigma_j^2, j = 1,\dots, J$$

$$E(\alpha_i \alpha_j) = E(\beta_i \beta_j) = 0, \; i \ne j$$

$$E(\alpha_i \beta_j) = 0, \; \forall \; i,j.$$

La media del processo Y_t è μ, la sua varianza è:

$$\gamma_0 = \sum_{j=1}^{J} \sigma_j^2 \qquad (2.8.2)$$

e la sua autocovarianza è

$$\gamma_k = \sum_{j=1}^{J} \sigma_j^2 \cos(\omega_j k). \qquad (2.8.3)$$

L'espressione (2.8.2) mostra che la **varianza** del processo è data dalla **somma** delle varianze di α_j e β_j. Questa analisi può essere estesa in modo da includere il caso in cui il processo sia continuo, per esempio un processo white noise. In tale situazione, non ha senso considerare un insieme particolare di frequenze ω_j, $j = 1,\dots, J$, e dire che ciascuna frequenza contribuisce in egual misura alla varianza del processo, in quanto le frequenze sono in numero infinito nell'intervallo $[0, \pi]$.

Per includere questo caso, la (2.8.1) deve essere estesa in modo da incorporare un numero infinito di funzioni trigonometriche, ciò si ottiene se $J \to \infty$ e la sommatoria è sostituita da un integrale. La rappresentazione risultante è chiamata rappresentazione di Cramer-Kolmogorov.

Il teorema di Cramer-Kolmogorov sulla rappresentazione spettrale di un processo stocastico stazionario dimostra che:

Ogni processo stazionario $\{X_t\}$ di valor medio μ si può rappresentare come:

$$X_t = \mu + \int_0^\pi u(\omega)\cos(\omega t)d\omega + \int_0^\pi v(\omega)sen(\omega t)d\omega,\, 0 \le \omega \le \pi \qquad (2.8.4)$$

dove $\{u(\omega)\}$ e $\{v(\omega)\}$ sono processi stocastici continui di media zero e fra loro non correlati e con varianza data da:

$$Var[u(\omega)d\omega] = Var[v(\omega)d\omega] = 2dG(\omega) \qquad (2.8.5)$$

dove $G(\omega) = \int_{-\pi}^{\omega} g(\eta)d\eta$ è la funzione di spettro cumulato non decrescente, tale che $G(-\pi) = 0$ e $G(\pi) = Var(X_t) = \gamma_0$. Possiamo quindi determinare la parte di varianza di $\{X_t\}$ dovuta a funzioni periodiche o cicliche (seni e coseni) con frequenza angolare minore o uguale a un valore specificato di ω. Ciò significa che la rappresentazione spettrale di $\{X_t\}$ ci permette di determinare l'influenza di cicli di diverse frequenze sul comportamento di $\{X_t\}$.

2.9 Filtri lineari invarianti nel tempo

Abbiamo visto che un processo stocastico lineare $\{Z_t\}$, definito nella (1.8.1), è l'output di un filtro lineare invariante nel tempo applicato a un processo rumore bianco o white noise $\{a_t\}$.

In generale, si dice che un processo $\{Y_t\}$ è l'output di un **filtro lineare invariante nel tempo** $\Psi = \{\psi_j, j = 0,\pm 1,\pm 2,...\}$ applicato a un input $\{X_t\}$, non necessariamente rumore bianco, se

$$Y_t = \sum_{j=-\infty}^{\infty} \psi_j X_{t-j}, \qquad t = 0,\pm 1,\pm 2,... \qquad (2.9.1)$$

I coefficienti ψ_j sono fissi e reali; l'invarianza temporale significa semplicemente che tali coefficienti non dipendono dal tempo t. Ovvero se $\{Y_t, t = 0,\pm 1,\pm 2,...\}$ è traslato di un ritardo pari a s, il processo risultante $\{Y_{t-s}, t = 0,\pm 1,\pm 2,...\}$ è dato da

$$Y_{t-s} = \sum_{j=-\infty}^{\infty} \psi_j X_{t-s-j}. \qquad (2.9.2)$$

Quando $\psi_j = 0$ per $j < 0$, il filtro invariante nel tempo si dice causale.

I metodi spettrali sono particolarmente utili per descrivere il comportamento dei filtri invarianti nel tempo, così come per costruire filtri particolari, per esempio filtri che eliminano i cicli di frequenza alta che corrispondono a fluttuazioni cicliche attribuite a una componente di rumore (*noise*).

Se nella (2.9.1) $\{Y_t\}$ è un processo lineare stazionario a media nulla, il suo spettro $g_Y(\omega)$ è dato da:

$$g_Y(\omega) = \left|\psi\!\left(e^{-i\omega}\right)\right|^2 g_X(\omega) = \psi\!\left(e^{-i\omega}\right)\psi\!\left(e^{i\omega}\right)g_X(\omega) \qquad (2.9.3)$$

dove $\psi\!\left(e^{-i\omega}\right) = \displaystyle\sum_{j=-\infty}^{\infty}\psi_j e^{-i\omega j}$.

La funzione $\psi\!\left(e^{-i\omega}\right)$ è la **funzione di risposta del filtro** e il quadrato del suo modulo è la **funzione di trasferimento**.

Se due filtri lineari, ψ_1 e ψ_2, con relative funzioni di risposta $\psi_1\!\left(e^{-i\omega}\right)$ e $\psi_2\!\left(e^{-i\omega}\right)$ sono applicati in sequenza a un input X_t, in modo che l'output sia

$$Z_t = \psi_1(B)\psi_2(B)X_t \qquad (2.9.4)$$

allora lo spettro di $\{Z_t\}$ è dato da

$$g_Z(\omega) = \left|\psi_1\!\left(e^{-i\omega}\right)\psi_2\!\left(e^{-i\omega}\right)\right|^2 g_X(\omega) \qquad (2.9.5)$$

L'effetto combinato dei filtri è il quadrato del modulo del prodotto delle relative funzioni di risposta.

Un effetto importante dell'applicazione di un filtro lineare a una serie è che cambia l'importanza relativa delle varie componenti cicliche. Questo effetto è colto dalla funzione di trasferimento $\left|\psi\!\left(e^{-i\omega}\right)\right|^2$.

La **funzione di guadagno** $G(\omega) = \left|\psi\!\left(e^{-i\omega}\right)\right|$ (uguale alla radice quadrata della funzione di trasferimento) determina il fattore di riduzione o di aumento dell'ampiezza di una componente ciclica in seguito all'applicazione del filtro.

Un altro importante effetto dell'applicazione di un filtro lineare a una serie riguarda la traslazione della serie rispetto alla sua posizione nel tempo. Supponiamo che l'operazione di filtraggio sia semplicemente traslare l'output di n periodi temporali, cioè,

$$Y_t = B^n X_t = X_{t-n} \tag{2.9.6}$$

Se $\{X_t\}$ è generato da un processo ciclico, per esempio,

$$X_t = cos(\omega t)$$

allora l'output $\{Y_t\}$ è

$$Y_t = cos(\omega(t-n)) = cos(\omega t - n\omega) \tag{2.9.7}$$

Allora il cambiamento di fase in radianti è dato da $\phi(\omega) = n\omega$ e in unità

di tempo da $\dfrac{\phi(\omega)}{\omega} = n$.

La funzione fase può essere ottenuta dalla funzione di risposta. Infatti dato che $\psi(e^{-i\omega})$ è una funzione a valori complessi, essa può scriversi come:

$$\psi(e^{-i\omega}) = \psi_1(\omega) - i\psi_2(\omega), \quad -\pi \le \omega \le \pi \tag{2.9.8}$$

dove $\psi_1(\omega)$ e $\psi_2(\omega)$ sono funzioni a valori reali. La funzione di traslazione di fase è data da:

$$\phi(\omega) = tan^{-1}[\psi_1(\omega)/\psi_2(\omega)]. \tag{2.9.9}$$

Se il filtro è simmetrico, la funzione di risposta (2.9.8) è reale e la funzione di traslazione di fase è nulla. La funzione di risposta può essere scritta in forma polare come:

$$\psi(e^{-i\omega}) = G(\omega)e^{-i\phi(\omega)} \tag{2.9.10}$$

Per analizzare le proprietà dei filtri lineari è utile costruire i grafici di $G(\omega)$ e $\phi(\omega)$. Se $G(\omega)$ è grande per valori bassi di ω ma piccolo per valori alti, allora il filtro è chiamato **passa-basso** (si veda la Fig. 1). Ciò significa che se l'input è una mistura di oscillazione di differenti frequenze, allora soltanto quelle componenti con frequenze basse passano attraverso il filtro, mentre le frequenze alte sono significativamente ridotte.

D'altro canto, se $G(\omega)$ è piccolo per valori bassi di ω e grande per valori alti, il filtro si chiama **passa-alto** (si veda la Fig. 2). Infine un filtro può costruirsi per far passare solo le componenti di frequenza che appartengono a un intervallo determinato, come per esempio si mostra nella Figura 3. Questo filtro si chiama **passa-banda**.

2.10 Medie mobili

Una media mobile è una media aritmetica ponderata costituita di un numero fisso di termini e applicata in maniera sequenziale aggiungendo

Fig. 1. Funzione di guadagno di un filtro passa-basso

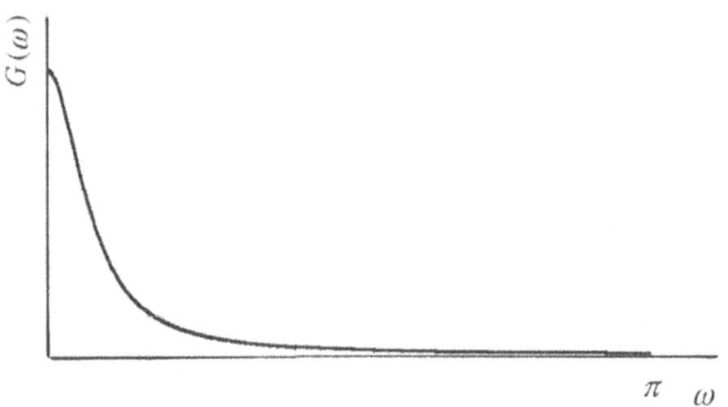

Fig. 2. Funzione di guadagno di un filtro passa-alto

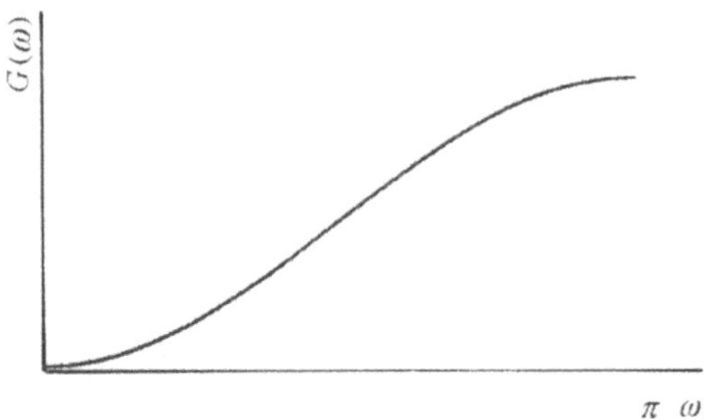

Fig. 3. Funzione di guadagno di un filtro passa-banda

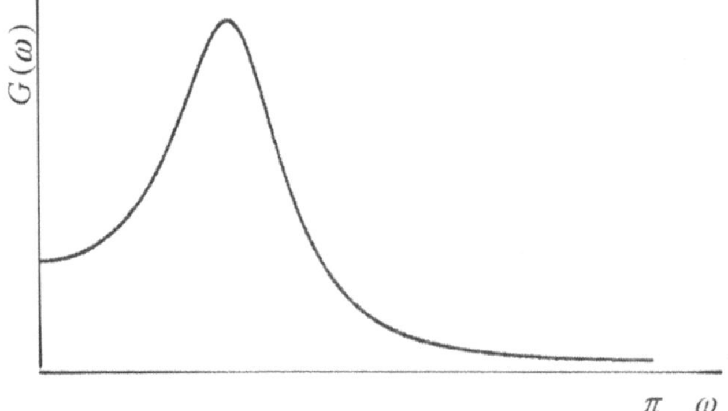

(ed eliminando) una osservazione alla volta. La stima ottenuta con una media mobile, $\hat{X}_t$, relativa a una osservazione X_t è calcolata a partire dalle osservazioni X_{t-m} fino a X_{t+m} come segue:

$$\hat{X}_t = \sum_{j=-m}^{m} w_j X_{t-j} \tag{2.10.1}$$

$$= w_{-m} X_{t+m} + \dots + w_0 X_t + \dots + w_m X_{t-m}$$

dove w_j sono i pesi, w_0 è il peso principale e per medie mobili simmetriche, $w_{-j} = w_j$ per ogni j. La lunghezza della media mobile è data dal numero di osservazioni utilizzate nel calcolo, nella (2.10.1) è uguale a $2m+1$.

L'operazione di applicare una media mobile a una serie storica, conosciuta come *smoothing*, è un caso speciale del processo più generale di filtraggio, un concetto mutuato dall'ingegneria elettrica. Le medie mobili sono filtri lineari invarianti nel tempo i cui pesi sommano a uno. Dato che la somma dei pesi di un filtro determina il rapporto fra la media dell'output e la media dell'input, pesi che sommano a uno implicano che la media dell'input non viene cambiata dall'applicazione di una media mobile.

Una media mobile non deve essere confusa con un processo media mobile i cui pesi non sommano a uno.

Le medie mobili sono chiamate funzioni di *smoothing* (lissaggio o perequazione) perché riducono l'ampiezza delle fluttuazioni cicliche di alta frequenza senza modificare significativamente le componenti di bassa frequenza; esse hanno le caratteristiche dei filtri passa-basso.

Le proprietà fondamentali delle medie mobili sono quelle dei filtri lineari invarianti nel tempo, cioè, (a) l'equivarianza rispetto a cambiamenti di scala, (b) la sovrapposizione e (c) l'invarianza nel tempo.

Una media mobile F è equivariante rispetto a cambiamenti di scala se a una amplificazione dell'input $\{X_t\}$ per un fattore scalare α segue una stessa amplificazione dell'output, cioè

$$F(\alpha\{X_t\}) = \alpha F(\{X_t\}). \tag{2.10.2}$$

Il principio di superposizione implica che

$$F(\{X_t\} + \{Y_t\}) = F\{X_t\} + F\{Y_t\}. \tag{2.10.3}$$

La (2.10.2) e la (2.10.3) sono proprietà di tutti i filtri lineari. La proprietà di invarianza nel tempo è stata definita nella (2.9.1).

Una applicazione di una media mobile a 5 termini è mostrata nella Tabella 1.

Per esempio il primo valore smooth 387.76 si ottiene moltiplicando i pesi della media mobile (-0.073 0.294 0.558 0.294 -0.773) per i valori della

Tabella 1. Esempio di smoothing di una serie storica attraverso una media mobile.

Serie storica: valori originali		Pesi della media mobile				Valori smooth
378	-0.073					
371	0.294	-0.073				
395	0.558	0.294	-0.073			378.76
413	0.294	0558	0.294	-0.073		426.25
487	-0.073	0294	0.558	0.294	-0.073	475.05
499		-0.073	0.294	0.558	0.294	499.55
498			-0.073	0.294	0.558	503.09
525				-0.073	0.294	
552					-0.073	

serie originale che vanno da 378 a 487, cioè:
$$-0.073 \times 378 + 0.294 \times 371 + 0.558 \times 395 +$$
$$+0.294 \times 413 - 0.073 \times 487 = 387.76$$
il secondo valore smooth 426.25 si ottiene moltiplicando i pesi della media mobile ai valori che vanno da 371 a 499, e così via. Si noti che la lunghezza della media mobile è sempre fissa (cinque termini) e che essa è applicata alla serie in maniera sequenziale, da cui l'aggettivo mobile.

La stima dei pesi di una media mobile può essere ottenuta o adattando polinomi locali ai dati o attraverso formule di sommatoria.

Il calcolo dei pesi basato sulla stima di polinomi locali con il metodo dei minimi quadrati è trattato in dettaglio in Kendall e Stuart (1966). Al contrario, quello basato su formule di sommatoria è stato sviluppato all'inizio di questo secolo dagli attuari. Il problema era quello di costruire medie mobili tali che adattate a funzioni polinomiali di secondo o terzo grado riproducessero esattamente i valori originali, ma che allo stesso tempo, nel caso di dati stocastici, dessero stime più smooth di quelle ottenute con medie mobili basate su polinomi stimati col metodo dei minimi quadrati (si veda Dagum, 1985). Esempi di questo tipo di medie mobili o filtri lineari sono quelle dovute a Henderson (1916) che saranno discusse nel capitolo sulla scomposizione delle serie storiche nel contesto del metodo X11ARIMA.

Un'altra importante classe di medie mobili è quella dei *kernel smoother* che per ogni osservazione restituiscono la stima

$$\hat{x}_t = \sum_{j=1}^{n} w_{ij} x_t$$

dove w_{tj} sono i pesi da assegnare ad ogni osservazione e sono determinati dalla funzione kernel $K : \mathbb{R} \to \mathbb{R}$, tale che

$K(x) = K(-x)$, $\int_{-\infty}^{\infty} K(x)dx = 1$, nel seguente modo

$$w_{tj} = \frac{K\left(\frac{\left|x_t - x_j\right|}{b}\right)}{\sum_{i=1}^{n} K\left(\frac{\left|x_t - x_i\right|}{b}\right)}, \qquad b>0.$$

Il parametro di smoothing b determina il numero di osservazioni x_j vicine a x_t che hanno peso w_{tj} diverso di zero.

Il kernel gaussiano, dato dalla funzione

$$K(x) = \frac{1}{\sqrt{2\pi}} e^{-\frac{1}{2}x^2}$$

è ampiamente usato. Altri kernel noti in letteratura sono il kernel triangolare, a scatola, uniforme, quadratico (*biweight*), cubico (*triweight*), di Epanechnikov e a minima varianza. In Dagum e Luati (2001) le proprietà spettrali di tali kernel per i pesi simmetrici e asimmetrici (relativi alle prime ed ultime osservazioni) sono discusse in dettaglio.

Appendice A.2

Funzioni cicliche

La funzione trigonometrica $y = cos(x)$ è definita in termini di un angolo x misurato in radianti. Dato che ci sono 2π radianti in un cerchio, y assume tutti i suoi valori al variare di x fra 0 e 2π.

Il comportamento si ripete in modo tale che, per ogni k intero, $cos(x + 2k\pi) = cos(x)$.

La funzione seno mostra la stessa proprietà.

La funzione coseno è simmetrica rispetto lo zero; ciò in quanto è una funzione pari:

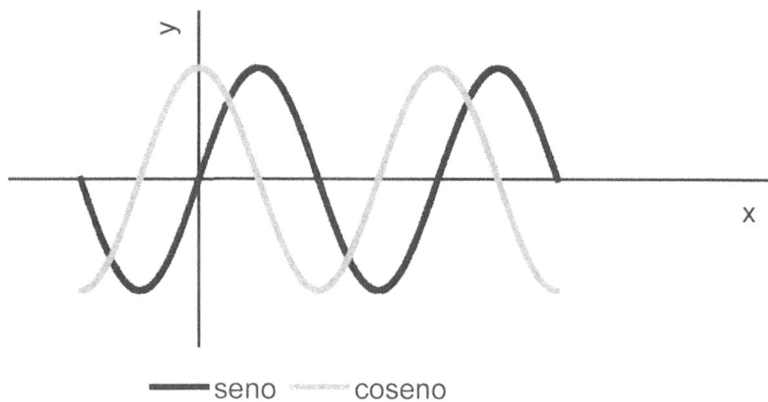

$$cos(x) = cos(-x).$$

La funzione seno, invece, è dispari:

$$sen(x) = -sen(-x).$$

La funzione y può essere espressa come una funzione ciclica del tempo definendo un parametro λ, espresso in radianti, conosciuto come *frequenza angolare*.

La variabile x è quindi sostituita da ωt.

Assegnando valori diversi a ω, si può fare in modo che la funzione si espanda o si contragga lungo l'ascissa t.

Il *periodo* del ciclo, ovvero il tempo impiegato da y per assumere la sequenza completa dei suoi valori, è pari a $2\pi/\omega$.

Quindi una funzione trigonometrica che si ripete ogni 5 periodi di tempo ha una frequenza di $2\pi/5$.

Una funzione ciclica può essere resa ulteriormente flessibile moltiplicando la funzione seno o coseno per un parametro ρ noto come l'*ampiezza*.

Rimane infine il problema della posizione fissa della funzione rispetto all'ascissa. La soluzione al problema è data dall'introduzione di un angolo ϕ, misurato in radianti, noto come *fase*.

L'espressione $y = cos(x)$ diventa, quindi:

$$y = \rho \cos(\omega t - \phi) = \rho \cos \omega (t - \xi)$$

dove il parametro $\xi = \phi/\omega$ esprime la traslazione in termini di tempo.

Esempio
Volendo traslare una funzione coseno avente un periodo pari a 5 in modo

che i picchi siano in corrispondenza di t=2,7, 12,... piuttosto che t=0,5,10,..., allora $\xi = 2$, da cui si ottiene:

$$\phi = \omega\xi = (2\pi/5)\cdot 2 = 4\pi/5 = 2.513 \text{ radianti.}$$

Tornando alla funzione periodica

$$y = r\cos(\omega t - \phi)$$

si noti che, per le formule di prostaferesi, può essere scritta come

$$y = r\cos\omega t\cos\phi + r\sin\omega t\sin\phi =$$

$$= A\cos\omega t + B\sin\omega t$$

dove

$$A = r\cos\phi$$

$$B = r\sin\phi$$

$$r = \left(A^2 + B^2\right)^{1/2}$$

da cui segue che

$$\frac{B}{A} = \tan\phi$$

ed equivalentemente

$$\phi = \arctan\frac{B}{A}.$$

In generale, una funzione periodica è completamente specificata da:

(a) la *frequenza angolare in radianti* $-\pi \le \omega \le \pi$, o la *frequenza angolare* $\dfrac{\omega}{2\pi} = f$, $-\dfrac{1}{2} \le f \le \dfrac{1}{2}$. Il *periodo* p è uguale a $\dfrac{1}{f}$, $p \in (-\infty,\infty)$, e misura il tempo necessario perché la funzione completi un intero ciclo.

(b) l'*ampiezza* $r = \left(A^2 + B^2\right)^{1/2}$, che determina il campo di variabilità e

(c) la *fase* $\phi = \text{arctg}(B/A)$, che misura la traslazione rispetto a t=0, cioè l'istante in cui la funzione raggiunge il suo massimo.

L'analisi di Fourier mostra che ogni successione reale $\{x_t, \ t = 1,2,...,n\}$ può rappresentarsi mediante una combinazione lineare infinita di funzioni periodiche di frequenza angolare fondamentale $\omega = 2\pi/n$ e frequenze angolari multiple $\omega_j = \omega \cdot j$, $j = 1,2,\ldots,[n/2]$ ($[\bullet]$ indica la parte intera di un numero).

Per esempio,

$$x_t = \sum_{j=0}^{n} \left[\alpha_j \cos(\omega_j t) + \beta_j \operatorname{sen}(\omega_j t) \right]$$

$$= \sum_{j=0}^{n} c_j \cos(\omega_j t - \phi_j)$$

dove α_j e β_j sono le ampiezze e ϕ_j la fase.

Sia le ampiezze sia la fase sono variabili, mentre le frequenze angolari sono sempre fisse.

Capitolo 3
Processi stazionari lineari

Un processo stocastico stazionario lineare è definito come una combinazione lineare infinita di processi white noise, dove la sommatoria infinita dei coefficienti al quadrato è finita. Cioè,

$$Z_t = a_t + \psi_1 a_{t-1} + \ldots = \psi(B)a_t ; \qquad \sum \psi_j^2 < +\infty .$$

L'operatore lineare infinito $\psi(B)$ può essere approssimato da un numero finito di coefficienti, per esempio fino al ritardo q, tale che $\psi_j = 0$ per $j > q$. In tal caso il processo risultante è chiamato processo media mobile di ordine q, indicato con $MA(q)$.

Si può poi approssimare anche l'inversa dell'operatore lineare infinito, $\psi^{-1}(B)$, con un polinomio di ordine p, nel cui caso si dice che il processo è autoregressivo di ordine p, indicato con $AR(p)$.

Al fine di ridurre il numero di parametri nell'approssimazione di $\psi(B)$ è sempre preferibile utilizzare un polinomio razionale dato dal rapporto fra un processo media mobile e un processo autoregressivo, cioè $\psi(B) = \theta_q(B)/\phi_p(B)$. In tal caso si dice che Z_t è rappresentato da un processo lineare autoregressivo media mobile, indicato con $ARMA(p,q)$.

La discussione di questi processi è l'oggetto del presente capitolo.

3.1 Processi media mobile di ordine *q*

Un processo media mobile di ordine q, $MA(q)$, è definito come:

$$Z_t = a_t - \theta_1 a_{t-1} - \ldots - \theta_q a_{t-q} = \left(1 - \theta_1 B - \ldots - \theta_q B^q\right) a_t = \theta(B)a_t$$

$$(3.1.1)$$

dove $\theta(B) = \left(1 - \theta_1 B - \ldots - \theta_q B^q\right)$ è detto operatore media mobile di ordine q e $\{a_t\} \sim WN\left(0, \sigma_a^2\right)$ è un processo rumore bianco.

Un processo media mobile finito è sempre stazionario poiché la serie

$$\psi(B) = \theta(B) = 1 - \sum_{j=1}^{q} \theta_j B^j \quad \text{è finita.}$$

Il processo $MA(q)$ è invertibile se possiamo esprimere la (3.1.1) come:

$$a_t = \theta^{-1}(B)Z_t \qquad (3.1.2)$$

dove $\theta^{-1}(B)$ deve convergere per $|B| \le 1$, o equivalentemente l'equazione caratteristica,

$$\theta(B) = 1 - \theta_1 B - \ldots - \theta_q B^q = 0 \qquad (3.1.3)$$

deve avere le radici all'esterno del cerchio unitario, ossia $|B| > 1$.

Infatti, l'operatore $\theta(B) = 1 - \theta_1 B - \theta_2 B^2 - \ldots - \theta_q B^q$ è un polinomio in B di ordine q che può essere fattorizzato nel seguente modo:

$$\theta(B) = 1 - \theta_1 B - \theta_2 B^2 - \ldots - \theta_q B^q$$

$$= (1 - \lambda_1 B)(1 - \lambda_2 B) \cdots (1 - \lambda_q B) = \prod_{i=1}^{q}(1 - \lambda_i B). \qquad (3.1.4)$$

Nel nostro caso $\theta^{-1}(B) = \prod_{i=1}^{q}(1 - \lambda_i B)^{-1}$, ogni fattore $(1 - \lambda_i B)^{-1}$ è convergente se e solo se le radici di $(1 - \lambda_i B) = 0$ sono in modulo uguali o inferiori a 1 il che implica che le q radici di $\theta(B) = 0$ siano in modulo esterne al cerchio unitario: $|B| > 1$.

Tale fattorizzazione significa trovare i valori di $(\lambda_1, \lambda_2, \ldots, \lambda_q)$ tali che i seguenti polinomi siano uguali per ciascun valore di B:

$$(1 - \theta_1 B - \theta_2 B^2 - \ldots - \theta_q B^q) = (1 - \lambda_1 B)(1 - \lambda_2 B) \ldots (1 - \lambda_q B). \qquad (3.1.5)$$

Moltiplicando entrambi i membri della (3.1.5) per B^q e definendo $\lambda \equiv B^{-1}$ si ottiene:

$$\begin{aligned}(\lambda^q - \theta_1 \lambda^{q-1} - \theta_2 \lambda^{q-2} - \ldots - \theta_q) = \\ = (\lambda - \lambda_1)(\lambda - \lambda_2) \ldots (\lambda - \lambda_q)\end{aligned} \qquad (3.1.6)$$

La (3.1.6) si annulla per $\lambda = \lambda_i$, dove i può assumere ciascuno dei valori da 1 a q.

I valori $(\lambda_1, \lambda_2, \ldots, \lambda_q)$ sono le radici che annullano il membro destro della (3.1.6) e di conseguenza:

$$\lambda^q - \theta_1 \lambda^{q-1} - \theta_2 \lambda^{q-2} - \ldots - \theta_q = 0. \qquad (3.1.7)$$

La (3.1.7) si definisce stabile se $(\lambda_1, \lambda_2, \ldots, \lambda_q)$ sono in modulo minori di 1, o giacciono all'interno del cerchio unitario. Equivalentemente

$\left(1-\theta_1 B-\theta_2 B^2-...-\theta_q B^q\right)$ è stabile se le sue radici sono esterne al cerchio unitario (dato che si è assunto $\lambda \equiv B^{-1}$).

Se un processo $MA(q)$ soddisfa le condizioni di invertibilità possiamo sempre identificare il processo attraverso le funzioni di autocorrelazione globale e parziale.

La funzione di autocovarianza di un $MA(q)$ è definita come:

$$\gamma_k = E\left(Z_t Z_{t-k}\right) =$$
$$= E\left[\left(a_t-\theta_1 a_{t-1}-...-\theta_q a_{t-q}\right)\left(a_{t-k}-\theta_1 a_{t-k-1}-...-\theta_q a_{t-k-q}\right)\right] = \qquad (3.1.8)$$
$$= \begin{cases} \sigma_a^2\left(-\theta_k+\theta_1\theta_{k+1}+\theta_2\theta_{k+2}+...+\theta_{q-k}\theta_q\right) & k \leq q \\ 0 & k > q \end{cases}$$

La varianza di Z_t è data da:

$$Var\left(Z_t\right) = \gamma_0 = \sigma_a^2\left(1+\theta_1^2+\theta_2^2+...+\theta_q^2\right) = \sigma_a^2\sum_{j=0}^{q}\theta_j^2 \qquad (3.1.9)$$

con $\theta_0 = 1$.

Le espressioni (3.1.8) e (3.1.9) possono essere ottenute dalla (2.6.2) dove:

$$\psi(B)=\left(1-\theta_1 B-...-\theta_q B^q\right).$$

La funzione di autocorrelazione risulta:

$$\rho_k = \begin{cases} \dfrac{-\theta_k+\theta_1\theta_{k+1}+\theta_2\theta_{k+2}+...+\theta_{q-k}\theta_q}{\displaystyle\sum_{j=0}^{q}\theta_j^2} & k \leq q \\ \\ 0 & k > q \end{cases} \qquad (3.1.10)$$

La funzione di autocorrelazione globale per un processo media mobile di ordine q si annulla dopo il ritardo q.

La funzione di autocorrelazione parziale di un processo $MA(q)$ non si annulla mai ma decade verso lo zero con un andamento che dipende dalla natura delle radici dell'equazione $\theta(B)=0$.

Lo spettro di un $MA(q)$ si ottiene dalla (2.7.4) ponendo $\psi(B)=\theta(B)$, si ha quindi:

$$g(\omega)=\frac{\sigma_a^2}{2\pi}\left|1-\theta_1 e^{-i\omega}-\theta_2 e^{-i2\omega}-...-\theta_q e^{-iq\omega}\right|^2, \quad 0\leq\omega\leq\pi \qquad (3.1.11)$$

e la densità spettrale è

$$f(\omega) = \frac{g(\omega)}{Var(Z)}.$$

Prendiamo ora in considerazione i processi media mobile di ordine 1 e di ordine 2, che sono quelli che si impiegano più frequentemente nella modellizzazione dei dati osservati.

Processi media mobile di ordine 1

Un processo media mobile di ordine 1, $MA(1)$, è definito dall'equazione:

$$Z_t = a_t - \theta a_{t-1} = (1 - \theta B)a_t \qquad (3.1.12)$$

dove $\{a_t\} \sim WN(0, \sigma_a^2)$.

Un $MA(1)$ è sempre stazionario poiché $\psi(B) = (1 - \theta B)$ è finito.

Facendo uso della (2.6.2) otteniamo:

$$\Gamma_Z(B) = (1 - \theta B)(1 - \theta B^{-1})\sigma_a^2 = \left[-\theta B^{-1} + (1 + \theta^2) - \theta B \right]\sigma_a^2. \qquad (3.1.13)$$

Dalla (3.1.9) si derivano l'espressione della varianza

$$\gamma_0 = (1 + \theta^2)\sigma_a^2 \qquad (3.1.14)$$

e della autocovarianza:

$$\gamma_k = \begin{cases} -\theta \sigma_a^2 & k = 1 \\ 0 & k > 1 \end{cases} \qquad (3.1.15)$$

La funzione di autocorrelazione è:

$$\rho_k = \begin{cases} -\theta / (1 + \theta^2) & k = 1 \\ 0 & k > 1 \end{cases} \qquad (3.1.16)$$

Nelle Figure 1 e 2 sono mostrate due realizzazioni di un processo $MA(1)$ con $\theta > 0$ e $\theta < 0$ rispettivamente.

Le funzioni di autocorrelazione globale presentano un unico picco in corrispondenza del lag 1, negativo se θ è positivo, positivo se θ è negativo (si vedano le Figure 1a e 2a, rispettivamente).

Il processo (3.1.12) è invertibile se i valori di Z_t possono essere espressi in funzione delle variabili aleatorie precedenti più la componente rumore bianco $\{a_t\}$:

$$(1 - \theta B)^{-1} Z_t = a_t, \text{ cioè}$$

$$\sum_{j=0}^{\infty} \theta^j B^j Z_t = a_t. \qquad (3.1.17)$$

dove la sommatoria infinita deve convergere per $|B| \leq 1$, o equivalentemente la radice di $1 - \theta B = 0$ deve essere esterna al cerchio unitario, da cui si ricava la condizione che $|\theta| < 1$.

Infatti il processo $MA(1)$ può essere espresso in termini dei valori passati di Z_t sostituendo iterativamente i valori passati di a_t. Cioè,

$$Z_t = a_t - \theta a_{t-1}$$

$$Z_{t-1} = a_{t-1} - \theta a_{t-2}, \text{ da cui}$$

$$a_{t-1} = Z_{t-1} + \theta a_{t-2}, \text{ quindi}$$

$$Z_t = a_t - \theta(Z_{t-1} + \theta a_{t-2}) = -\theta Z_{t-1} + a_t - \theta^2 a_{t-2}$$

$$Z_{t-2} = a_{t-2} - \theta a_{t-3}, \text{ da cui}$$

$$a_{t-2} = Z_{t-2} + \theta a_{t-3}$$

ancora sostituendo, si ottiene

$$\begin{aligned} Z_t &= -\theta Z_{t-1} + a_t - \theta^2(Z_{t-2} + \theta a_{t-3}) \\ &\quad -\theta Z_{t-1} - \theta^2 Z_{t-2} + a_t - \theta^3 a_{t-3} \end{aligned}$$

$$\ldots$$

$$Z_t = -\sum_{j=1}^{J} \theta^j Z_{t-j} + a_t - \theta^{J+1} a_{t-J-1}.$$

Z_t non dipende dagli a_t lontani nel tempo se e solo se $|\theta| < 1$. Per J tendente all'infinito allora

$$Z_t = -\sum_{j=1}^{\infty} \theta^j Z_{t-j} + a_t \Rightarrow AR(\infty).$$

Si noti che la condizione di invertibilità $|\theta| < 1$ oltre ad assicurare di poter esprimere a_t come una serie convergente dei valori passati di Z_t, garantisce l'esistenza di un unico processo $MA(1)$ corrispondente ad una certa funzione di autocorrelazione. L'esistenza di una corrispondenza biunivoca tra rappresentazione parametrica del processo e funzione di autocorrelazione diviene fondamentale in fase di identificazione. E' immediato verificare che se nella funzione di autocorrelazione globale (3.1.16) sostituiamo θ con $\dfrac{1}{\theta}$ il valore di ρ_1 non cambia, quindi due sarebbero i possibili processi $MA(1)$ associati alla stessa funzione di autocorrelazione. Ma se restringiamo l'attenzione ai soli processi invertibili allora tale problema non sussiste più.

Restringendo l'attenzione ai processi invertibili si risolve il problema dell'identificazione ma la ragione fondamentale per non considerare i processi non invertibili è che essi generano previsori inefficienti.
Le funzioni di autocorrelazione parziale decadono esponenzialmente verso zero con andamento monotono (con valori tutti negativi) se la radice dell'equazione caratteristica è positiva, in modo alternato in segno (partendo da un valore positivo) se tale radice è negativa (si vedano le Figure 1b e 2b, rispettivamente).
Lo spettro di un $MA(1)$ si ricava dalla (2.7.4):

$$g(\omega) = \frac{\sigma_a^2}{2\pi}\left|1 - \theta e^{-i\omega}\right|^2 = \frac{\sigma_a^2}{2\pi}\left(1 + \theta^2 - 2\theta\cos\omega\right), \quad 0 \le \omega \le \pi \qquad . \quad (3.1.18)$$

La densità spettrale diventa

$$f(\omega) = \frac{\left(1 + \theta^2 - 2\theta\cos\omega\right)}{2\pi\left(1 + \theta^2\right)}, \qquad\qquad 0 \le \omega < \pi . \qquad (3.1.19)$$

$f(\omega)$ è dominata dalle frequenze alte se θ è positivo e dalle frequenze basse quando θ è negativo, come si vede nelle Figure 3 e 4 rispettivamente. Infatti, $f(\omega)$ diventa massima per $\theta > 0$ quando $\omega = \pi$ e le periodicità dei cicli dominanti sono quelle delle frequenze alte $p = \dfrac{2\pi}{\omega} = 2$. Invece, se $\theta < 0$, il massimo si osserva per $\omega = 0$ e le periodicità dei cicli dominanti sono quelle delle frequenze basse, $p = \dfrac{2\pi}{\omega} \to \infty$.

Fig. 1. Realizzazione di un processo $MA(1)$ con $\theta > 0$

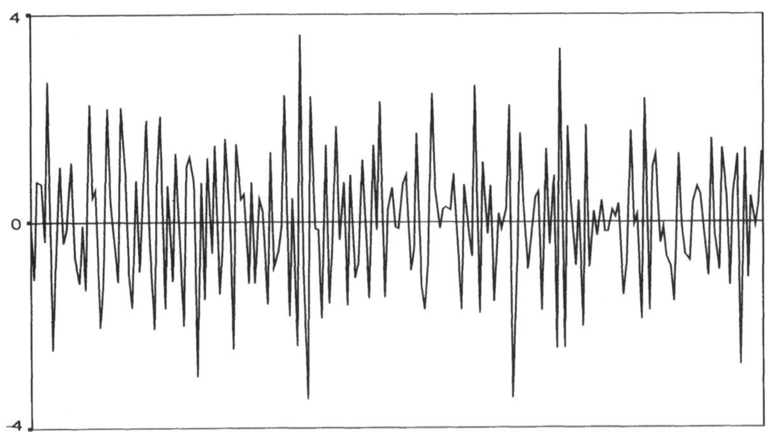

Fig. 1a. Funzione di autocorrelazione globale ρ_k per un $MA(1)$ con $\theta > 0$

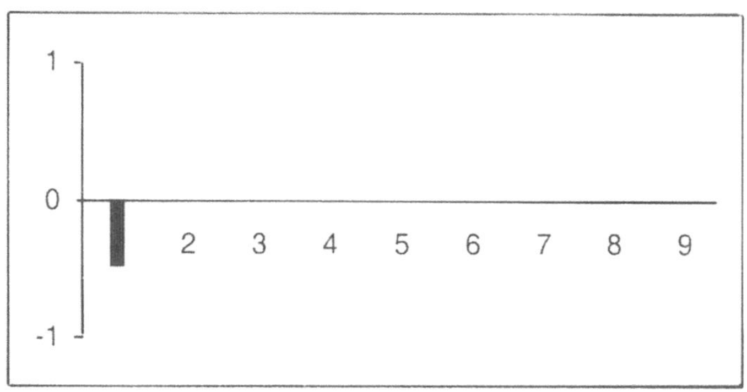

Fig. 1b. Funzione di autocorrelazione parziale ϕ_{kk} per un $MA(1)$ con $\theta > 0$

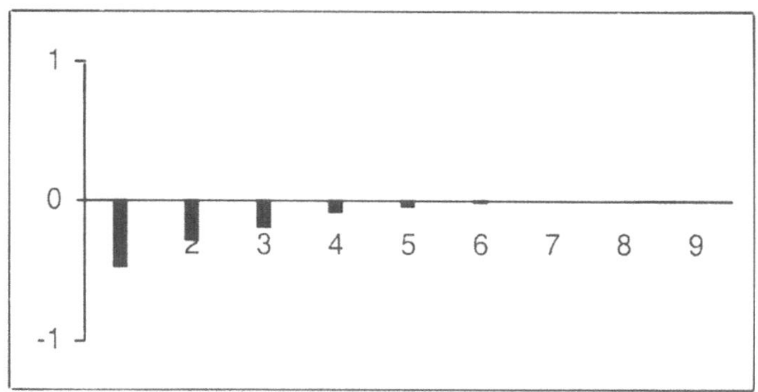

Fig. 2. Realizzazione di un processo $MA(1)$ con $\theta < 0$

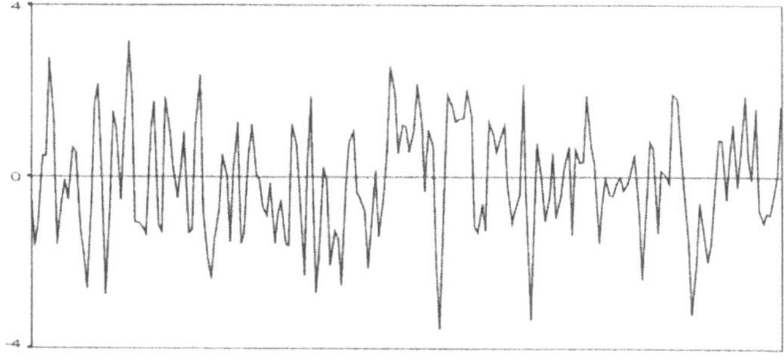

Fig. 2a. Funzione di autocorrelazione globale ρ_k per un $MA(1)$ con $\theta < 0$

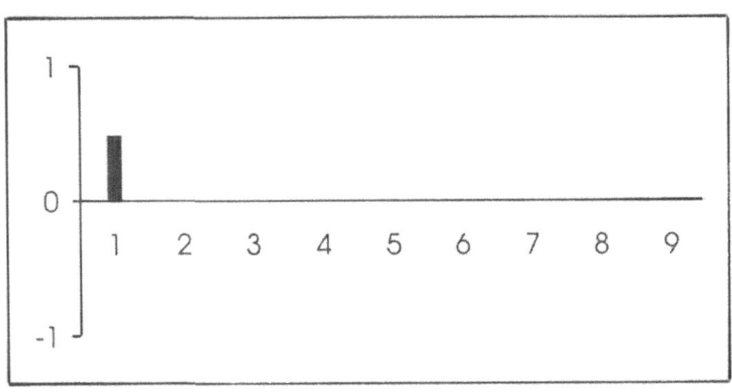

Fig. 2b. Funzione di autocorrelazione parziale ϕ_{kk} per un $MA(1)$ con $\theta < 0$

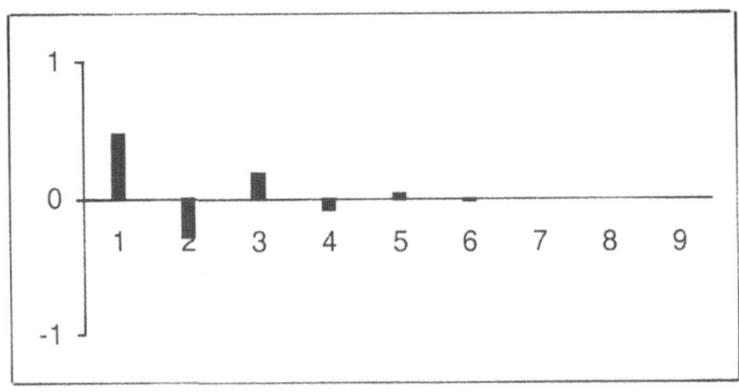

Processi media mobile di ordine 2

Un processo media mobile di ordine 2, $MA(2)$, è definito dall'equazione:

$$Z_t = a_t - \theta_1 a_{t-1} - \theta_2 a_{t-2} = \left(1 - \theta_1 B - \theta_2 B^2\right) a_t \qquad (3.1.19)$$

dove $\{a_t\} \sim WN\left(0, \sigma_a^2\right)$.

Un $MA(2)$ è stazionario per ogni valore di θ_1 e θ_2, in quanto $\psi(B) = \left(1 - \theta_1 B - \theta_2 B^2\right)$ è finito. Per essere invertibile, $\pi(B) = \left(1 - \theta_1 B - \theta_2 B^2\right)^{-1}$ deve convergere per $|B| \leq 1$ o equivalentemente le radici dell'equazione caratteristica

$$1 - \theta_1 B - \theta_2 B^2 = 0$$

Fig. 3. Densità spettrale di un $MA(1)$ con $\theta > 0$

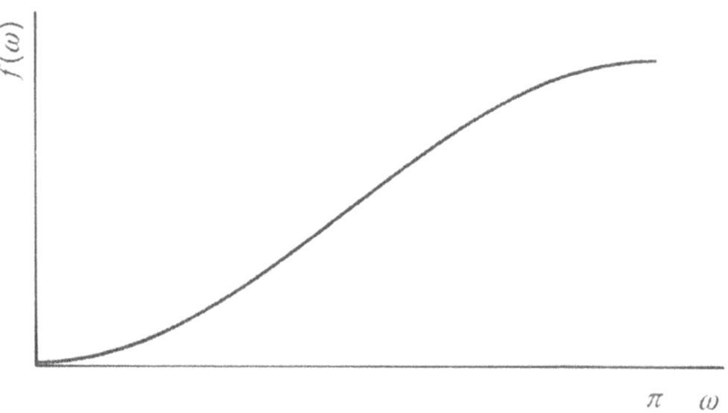

Fig. 4. Densità spettrale di un $MA(1)$ con $\theta < 0$

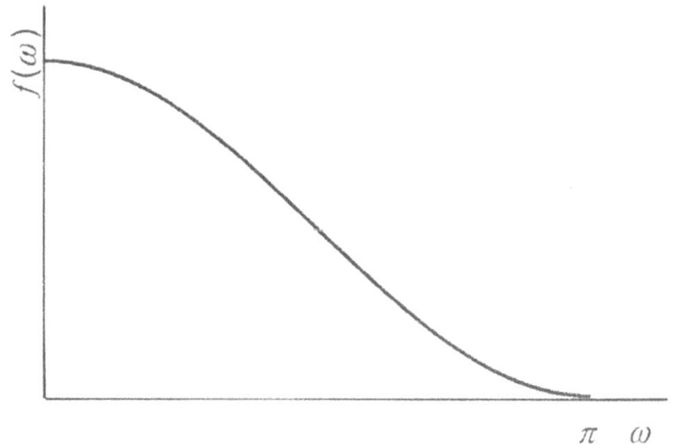

devono essere esterne al cerchio unitario. Tale condizione è verificata se i valori dei parametri θ_1 e θ_2 soddisfano le seguenti relazioni (Golberg, 1958, pp. 171-172):

$$\theta_2 + \theta_1 < 1$$
$$\theta_2 - \theta_1 < 1 \qquad\qquad (3.1.20)$$
$$|\theta_2| < 1.$$

Usando la (2.6.2) che in questo caso è

$$\Gamma(B) = \left(1 - \theta_1 B - \theta_2 B^2\right)\left(1 - \theta_1 B^{-1} - \theta_2 B^{-2}\right)\sigma_a^2$$

si ottengono le seguenti espressioni della varianza del processo (3.1.19):

$$\gamma_0 = \left(1 + \theta_1^2 + \theta_2^2\right)\sigma_a^2 \tag{3.1.21}$$

e della covarianza:

$$\gamma_k = \begin{cases} -\theta_1\left(1-\theta_2\right)\sigma_a^2 & k=1 \\ -\theta_2\sigma_a^2 & k=2 \\ 0 & k>2 \end{cases} \tag{3.1.22}$$

La funzione di autocorrelazione si ottiene rapportando γ_k a γ_0 e risulta:

$$\rho_k = \begin{cases} \dfrac{-\theta_1\left(1-\theta_2\right)}{1+\theta_1^2+\theta_2^2} & k=1 \\[2ex] \dfrac{-\theta_2}{1+\theta_1^2+\theta_2^2} & k=2 \\[2ex] 0 & k>2 \end{cases} \tag{3.1.23}$$

Nelle Figure 5 e 6 sono mostrate due realizzazioni di un processo $MA(2)$ con $\theta_1,\theta_2 > 0$ e $\theta_1 < 0$, $\theta_2 > 0$, rispettivamente.

La funzione di autocorrelazione globale di un processo media mobile di ordine 2 presenta due soli picchi in corrispondenza dei ritardi 1 e 2 (si vedano le Figure 5a e 6a).

La funzione di autocorrelazione parziale tende esponenzialmente a zero con un comportamento che dipende dalla natura delle due radici dell'equazione $\theta(B)=0$ (si vedano Figure 5b e 6b).

Utilizzando la (2.7.4) si ricava che lo spettro di un $MA(2)$ è:

$$g(\omega)=\frac{\sigma_a^2}{2\pi}\left|1-\theta_1 e^{-i\omega}-\theta_2 e^{-i2\omega}\right|^2 = \qquad 0\le\omega\le\pi \tag{3.1.24}$$

$$=\frac{\sigma_a^2}{2\pi}\left[1+\theta_1^2+\theta_2^2-2\theta_1\left(1-\theta_2\right)\cos\omega-2\theta_2\cos 2\omega\right].$$

La funzione di densità spettrale diventa

$$f(\omega)=\frac{g(\omega)}{\gamma_0}=\frac{1+\theta_1^2+\theta_2^2-2\theta_1\left(1-\theta_2\right)\cos\omega-2\theta_2\cos 2\omega}{2\pi\left(1+\theta_1^2+\theta_2^2\right)},$$

$$0\le\omega\le\pi.$$

Le densità spettrali delle serie rappresentate nelle figure 5 e 6 sono mostrati nelle figure 7 e 8 per diversi valori di θ_1 e θ_2.

Fig. 5. Realizzazione di un processo $MA(2)$ con $\theta_1, \theta_2 > 0$

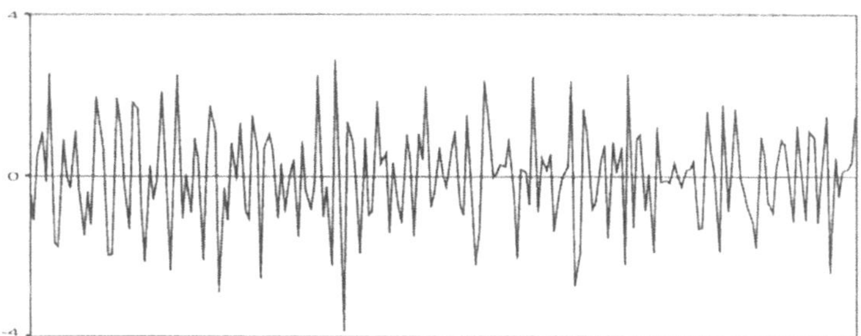

Fig. 5a. Funzione di autocorrelazione globale ρ_k per un $MA(2)$ con $\theta_1, \theta_2 > 0$

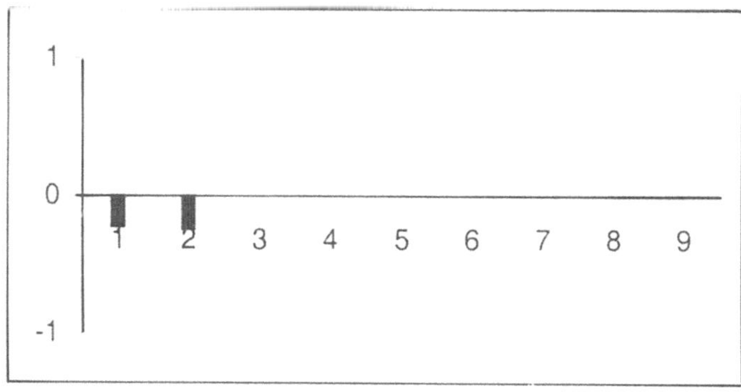

Fig. 5b. Funzione di autocorrelazione parziale ϕ_{kk} per un $MA(2)$ con $\theta_1, \theta_2 > 0$

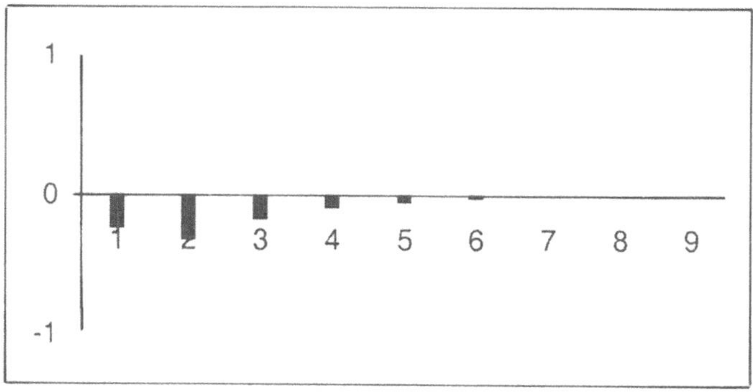

Fig. 6. Realizzazione di un processo $MA(2)$ con $\theta_1 < 0, \theta_2 > 0$

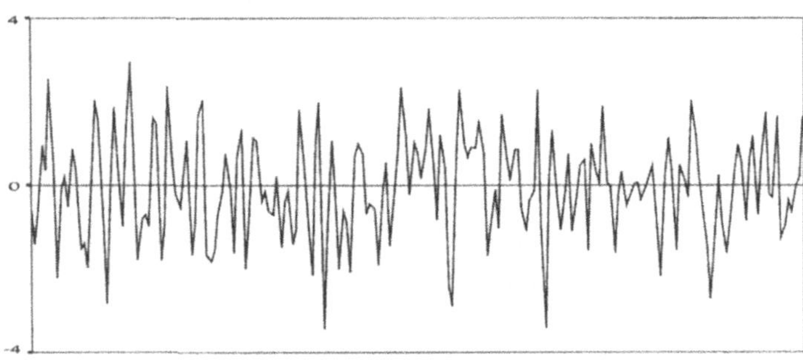

Fig. 6a. Funzione di autocorrelazione globale ρ_k per un $MA(2)$ con $\theta_1 < 0, \theta_2 > 0$

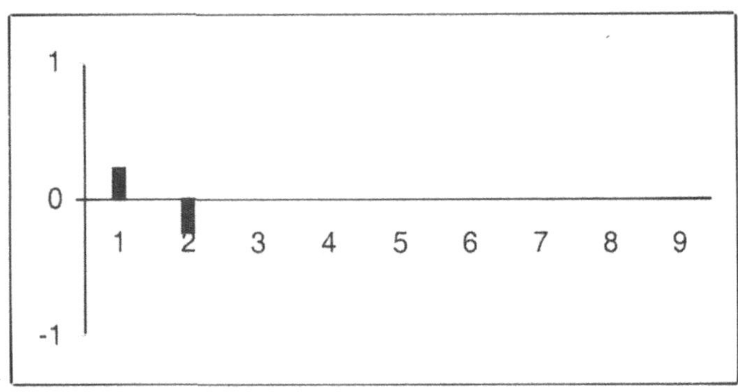

Fig. 6b. Funzione di autocorrelazione parziale ϕ_{kk} per un $MA(2)$ con $\theta_1 < 0, \theta_2 > 0$

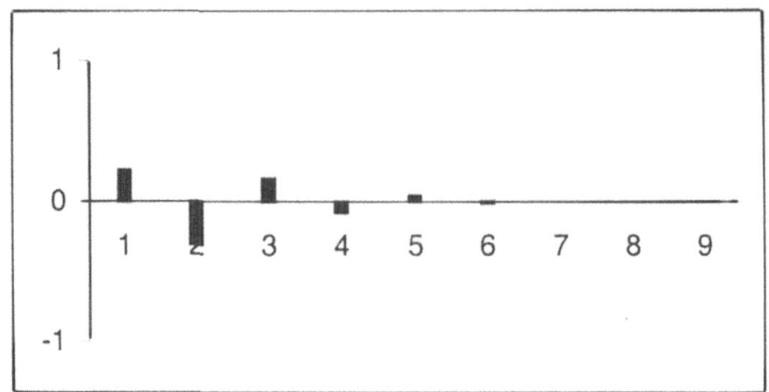

Fig. 7. Densità spettrale di un $MA(2)$ con $\theta_1, \theta_2 > 0$

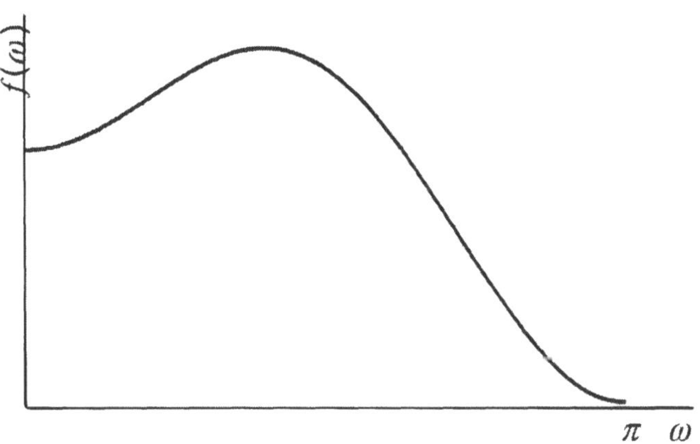

Fig. 8. Densità spettrale di un $MA(2)$ con $\theta_1 < 0, \theta_2 > 0$

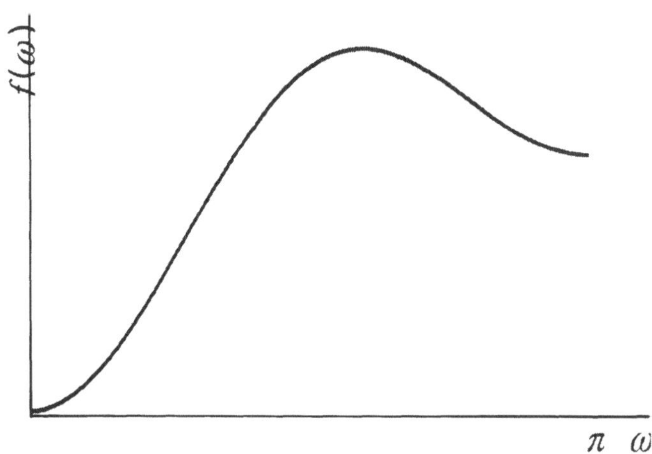

3.2 Processi autoregressivi di ordine *p*

Un processo $AR(p)$ è definito come:

$$Z_t = \phi_1 Z_{t-1} + \phi_2 Z_{t-2} + \ldots + \phi_p Z_{t-p} + a_t \tag{3.2.1}$$

dove $\{a_t\} \sim WN(0, \sigma_a^2)$.

Poiché la serie $\pi(B) = \phi(B) = 1 - \sum_{j=1}^{p} \phi_j B^j$ è finita, un processo autoregressivo di ordine p è sempre invertibile.

Il valore atteso:

$$E(Z_t) = \phi_1 E(Z_{t-1}) + \phi_2 E(Z_{t-2}) + \dots + \phi_p E(Z_{t-p}) \qquad (3.2.2)$$

non è costante e dipende dal tempo. Affinché il processo $Z_t = \psi(B)a_t = \phi(B)^{-1}a_t$ sia stazionario, la serie $\psi(B)$ deve convergere per $|B| \leq 1$. Questa condizione è soddisfatta se le p radici dell'equazione caratteristica $\phi(B) = 1 - \phi_1 B - \phi_2 B^2 - \dots - \phi_p B^p = 0$ giacciono all'esterno del cerchio unitario.

Se un processo $AR(p)$ soddisfa le condizioni di stazionarietà possiamo sempre identificare il processo attraverso le funzioni di autocorrelazione globale e parziale.

Moltiplicando la (3.2.1) per Z_{t-k},

$$Z_t Z_{t-k} = \phi_1 Z_{t-1} Z_{t-k} + \phi_2 Z_{t-2} Z_{t-k} + \dots + \phi_p Z_{t-p} Z_{t-k} + a_t Z_{t-k} \qquad (3.2.3)$$

e applicando l'operatore valore atteso

$$\begin{aligned} E(Z_t Z_{t-k}) = &\ \phi_1 E(Z_{t-1} Z_{t-k}) + \phi_2 E(Z_{t-2} Z_{t-k}) + \\ &+ \dots + \phi_p E(Z_{t-p} Z_{t-k}) + E(a_t Z_{t-k}) \end{aligned} \qquad (3.2.4)$$

si ottiene la funzione di autocovarianza:

$$\gamma_k = \phi_1 \gamma_{k-1} + \phi_2 \gamma_{k-2} + \dots + \phi_p \gamma_{k-p} \quad k > 0 \qquad (3.2.5)$$

poiché

$$E(a_t Z_{t-k}) = \begin{cases} \sigma_a^2 & se \quad k = 0 \\ 0 & se \quad k > 0 \end{cases}$$

Ponendo $k=0$ nella (3.2.4) si ha la varianza del processo:

$$\begin{aligned} \gamma_0 &= \phi_1 \gamma_{-1} + \phi_2 \gamma_{-2} + \dots + \phi_p \gamma_{-p} + \sigma_a^2 = \\ &= \phi_1 \gamma_1 + \phi_2 \gamma_2 + \dots + \phi_p \gamma_p + \sigma_a^2 \end{aligned} \qquad (3.2.6)$$

dividendo entrambi i membri della (3.2.6) per γ_0 e isolando γ_0, si ottiene l'espressione:

$$\gamma_0 = \frac{\sigma_a^2}{1 - \phi_1 \rho_1 - \phi_2 \rho_2 - ... - \phi_p \rho_p} \qquad (3.2.7)$$

La funzione di autocorrelazione si ricava dividendo la (3.2.5) per γ_0:

$$\rho_k = \phi_1 \rho_{k-1} + \phi_2 \rho_{k-2} + ... + \phi_p \rho_{k-p} \quad k > 0 \qquad (3.2.8)$$

Si noti che sia la funzione di autocovarianza (3.2.5) sia la funzione di autocorrelazione (3.2.8) sono equazioni alle differenze finite dello stesso ordine di quella che descrive il processo Z_t.

I parametri autoregressivi $\phi_1, \phi_2, ..., \phi_p$ possono essere calcolati a partire dalle autocorrelazioni come segue.

Si fissa l'ordine p del modello autoregressivo, e si sostituisce $k = 1, 2, ..., p$ nella funzione di autocorrelazione (3.2.8). Si ottiene così un sistema di equazioni chiamate equazioni di Yule-Walker:

$$\rho_1 = \phi_1 + \phi_2 \rho_1 + ... + \phi_p \rho_{p-1}$$
$$\rho_2 = \phi_1 \rho_1 + \phi_2 + ... + \phi_p \rho_{p-2}$$
$$\vdots \qquad\qquad\qquad\qquad\qquad\qquad (3.2.9)$$
$$\rho_p = \phi_1 \rho_{p-1} + \phi_2 \rho_{p-2} + ... + \phi_p$$

Se definiamo

$$\rho_{(p)} = \begin{bmatrix} \rho_1 \\ \rho_2 \\ \vdots \\ \rho_p \end{bmatrix} \quad \phi_{(p)} = \begin{bmatrix} \phi_1 \\ \phi_2 \\ \vdots \\ \phi_p \end{bmatrix} \quad \mathbf{P}_{(p)} = \begin{bmatrix} 1 & \rho_1 & .. & \rho_{p-1} \\ \rho_1 & 1 & .. & \rho_{p-2} \\ \vdots & \vdots & & \vdots \\ \rho_{p-1} & \rho_{p-2} & .. & 1 \end{bmatrix}$$
$$(3.2.10)$$

possiamo scrivere la (3.2.12) in forma matriciale:

$$\rho_{(p)} = \mathbf{P}_{(p)} \phi_{(p)} \qquad (3.2.11)$$

da cui

$$\phi_{(p)} = \mathbf{P}_{(p)}^{-1} \rho_{(p)} \qquad (3.2.12)$$

La matrice $\mathbf{P}_{(p)}$, di dimensioni $(p \times p)$, è la matrice (di autocorrelazione) di Toeplitz di ordine p definita nella (2.1.4). Si ricordi che se il processo $AR(p)$ è stazionario, tale matrice è definita positiva.

Le relazioni precedenti permettono di ottenere i coefficienti ϕ a partire dalle autocorrelazioni ρ e viceversa.

Possiamo ottenere la stima Yule-Walker dei parametri sostituendo le autocorrelazioni teoriche ρ_k con le loro stime $\hat{\rho}_k$.

La funzione di autocorrelazione globale di un processo $AR(p)$ non si annulla mai ma tende a zero con un comportamento che può essere monotono, alternato di segno oppure cosinusoidale smorzato a seconda della natura delle radici dell'equazione caratteristica $\phi(B)=0$.

La funzione di autocorrelazione ρ_k espressa nella (3.2.8) può essere scritta come:

$$\phi(B)\rho_k = 0 \qquad (3.2.13)$$

dove $\phi(B)=1-\phi_1 B - \phi_2 B^2 - ... - \phi_p B^p$.

Scrivendo $\phi(B)$ come:

$$\phi(B)=(1-\lambda_1 B)(1-\lambda_2 B)\cdots(1-\lambda_p B)=\prod_{i=1}^{p}(1-\lambda_i B) \qquad (3.2.14)$$

La soluzione generale della (3.2.11) è data da:

$$\rho_k = A_1 \lambda_1^k + A_2 \lambda_2^k + ... + A_p \lambda_p^k \qquad (3.2.15)$$

dove $\lambda_1^{-1}, \lambda_2^{-1},...,\lambda_p^{-1}$ sono le radici dell'equazione caratteristica $\phi(B)=0$ e le costanti $A_1, A_2,..., A_p$ sono ottenute a partire dai p valori iniziali.

La funzione di autocorrelazione parziale per un processo $AR(p)$ presenta la caratteristica di annullarsi dopo il ritardo p ossia:

$$\phi_{kk} = 0, \quad k > p \qquad (3.2.16)$$

come conseguenza del fatto che, per i lag $k > p$ le autocorrelazioni parziali diventano correlazioni fra white noise.

Lo spettro di un processo $AR(p)$ è dato da:

$$g(\omega) = \frac{\sigma_a^2}{2\pi\left|1-\phi_1 e^{-i\omega}-\phi_2 e^{-i2\omega}-...-\phi_p e^{-ip\omega}\right|^2}, \quad 0\le\omega\le\pi \qquad (3.2.17)$$

ciò si ottiene ricordando che $g(\omega)=\dfrac{\sigma_a^2}{2\pi}\left|\psi(B)\right|^2$ dove $B=e^{-i\omega}$ e che,

in un processo $AR(p)$, $\psi(B)=\phi^{-1}(B)$ con

$\phi(B)=1-\phi_1 B - \phi_2 B^2 - ... - \phi_p B^p$.

La funzione di densità spettrale è data da $f(\omega)=\dfrac{g(\omega)}{Var(Z)}$.

Prendiamo ora in considerazione i processi autoregressivi di ordine 1 e di ordine 2 che sono frequentemente utilizzati nella modellistica delle serie storiche.

Processi autoregressivi di ordine 1

Il processo autoregressivo di primo ordine $AR(1)$ è definito come:

$$Z_t = \phi Z_{t-1} + a_t, \qquad \{a_t\} \sim WN(0, \sigma_a^2) \tag{3.2.18}$$

Un processo $AR(1)$ è sempre invertibile poiché $\pi(B) = 1 - \phi B$ è finito. Z_t è stazionario se si può scrivere come

$$Z_t = (1 - \phi B)^{-1} a_t = \sum_{j=0}^{\infty} \phi^j B^j a_t \tag{3.2.19}$$

dove la sommatoria infinita che compare nella (3.2.19) è convergente per $|B| \leq 1$. Tale condizione è soddisfatta se $|\phi| < 1$.

Infatti, sostituendo iterativamente i valori passati di Z_t nella (3.2.18) si ottiene

$$Z_t = \phi^J Z_{t-J} + \sum_{j=0}^{J-1} \phi^j a_{t-j}$$

Il membro di destra è composto da due parti, la prima è una componente deterministica dipendendo dal valore di Z al tempo t-J e la seconda è una media mobile di valori passati di $\{a_t\}$. Prendendo il valore atteso e trattando Z_{t-J} come un valore fissato:

$$E(Z_t) = \phi^J Z_{t-J}$$

Se $|\phi| \geq 1$ la media del processo dipende dal valore iniziale Z_{t-J}.

Se $|\phi| < 1$ questa componente deterministica diventa ininfluente per $J \to \infty$ e si può ritenere che il processo sia cominciato in qualche tempo del lontano passato. Possiamo quindi scrivere la (3.2.18) nella forma (3.2.19). La varianza di Z_t è:

$$Var(Z_t) = E(\phi Z_{t-1} + a_t)^2 = \phi^2 Var(Z_{t-1}) + \sigma_a^2. \tag{3.2.20}$$

Poiché Z_t è stazionario, $Var(Z_t) = Var(Z_{t-1})$, e quindi:

$$Var(Z_t) = \frac{\sigma_a^2}{1 - \phi^2}. \tag{3.2.21}$$

Essendo $|\phi| < 1$ la varianza è finita.

La funzione di autocorrelazione soddisfa l'equazione alle differenze di primo ordine:

$$\rho_k = \phi\rho_{k-1}, \quad k > 0 \tag{3.2.22}$$

le cui soluzioni sono date da $\rho_k = \phi^k \rho_0$ e dato che $\rho_0 = 1$ si ottiene:

$$\rho_k = \phi^k, \quad k \geq 0 \tag{3.2.23}$$

Le figure 9 e 10 mostrano due realizzazioni di un processo $AR(1)$ con $\phi > 0$ e $\phi < 0$, rispettivamente. La funzione di autocorrelazione globale per un processo autoregressivo di ordine 1 decade esponenzialmente verso zero mantenendosi sempre positiva se ϕ è positivo (si veda la figura 9a), mentre decade esponenzialmente verso zero (iniziando da un valore negativo) con segno alternato se ϕ è negativo (si veda la figura 10a).

Al contrario, le funzioni di autocorrelazione parziale (si vedano le figure 9b e 10b) indicano che soltanto ϕ_{11} è diverso da zero.

La funzione di autocovarianza risulta:

$$\gamma_k = \phi^k Var(Z_t) = \frac{\phi^k \sigma_a^2}{1 - \phi^2}. \tag{3.2.24}$$

Essendo $\psi(B) = \dfrac{1}{1 - \phi B}$ lo spettro è dato da:

$$g(\omega) = \frac{\sigma_a^2}{2\pi \left|1 - \phi_1 e^{-i\omega}\right|^2} = \frac{\sigma_a^2}{2\pi\left(1 + \phi^2 - 2\phi\cos\omega\right)}, \quad 0 \leq \omega \leq \pi \tag{3.2.25}$$

Si noti che, a meno della costante $\dfrac{\sigma_a^2}{2\pi}$, lo spettro di un $AR(1)$ è il reciproco dello spettro di un $MA(1)$. Similmente, la funzione di densità spettrale $f(\omega) = \dfrac{g(\omega)}{Var(Z)}$ diventa

$$f(\omega) = \frac{1 + \phi^2}{2\pi\left(1 + \phi^2 - 2\phi\cos\omega\right)}, \quad 0 \leq \omega \leq \pi. \tag{3.2.26}$$

Le figure 9c e 10c mostrano le funzioni di densità spettrale per $\phi>0$ e $\phi<0$ rispettivamente.

Fig. 9. Realizzazione di un processo $AR(1)$ con $\phi > 0$

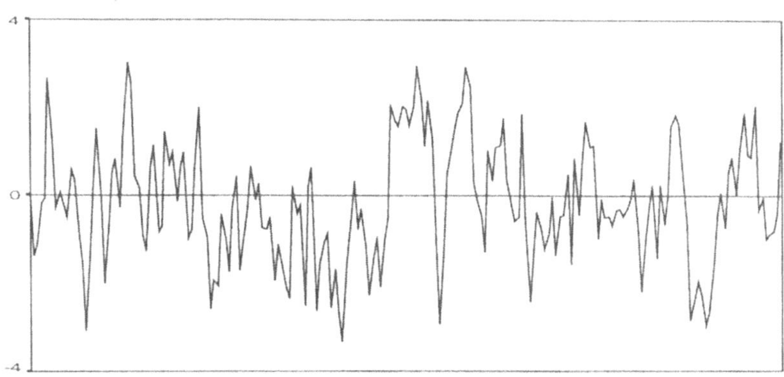

Fig. 9a. Funzione di autocorrelazione globale ρ_k per un $AR(1)$ con $\phi > 0$

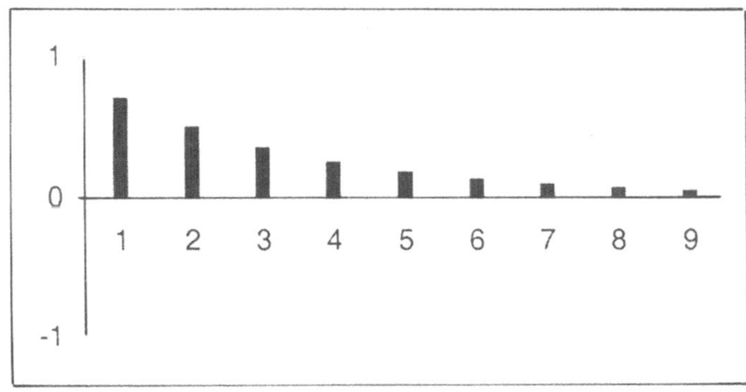

Fig. 9b. Funzione di autocorrelazione parziale ϕ_{kk} per un $AR(1)$ $\phi > 0$

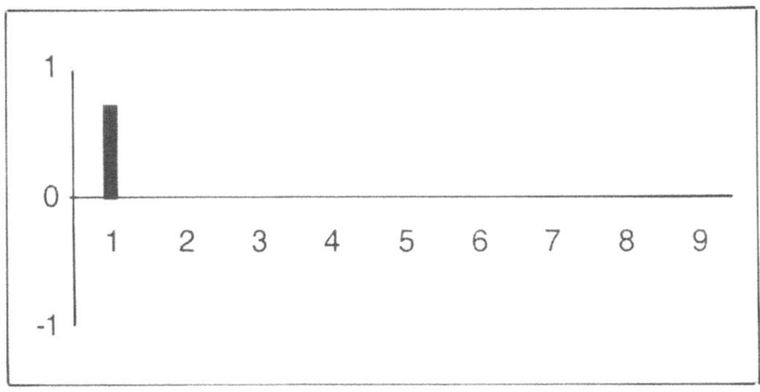

Fig. 9c. Densità spettrale di un $AR(1)$ con $\phi > 0$

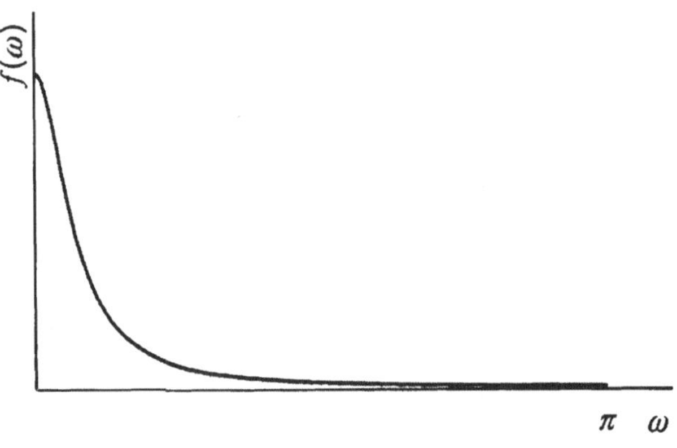

Fig. 10. Realizzazione di un processo $AR(1)$ con $\phi < 0$

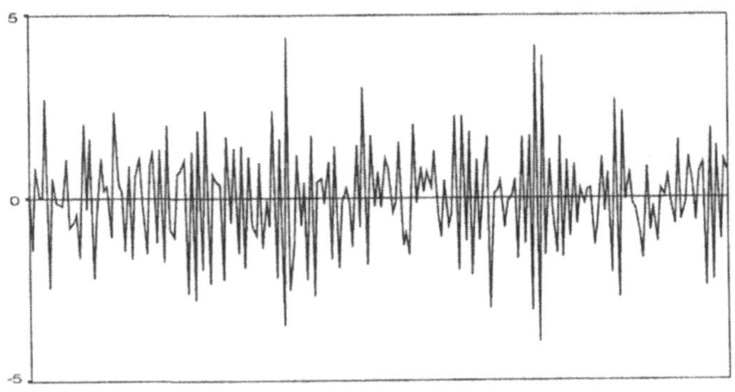

Fig. 10a. Funzione di autocorrelazione globale ρ_k per un $AR(1)$ $\phi < 0$

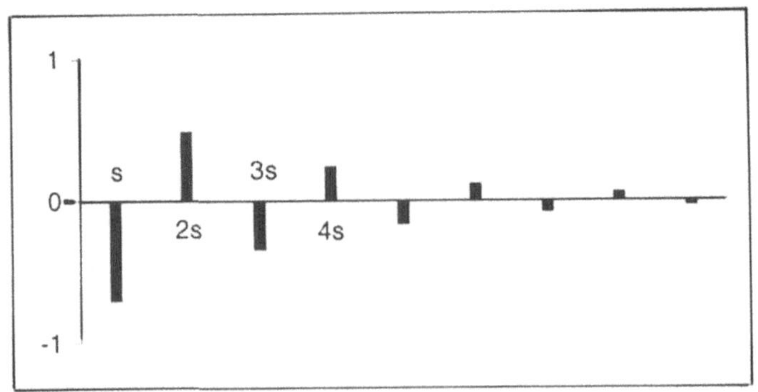

Fig. 10b. Funzione di autocorrelazione parziale ϕ_{kk} per un $AR(1)$ $\phi < 0$

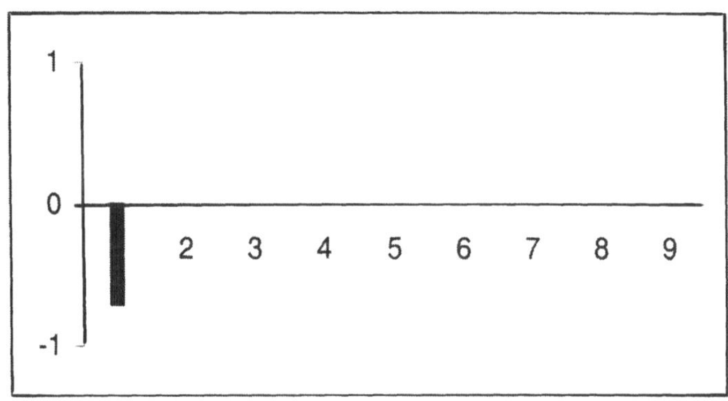

Fig. 10c. Densità spettrale di un $AR(1)$ con $\phi < 0$

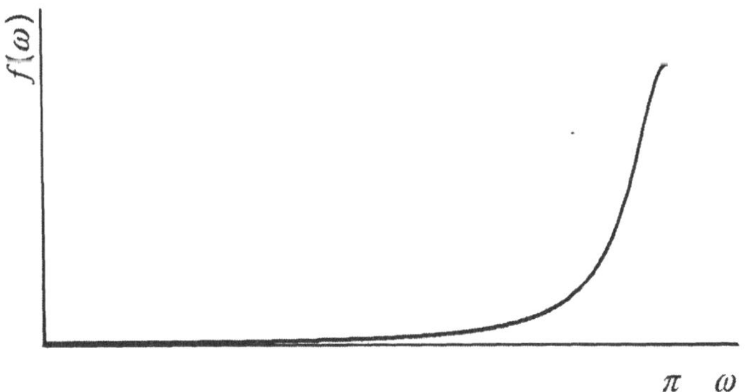

Processi autoregressivi di ordine 2

Il processo autoregressivo del secondo ordine è stato introdotto da Yule (1927) è definito dall'equazione alle differenze finite del secondo ordine:

$$Z_t = \phi_1 Z_{t-1} + \phi_2 Z_{t-2} + a_t, \qquad \{a_t\} \sim WN\left(0, \sigma_a^2\right) \qquad (3.2.27)$$

Affinché $\{Z_t\}$ sia stazionario si deve verificare che le radici dell'equazione caratteristica $\phi(B) = 1 - \phi_1 B - \phi_2 B^2 = 0$ giacciano all'esterno del cerchio unitario che è equivalente a richiedere che i parametri ϕ_1 e ϕ_2 soddisfino le seguenti disuguaglianze:

$$\phi_1 + \phi_2 < 1$$
$$\phi_2 - \phi_1 < 1 \qquad (3.2.28)$$
$$-1 < \phi_2 < 1$$

Si noti che $\phi(B)$ è un polinomio di secondo grado in B e si può fattorizzare come:

$$\phi(B) = (1 - \lambda_1 B)(1 - \lambda_2 B) \qquad (3.2.29)$$

Le radici λ_1 e λ_2 sono complesse se $\phi_1^2 + 4\phi_2 < 0$. In tale situazione il processo mostra un comportamento pseudo-periodico che si riflette sulla sua funzione di autocorrelazione. Se le radici sono complesse, allora $\phi_2 < 0$.

La varianza di $\{Z_t\}$ è

$$Var(Z_t) = \gamma_0 = E(Z_t Z_t) = E(\phi_1 Z_{t-1} + \phi_2 Z_{t-2} + a_t) Z_t =$$
$$= \phi_1 E(Z_{t-1} Z_t) + \phi_2 E(Z_{t-2} Z_t) + E(a_t Z_t) = \phi_1 \gamma_1 + \phi_2 \gamma_2 + \sigma_a^2 \qquad (3.2.30)$$

Dividendo entrambi i membri della (3.2.30) per γ_0 e risolvendo per γ_0 si può scrivere

$$Var(Z_t) = \gamma_0 = \frac{\sigma_a^2}{1 - \rho_1 \phi_1 - \rho_2 \phi_2}.$$

Si noti che $E(a_t Z_t) = \sigma_a^2$ poiché $Z_t = f(Z_{t-1}, Z_{t-2}, a_t)$ e a_t è indipendente dai valori passati di Z_t.

Le funzioni di autocovarianza e di autocorrelazione possono essere ottenute attraverso:

$$E(Z_t Z_{t-k}) = \phi_1 E(Z_{t-1} Z_{t-k}) + \phi_2 E(Z_{t-2} Z_{t-k}) + E(a_t Z_{t-k}) \qquad (3.2.31)$$

L'ultimo termine si annulla per $k>0$ e quindi:

$$\gamma_k = E(Z_t Z_{t-k}) = \phi_1 \gamma_{k-1} + \phi_2 \gamma_{k-2}, \qquad k=1,2,... \qquad (3.2.32)$$

Dividendo γ_k per γ_0 si ottiene la funzione di autocorrelazione che è anch'essa un'equazione alle differenze finite del secondo ordine:

$$\rho_k = \phi_1 \rho_{k-1} + \phi_2 \rho_{k-2}, \qquad k=1,2,... \qquad (3.2.33)$$

con valori iniziali $\rho_0 = 1$ e $\rho_1 = \dfrac{\phi_1}{1 - \phi_2}$.

Ponendo $p = 2$ nella (3.2.12) si ottengono le equazioni di Yule-Walker per un processo $AR(2)$,

$$\rho_1 = \phi_1 + \phi_2 \rho_1$$
$$\rho_2 = \phi_1 \rho_1 + \phi_2$$

(3.2.34)

risolvendo per ρ_1 e ρ_2 in termini di ϕ_1 e ϕ_2 si ottiene:

$$\rho_1 = \frac{\phi_1}{1 - \phi_2}$$

$$\rho_2 = \frac{\phi_1^2}{1 - \phi_2} + \phi_2$$

(3.2.35)

che spiega il perché del valore iniziale di ρ_1 scelto.

La soluzione generale della (3.2.33) è:

$$\rho_k = A_1 \lambda_1^k + A_2 \lambda_2^k$$

dove A_1 e A_2 sono costanti che dipendono dai valori iniziali del processo e λ_1^{-1} e λ_2^{-1} sono le radici dell'equazione caratteristica $\phi(B) = 0$. Se le radici sono reali la funzione di autocorrelazione ρ_k si presenta come una mistura di funzioni esponenziali smorzate. Questo si verifica quando $\phi_1^2 + 4\phi_2 \geq 0$. Se le radici sono complesse, $\phi_1^2 + 4\phi_2 < 0$, la funzione di autocorrelazione è una funzione cosinusoidale smorzata.

Essendo $\psi(B) = \left(1 - \phi_1 B - \phi_2 B^2\right)^{-1}$ lo spettro di un $AR(2)$ è dato da:

$$g(\omega) = \frac{\sigma_a^2}{2\pi \left|1 - \phi_1 e^{-i\omega} - \phi_2 e^{-i2\omega}\right|^2} =$$

(3.2.36)

$$= \frac{\sigma_a^2}{2\pi \left\{1 + \phi_1^2 + \phi_2^2 - 2\phi_1(1 - \phi_2)\cos\omega - 2\phi_2 \cos 2\omega\right\}}, 0 \leq \omega \leq \pi$$

che è il reciproco dello spettro di un processo $MA(2)$.

Similmente, la funzione di densità spettrale è data da $\dfrac{g(\omega)}{Var(Z)}$.

Le figure 11 e 12 mostrano le realizzazioni di due processi $AR(2)$ con ϕ_1, $\phi_2 > 0$ e $\phi_1 < 0$ e $\phi_2 > 0$ rispettivamente. La funzione di autocorrelazione globale ρ_k del primo processo considerato (si veda la figura 11a) decade esponenzialmente verso lo zero mantenendosi sempre positiva, mentre la corrispondente funzione di autocorrelazione parziale ϕ_{kk} (si veda la figura 11b) indica chiaramente che l'ordine del processo autoregressivo considerato è $p=2$. La funzione di autocorrelazione globale ρ_k del secondo processo considerato (si veda la figura 12a) decade esponenzialmente verso zero con segno alternato, mentre la corrispondente funzione di autocorrelazione parziale ϕ_{kk} (si veda la figura 12b) si annulla per $k>2$.

Le Figure 11c e 12c mostrano le funzioni di densità spettrale per $\phi_1,\phi_2>0$ e $\phi_1<0$ e $\phi_2>0$ rispettivamente.

Fig. 11. Realizzazione di un $AR(2)$ con $\phi_1,\phi_2>0$

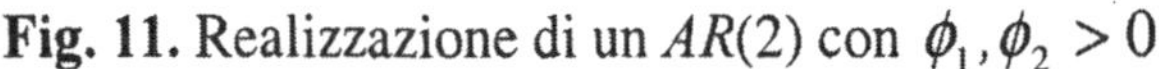

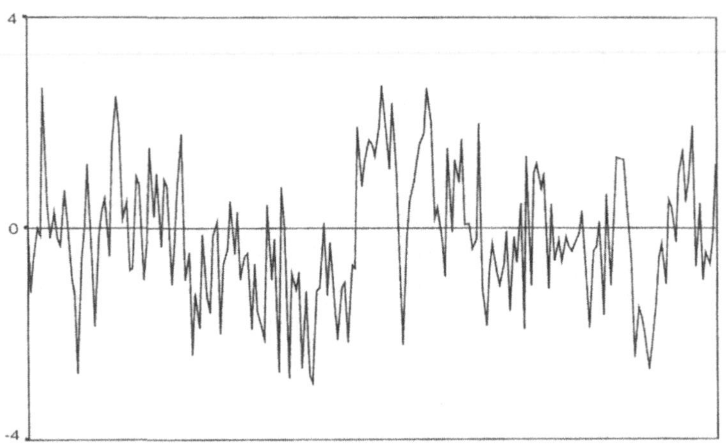

Fig. 11a. Funzione di autocorrelazione globale ρ_k per un $AR(2)$ con $\phi_1,\phi_2>0$

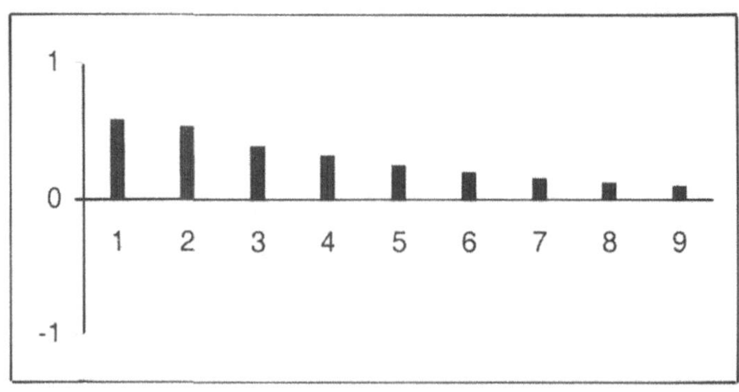

Fig. 11b. Funzione di autocorrelazione parziale ϕ_{kk} per un $AR(2)$ con $\phi_1, \phi_2 > 0$

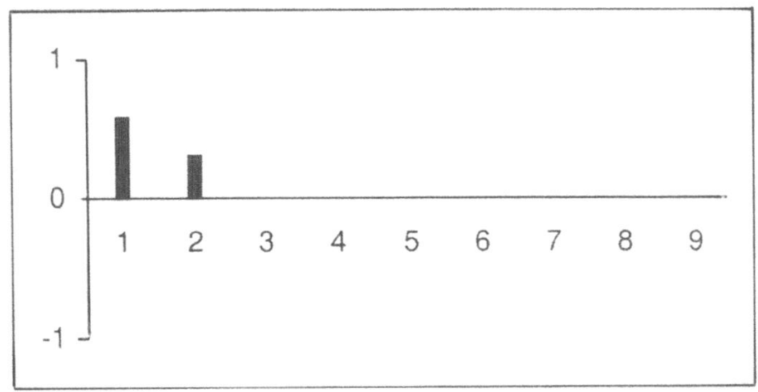

Fig. 11c. Densità spettrale di un $AR(2)$ con $\phi_1, \phi_2 > 0$

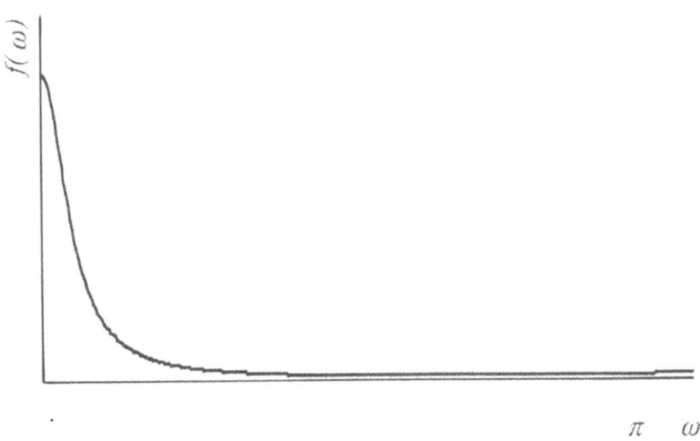

Fig. 12. Realizzazione di un $AR(2)$ con $\phi_1 < 0, \phi_2 > 0$

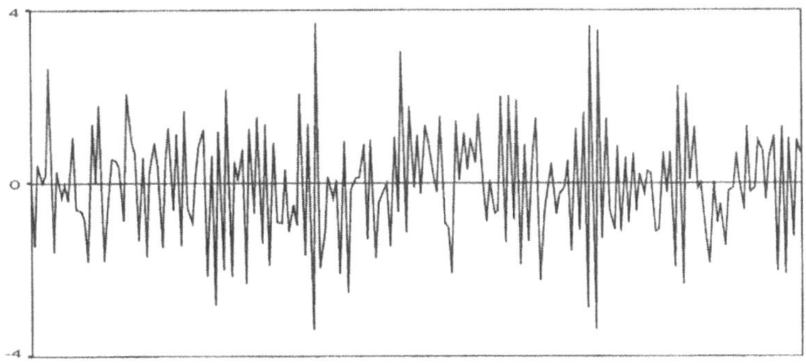

Fig. 12a. Funzione di autocorrelazione globale ρ_k per un $AR(2)$ con $\phi_1 < 0, \phi_2 > 0$

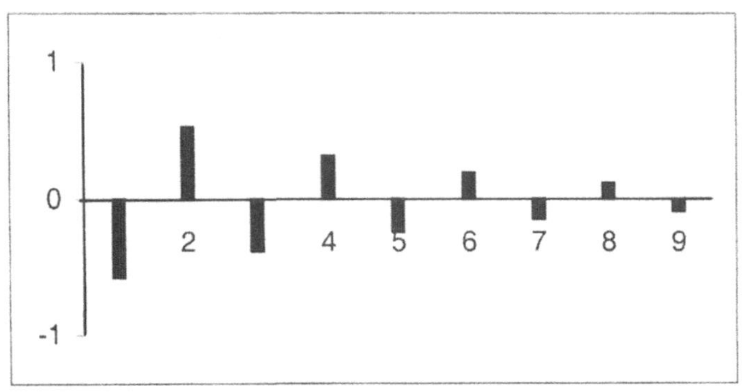

Fig. 12b. Funzione di autocorrelazione parziale ϕ_{kk} per un $AR(2)$ con $\phi_1 < 0, \phi_2 > 0$

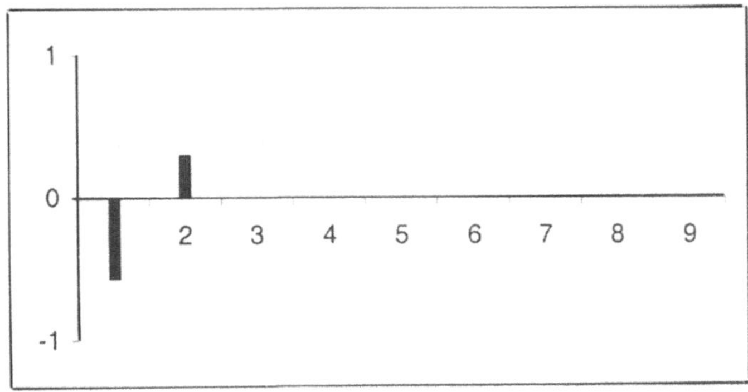

Fig. 12c. Densità spettrale di un $AR(2)$ con $\phi_1 < 0, \phi_2 > 0$

Qui di seguito, è riportato un esempio di un processo $AR(2)$ con radici unitarie complesse.

Sia

$$Z_t = 0.75 Z_{t-1} - 0.50 Z_{t-2} + a_t; \quad \{a_t\} \sim WN(0, \sigma_a^2) \qquad (3.2.37)$$

Il processo (3.2.37) è stazionario poiché

$\phi_1 + \phi_2 = 0.75 - 0.50 = 0.25 < 1$,

$\phi_2 - \phi_1 = -0.50 - 0.75 = -1.25 < 1$

$|\phi_2| = |-0.50| < 1$.

I valori iniziali della funzione di autocorrelazione sono $\rho_0 = 1$ e

$\rho_1 = \phi_1 / (1 - \phi_2) = 0.75 / (1 + 0.50) = 0.50$.

Le radici dell'equazione caratteristica relativa alla (3.2.37)

$$\phi(B) = 1 - 0.75B + 0.50B^2 = 0$$

sono complesse poiché $\phi_1^2 + 4\phi_2 = 0.5625 - 2 = -1.4375 < 0$, quindi nella serie e nella sua funzione di autocorrelazione si può osservare un comportamento pseudo periodico (si vedano le figure 13 e 13a). La funzione di autocorrelazione parziale è mostrata nella figura 13b e la densità spettrale nella figura 13c. Quest'ultima ha un picco per $\omega = \dfrac{2\pi}{6.2}$.

Fig. 13. Realizzazione di un $AR(2)$, $\phi_1 = 0.75$ e $\phi_2 = -0.5$

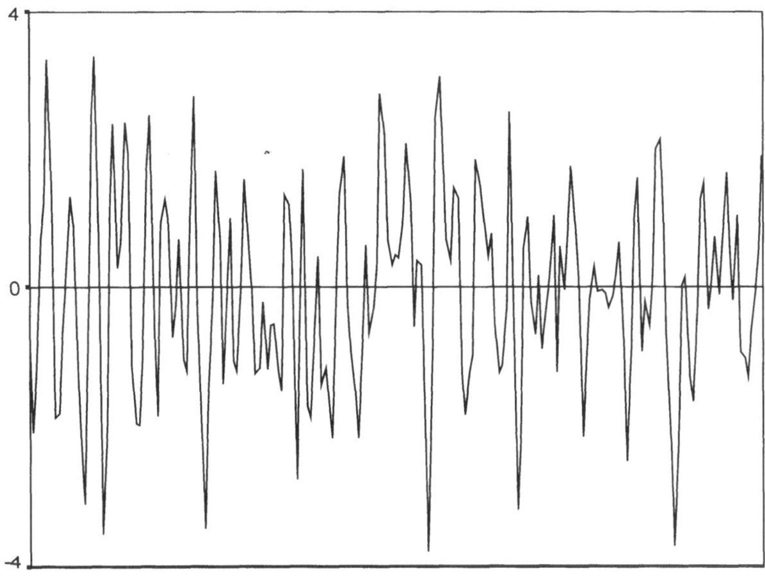

Fig. 13a. Funzione di autocorrelazione globale ρ_k per un $AR(2)$, $\phi_1 = 0.75$ e $\phi_2 = -0.5$

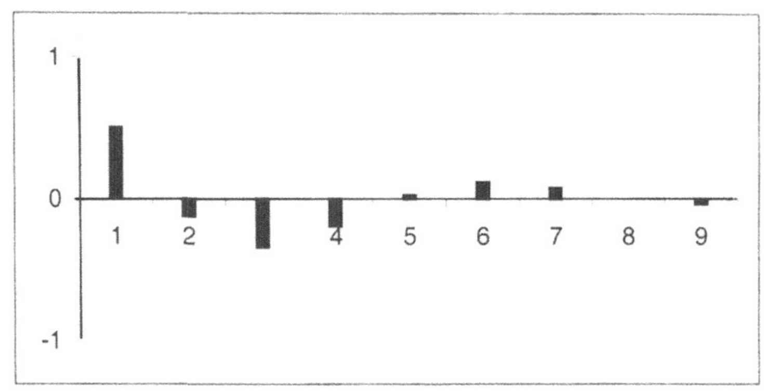

Fig. 13b. Funzione di autocorrelazione parziale ϕ_{kk} per un $AR(2)$, $\phi_1 = 0.75$ e $\phi_2 = -0.5$

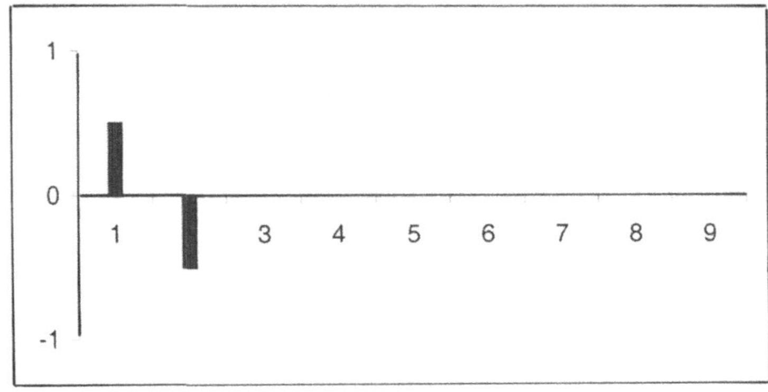

Fig. 13c. Densità spettrale di un $AR(2)$ con $\phi_1 = 0.75$ e $\phi_2 = -0.50$

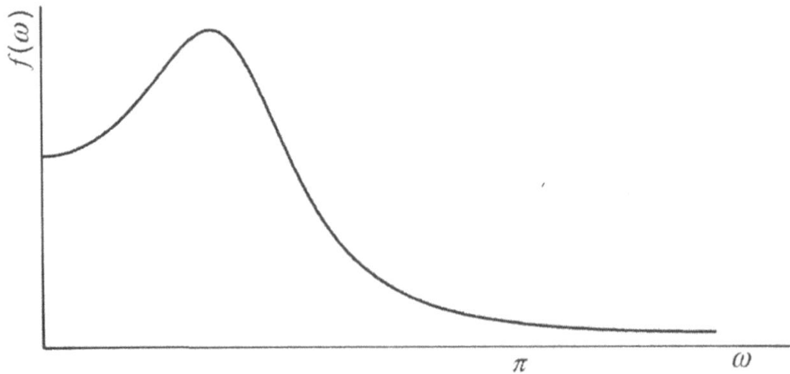

3.3 Dualità tra processi *MA* e processi *AR*

Esiste una dualità tra modelli MA ed AR che può essere sintetizzata come segue:

1) Un processo **$AR(p)$ stazionario** può essere rappresentato come un processo **media mobile infinito**, $MA(\infty)$:

$$\phi(B)Z_t = a_t, \qquad AR(p)$$

$$Z_t = \phi(B)^{-1} a_t, \qquad MA(\infty)$$

Allo stesso modo un processo **$MA(q)$ invertibile** può essere espresso come un processo **autoregressivo infinito**:

$$Z_t = \theta(B)a_t, \qquad MA(q)$$

$$\theta(B)^{-1} Z_t = a_t, \qquad AR(\infty)$$

2) La funzione di autocorrelazione globale di un processo $MA(q)$ si annulla per ritardi superiori a q, e, data l'equivalenza tra un processo $MA(q)$ e un processo $AR(\infty)$, la funzione di autocorrelazione parziale non si annulla mai ma decade verso zero, è dominata da funzioni esponenziali smorzate e/o da funzioni cosinusoidali smorzate a seconda della natura delle radici dell'equazione caratteristica. Il viceversa vale per un processo $AR(p)$.

3) Un processo $AR(p)$ è sempre invertibile ma affinché sia stazionario, le radici del polinomio $\phi(B)$ devono stare all'esterno del cerchio unitario. Al contrario, un processo $MA(q)$ non richiede alcuna condizione per la stazionarietà, mentre per garantire la invertibilità le radici del polinomio $\theta(B)$ devono essere all'esterno del cerchio unitario.

4) Lo spettro di un processo media mobile ha una relazione inversa con lo spettro di un processo autoregressivo.

3.4 Processi autoregressivi media mobile *ARMA(p,q)*

Le rappresentazioni di processi lineari che contengono un numero infinito di parametri non sono utili nella pratica. Se abbiamo un processo autoregressivo stazionario di ordine infinito possiamo usare l'equivalente processo media mobile di ordine finito. Allo stesso modo se abbiamo un processo media mobile infinito che sia invertibile, possiamo sempre usare il corrispondente processo autoregressivo di ordine finito. In pratica spesso abbiamo bisogno di processi AR e MA combinati in modo da avere una rappresentazione parsimoniosa (ovvero con pochi parametri) di un processo lineare stazionario e invertibile.

Un processo autoregressivo media mobile $ARMA(p,q)$ è definito come:

$$Z_t = \phi_1 Z_{t-1} + \ldots + \phi_p Z_{t-p} + a_t - \theta_1 a_{t-1} - \ldots - \theta_q a_{t-q} \qquad (3.4.1)$$

Usando l'operatore B, la (3.4.1) può essere scritta come:

$$\left(1 - \phi_1 B - \phi_2 B^2 - \ldots - \phi_p B^p\right) Z_t = \left(1 - \theta_1 B - \ldots - \theta_q B^q\right) a_t$$

o, equivalentemente:

$$\phi_p(B) Z_t = \theta_q(B) a_t,$$

dove ϕ_p e θ_q sono polinomi di grado p e q, rispettivamente, in B; si ricava quindi:

$$Z_t = \frac{\theta_q(B)}{\phi_p(B)} a_t \qquad (3.4.2)$$

dove $\{a_t\} \sim WN\left(0, \sigma_a^2\right)$.

Un processo $ARMA(p,q)$ è stazionario se $\phi_p(B) = 0$ possiede tutte le p radici in modulo maggiori di uno (ovvero esterne al cerchio unitario) ed è invertibile se $\theta_q(B) = 0$ possiede tutte le q radici in modulo maggiori di uno (ovvero esterne al cerchio unitario).

La funzione di autocovarianza può essere ottenuta moltiplicando la (3.4.1) per Z_{t-k} e applicando l'operatore valore atteso:

$$\begin{aligned} Z_t Z_{t-k} &= \phi_1 Z_{t-1} Z_{t-k} + \ldots + \phi_p Z_{t-p} Z_{t-k} + \\ &+ a_t Z_{t-k} - \theta_1 a_{t-1} Z_{t-k} - \ldots - \theta_q a_{t-q} Z_{t-k} \end{aligned} \qquad (3.4.3)$$

$$\begin{aligned} E\left(Z_t Z_{t-k}\right) &= \phi_1 \gamma_{k-1} + \ldots + \phi_p \gamma_{k-p} + \\ &+ \gamma_{Za}(k) - \theta_1 \gamma_{Za}(k-1) - \ldots - \theta_q \gamma_{Za}(k-q) \end{aligned} \qquad (3.4.4)$$

dove γ_{Za} è la covarianza tra Z_t e a_t ed è definita come $\gamma_{Za}(k) = E(Z_{t-k} a_t)$.

Poiché Z_{t-k} dipende solo dagli shock fino al tempo t-k si ha che $\gamma_{Za}(k-q) = E\left(Z_{t-k} a_{t-q}\right)$ e:

$$\begin{aligned} \gamma_{Za}(k-q) &\neq 0 \quad se \quad k \leq q \\ \gamma_{Za}(k-q) &= 0 \quad se \quad k > q \end{aligned} \qquad (3.4.5)$$

da cui si ricava che la funzione di autocovarianza (3.4.4) risulta:

$$\gamma_k = \phi_1\gamma_{k-1} + \phi_2\gamma_{k-2} + \ldots + \phi_p\gamma_{k-p}, \quad k > q \tag{3.4.6}$$

Per $k = 0$, la (3.4.4) dà la varianza γ_0.

La funzione di autocorrelazione è:

$$\rho_k = \phi_1\rho_{k-1} + \phi_2\rho_{k-2} + \ldots + \phi_p\rho_{k-p}, \quad k > q \tag{3.4.7}$$

o, equivalentemente (nel seguito per semplificare si tolgono i pedici p e q da $\phi(B)$ e $\theta(B)$, rispettivamente):

$$\phi(B)\rho_k = 0, \quad k > q.$$

Quindi per un $ARMA(p,q)$ ci sono q autocorrelazioni $\rho_q, \rho_{q-1}, \ldots, \rho_1$ i cui valori dipendono direttamente attraverso la (3.4.4) sia dai q parametri media mobile θ che dai p parametri autoregressivi ϕ. Inoltre, i p valori $\rho_q, \rho_{q-1}, \ldots, \rho_{q-p+1}$ forniscono i valori iniziali per risolvere l'equazione alle differenze $\phi(B)\rho_k = 0$, con $k > q$, che determina completamente le autocorrelazioni ai ritardi più elevati.

Se $p - q > 0$ la funzione di autocorrelazione globale ρ_k $k = 0,1,2,\ldots$ consiste di una mistura di esponenziali smorzate e/o cosinusoidali smorzate la cui natura dipende dalle radici del polinomio $\phi(B)$ e dai valori iniziali.

Se invece $p - q \le 0$ ci sono $q\text{-}p+1$ valori iniziali $\rho_0, \rho_1, \ldots, \rho_{q-p}$ che non seguono questo comportamento generale.

In un processo $ARMA(p,q)$ la funzione di autocorrelazione globale non si annulla mai ma decade verso zero con andamento che dipende dalla natura delle radici dell'equazione caratteristica associata all'operatore autoregressivo $\phi(B)$. Il decadimento è veloce se la componente autoregressiva è stazionaria.

Il processo (3.4.1) può essere scritto come:

$$a_t = \theta^{-1}(B)\phi(B)Z_t = \pi(B)Z_t \tag{3.4.8}$$

dove $\theta^{-1}(B)$ è una funzione polinomiale infinita in B.

La funzione di autocorrelazione parziale è infinita; dominata dalla parte media mobile, non si annulla mai ma decade verso zero con andamento che dipende dalla natura delle radici dell'equazione caratteristica associata all'operatore media mobile $\theta(B)$. Il decadimento è veloce se la componente media mobile è invertibile. Queste considerazioni sono utili in fase di identificazione.

Lo spettro è dato da:

$$g(\omega) = \frac{\left|\theta\left(e^{-i\omega}\right)\right|^2}{\left|\phi\left(e^{-i\omega}\right)\right|^2} \frac{\sigma_a^2}{2\pi}, \quad 0 \le \omega \le \pi \tag{3.4.9}$$

e la funzione di densità spettrale da $\dfrac{g(\omega)}{Var(Z)}$.

Processi autoregressivi media mobile ARMA(1,1)

Un processo autoregressivo media mobile molto importante nella pratica è il processo $ARMA(1,1)$, definito come:

$$Z_t - \phi Z_{t-1} = a_t - \theta a_{t-1} \tag{3.4.10}$$

ossia,

$$(1 - \phi B)Z_t = (1 - \theta B)a_t$$

Il processo è stazionario se $|\phi| < 1$ ed è invertibile se $|\theta| < 1$.

Usando la (3.4.4), si ricava la sua funzione di autocovarianza:

$$\gamma_k = \phi \gamma_{k-1} + \gamma_{Za}(k) - \theta \gamma_{Za}(k-1) \tag{3.4.11}$$

da cui,

$$\gamma_k = \begin{cases} \phi \gamma_1 + \sigma_a^2 - \theta \gamma_{Za}(-1) & k = 0 \\ \phi \gamma_0 - \theta \sigma_a^2 & k = 1 \\ \phi \gamma_{k-1} & k > 1 \end{cases} \tag{3.4.12}$$

Moltiplicando la (3.4.10) per a_{t-1} e applicando l'operatore valore atteso si ottiene

$$\gamma_{Za}(-1) = (\phi - \theta)\sigma_a^2 \tag{3.4.13}$$

Quindi la funzione di autocovarianza risulta:

$$\gamma_k = \begin{cases} \dfrac{1 + \theta^2 - 2\phi\theta}{1 - \phi^2}\sigma_a^2 & k = 0 \\[3ex] \dfrac{(1 - \phi\theta)(\phi - \theta)}{1 - \phi^2}\sigma_a^2 & k = 1 \\[3ex] \phi \gamma_{k-1} & k > 1 \end{cases} \tag{3.4.14}$$

La funzione di autocorrelazione globale risulta:

$$\rho_k = \begin{cases} \dfrac{(1-\phi\theta)(\phi-\theta)}{1+\theta^2-2\phi\theta} & k=1 \\[2ex] \phi\rho_{k-1} & k>1 \end{cases} \qquad (3.4.15)$$

La funzione di autocorrelazione decade esponenzialmente a partire dal valore iniziale ρ_1 che dipende sia da θ che da ϕ (mentre la funzione di autocorrelazione globale per un processo $AR(1)$ decade esponenzialmente a zero a partire da $\rho_0 = 1$). Questo decadimento esponenziale è monotono se ϕ è positivo e segue invece un andamento alternato nel segno se $\phi < 0$. Il segno di ρ_1 è determinato dal segno di $(\phi-\theta)$. Mentre il segno di ϕ determina il segno delle autocorrelazioni nei ritardi successivi.

Lo spettro è:

$$g(\omega) = \frac{\sigma_a^2}{2\pi}\left(\frac{1+\theta^2-2\theta\cos\omega}{1+\phi^2-2\phi\cos\omega}\right), \quad 0 \leq \omega \leq \pi \qquad (3.4.16)$$

La funzione di densità spettrale $\dfrac{g(\omega)}{Var(Z)}$ diventa

$$f(\omega) = \frac{\left(1-\phi^2\right)\left(1+\theta^2-2\theta\cos\omega\right)}{2\pi\left(1+\theta^2-2\phi\theta\right)\left(1+\phi^2-2\phi\cos\omega\right)}, 0 \leq \omega \leq \pi \qquad (3.4.17)$$

e presenta un andamento monotono decrescente con un massimo in $\omega = 0$, se $(\phi-\theta) > 0$ oppure monotono crescente con un massimo in $\omega = \pi$ se $(\phi-\theta) < 0$.

Un processo $ARMA(1,1)$ diventa un processo rumore bianco se $\theta = \phi$; si riduce a un $MA(1)$ se $\phi = 0$, e si riduce a un $AR(1)$ se $\theta = 0$.

Le figure 14, 14a, 14b e 14c mostrano rispettivamente la realizzazione di un processo $ARMA(1,1)$ con ϕ=0.7 e θ=0.4, la sua funzione di autocorrelazione globale, parziale e la densità spettrale.

Per un'analisi dettagliata delle rappresentazioni spettrali dei processi AR, MA e $ARMA$, il lettore può fare riferimento a Bourbonnais e Terraza (1998).

La Tabella 1 costituisce un riassunto delle proprietà dei processi AR, MA, $ARMA$ (Box and Jenkins, 1970, p.79).

Fig. 14. Realizzazione di un *ARMA* (1,1) $\phi = 0.7$, $\theta = 0.4$

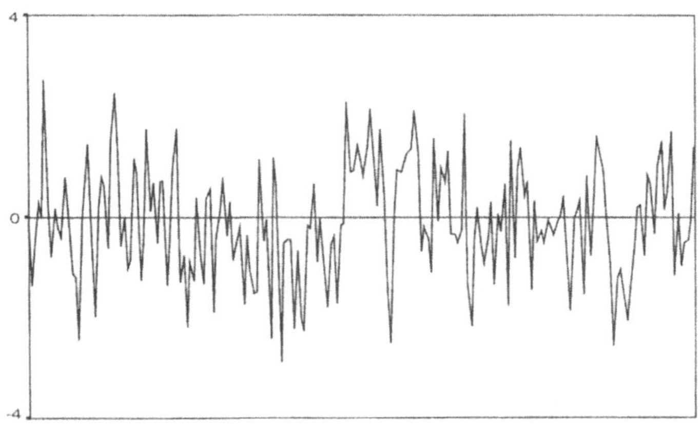

Fig. 14a. Funzione di autocorrelazione globale ρ_k per un $ARMA(1,1)$ $\phi = 0.7$, $\theta = 0.4$

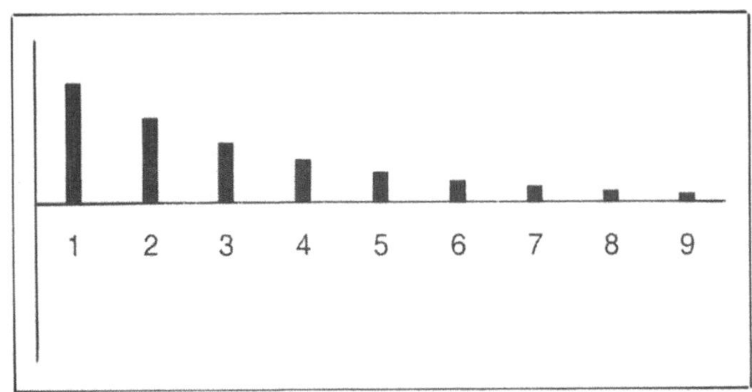

Fig. 14b. Funzione di autocorrelazione parziale ϕ_{kk} per un *ARMA* (1,1) $\phi = 0.7$, $\theta = 0.4$

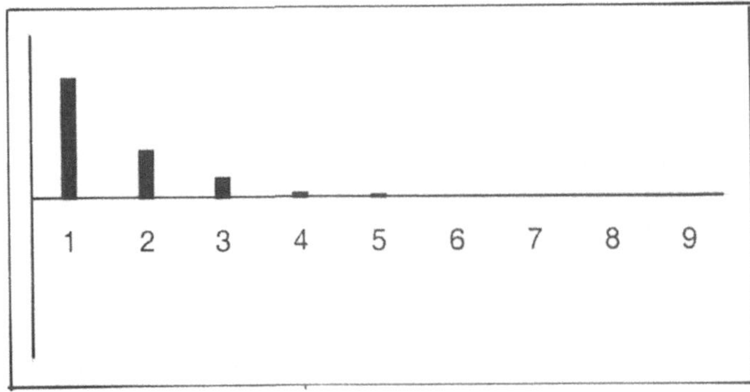

Fig. 14c. Funzione di densità spettrale per un *ARMA* $(1,1)$ $\phi = 0.7$, $\theta = 0.4$

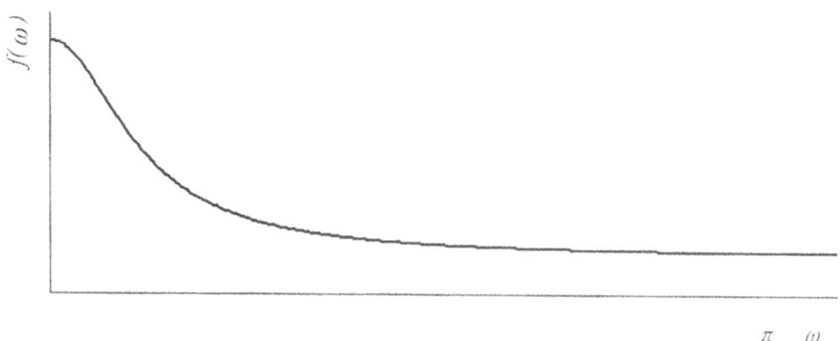

Tabella 1. Riassunto delle proprietà di modelli *AR*, *MA* e *ARMA* (Box e Jenkins, 1970, p. 79).

	AR	*MA*	*ARMA*
Modelli in termini delle Z *precedenti*	$\phi(B)Z_t = a_t$	$\theta^{-1}(B)Z_t = a_t$	$\theta^{-1}(B)\phi(B)Z_t = a_t$
Modelli in termini delle a precedenti	$Z_t = \phi(B)^{-1} a_t$	$Z_t = \theta(B)a_t$	$Z_t = \phi(B)^{-1}\theta(B)a_t$
pesi π	serie finita	serie infinita	serie infinita
pesi ψ	serie infinita	serie finita	serie infinita
Condizioni di stazionarietà	le radici di $\phi(B) = 0$ devono essere esterne al cerchio unitario	sempre stazionario	le radici di $\phi(B) = 0$ devono essere esterne al cerchio unitario
Condizioni di invertibilità	sempre invertibile	le radici di $\theta(B) = 0$ devono essere esterne al al cerchio unitario	le radici di $\theta(B) = 0$ devono essere esterne al cerchio unitario
Funzione di autocorrelazione globale	non si annulla mai, ma decade verso zero con andamento che dipende dalla natura delle radici dell'equazione caratteristica	si annulla a partire dai ritardi superiori all' ordine del processo	non si annulla mai, ma decade con andamento esponenziale e/o cosinusoidale dopo i primi q-p ritardi
Funzione di autocorrelazione parziale	si annulla a partire dai ritardi superiori all'ordine del processo	non si annulla mai, ma decade verso zero con andamento che dipende dalla natura delle radici della equazione caratteristica	non si annulla mai ma decade con andamento esponenziale e/o cosinusoidale dopo i primi p-q ritardi

Capitolo 4
Processi non stazionari omogenei lineari

Qualsiasi processo per cui non siano soddisfatte le condizioni di stazionarietà è detto *non stazionario*. Una classe importante è quella dei *processi non stazionari omogenei* o *processi ad incrementi stazionari* definiti da Yaglom (1955) come segue:

"Un processo aleatorio X_t è definito processo ad incrementi stazionari se il valore atteso dell'incremento di X_t su ogni intervallo di tempo è proporzionale alla lunghezza dell'intervallo". Per questi processi si ha quindi $E[X_s - X_t] = v(s\text{-}t)$, v costante. I processi non stazionari omogenei pur esibendo un comportamento non stazionario, possono essere resi stazionari costruendone differenze di ordine finito.

4.1 Processi non stazionari omogenei lineari *ARIMA*

La giustificazione delle differenze applicate alla serie originale deriva dal supporre che il comportamento **locale** sia stazionario e che esso **non dipenda** dal livello e dalla pendenza. L'operatore autoregressivo $\varphi(B)$ deve essere tale che,

$$\varphi(B)(Z_t + c) = \varphi(B)Z_t$$

ciò implica che $\varphi(B)c = 0$.

Dato che l'operatore B applicato a una costante produce la costante stessa, e assumendo che $\varphi(B)$ sia di ordine m,

$$\varphi_m(B)c = \left(1 - \varphi_1 c - \varphi_2 c - \ldots - \varphi_m c\right) = \left(1 - \sum_{i=1}^{m} \varphi_i\right)c\,. \quad \text{Di} \quad \text{conseguenza}$$

$$\varphi_m(B)c = 0 \quad \text{se} \quad \sum_{i=1}^{m} \varphi_i = 1\,. \quad \text{La condizione necessaria e sufficiente}$$

perché la sommatoria dei pesi sia uguale a 1, è che $\varphi_m(B)$ si fattorizzi con almeno una radice unitaria, cioè in $(1 - B)^d \phi_p(B) = \nabla^d \phi_p(B)$ per $d \geq 1$. Infatti, se $\varphi_m(B) = (1 - B)^d \phi_p(B)$, $d \geq 1$, allora, per $B^0 = 1$,

$$\varphi_m(1) = 1 - \sum_{i=1}^{m} \varphi_i = (1-1)^d \phi_p(1) = 0\,, \quad \text{da cui si ricava} \quad \sum_{i=1}^{m} \varphi_i = 1\,.$$

Se l'ordine delle differenze è 1, la serie assume un comportamento stocastico omogeneo a prescindere dal suo livello. Se $d = 2$ ciò è valido a prescindere dal livello e dalla pendenza.

Un esempio di processo non stazionario lineare omogeneo è il *random-walk (passeggiata casuale)*. Il processo random walk $\{Z_t, t = 0,1,2,...\}$ che comincia per $t = 0$, si ottiene dalla somma (o integrale) cumulata di variabili casuali indipendenti e identicamente distribuite. Così un random walk di media 0 è definito da,

$$Z_t = a_1 + a_2 + ... + a_t, \qquad t = 1,2,... \tag{4.1.1}$$

dove $Z_0 = 0$ e $\{a_t\} \sim I.I.D.(0, \sigma_a^2)$.

I momenti sono,

$$E(Z_t) = 0 \tag{4.1.2}$$

$$Var(Z_t) = t\sigma_a^2 < \infty, \qquad \forall t \tag{4.1.3}$$

$$\gamma_k = E(Z_t Z_{t-k}) =$$

$$= Cov\left(Z_t, Z_t - a_{t-(k+1)} - ... - a_t\right) = (t-k)\sigma_a^2, \quad \forall k > 0. \tag{4.1.4}$$

Il processo $\{Z_t\}$ è, quindi, non stazionario, mentre il processo $\{a_t = Z_t - Z_{t-1}\}$, dato dalla differenza di ordine 1 del processo $\{Z_t\}$, è stazionario.

Il processo random walk è chiamato processo ad **incrementi indipendenti**, in quanto

$$\nabla Z_t = Z_t - Z_{t-1} = a_t. \tag{4.1.5}$$

Se Z_t è la distanza percorsa al tempo t da un uomo che passeggia, lungo una linea retta, ∇Z_t è la lunghezza del passo dell'uomo dal tempo $t\text{-}1$ al tempo t. Se l'uomo fa dei passi sia in avanti sia indietro (che probabilmente significa che l'uomo è ubriaco) in modo tale che dopo un lungo periodo di tempo l'uomo rimane nello stesso posto si dice che sta seguendo una passeggiata casuale (random walk).

Abbiamo visto, nel capitolo 3, che un processo $ARMA(p,q)$, $\phi(B)Z_t = \theta(B)a_t$, è stazionario se le p radici di $\phi(B) = 0$ giacciono al di fuori del cerchio unitario, mentre presenta un comportamento non stazionario esplosivo se tali radici giacciono all'interno del cerchio unitario. Se il processo è lineare non stazionario omogeneo, allora alcune delle radici dell'operatore autoregressivo cadono sul cerchio unitario, sono cioè, in modulo, pari a uno mentre le altre cadono all'esterno. Consideriamo il modello:

$$\varphi(B)Z_t = \theta(B)a_t \tag{4.1.6}$$

dove $\varphi(B)$ è un operatore autoregressivo non stazionario, tale che d radici di $\varphi(B)=0$ giacciono sul cerchio unitario, mentre le rimanenti giacciono al di fuori. $\theta(B)$ è un operatore media mobile regolare assunto invertibile.

Possiamo quindi esprimere il modello (4.1.6) nella forma:

$$\varphi(B)Z_t = \phi(B)(1-B)^d Z_t = \phi(B)\nabla^d Z_t = \theta(B)a_t \tag{4.1.7}$$

dove $\phi(B)$ è un operatore autoregressivo stazionario.

Il processo (4.1.7) può essere definito , in maniera equivalente, dalle seguenti equazioni:

$$\phi(B)W_t = \theta(B)a_t \tag{4.1.8}$$

e

$$W_t = (1-B)^d Z_t = \nabla^d Z_t. \tag{4.1.9}$$

Il modello trasformato W_t, costruito considerando le differenze di ordine d del processo originale Z_t, rappresenta un processo $ARMA(p,q)$ **stazionario** e **invertibile**. Il modello (4.1.7) definisce, quindi, un processo **non stazionario lineare omogeneo**, dove $Z_t = (1-B)^{-d}W_t$ può essere ottenuto attraverso somme ripetute di W_t (o, per analogia nel continuo, "integrando"). Per tale motivo Box e Jenkins (1976) chiamano il processo non stazionario (4.1.7) processo autoregressivo **integrato** media mobile (*ARIMA*). Se nella (4.1.7) gli ordini degli operatori autoregressivo, differenza e media mobile sono, rispettivamente, p, d, q, allora il processo si indica come $ARIMA(p,d,q)$.

Il modello (4.1.7) permette di rappresentare $\{Z_t\}$ come l'output di un filtro lineare, avente come input il processo rumore bianco $\{a_t\}$. Alternativamente possiamo considerarlo come uno strumento per trasformare il processo correlato e non stazionario $\{Z_t\}$, in una successione di variabili aleatorie non correlate $\{a_t\}$, ovvero in un processo rumore bianco.

Consideriamo ora due tipi comuni di comportamento non stazionario omogeneo che può caratterizzare le serie storiche reali. Una serie presenta una **non stazionarietà omogenea nel livello**, quando segmenti diversi della serie presentano tracciati simili, ma posizionati a livelli diversi. Tale non stazionarietà viene rappresentata dal modello: $\phi(B)\nabla Z_t = \theta(B)a_t$.

Si parla invece di **non stazionarietà omogenea nel livello e nella pendenza**, quando segmenti diversi della serie presentano un comportamento omogeneo, ma differiscono per livello e inclinazione. Questo secondo tipo di non stazionarietà è rappresentata dal modello:

$$\phi(B)\nabla^2 Z_t = \theta(B)a_t.$$

Il processo ARIMA(p,d,q) può essere generalizzato includendo un termine costante θ_0. Cioè:

$$\varphi_{p+d}(B)Z_t = \phi_p(B)\nabla^d Z_t = \theta_0 + \theta_q(B)a_t \qquad (4.1.10)$$

dove

$$\phi_p(B) = 1 - \phi_1 B - \phi_2 B^2 - \ldots - \phi_p B^p$$

e

$$\theta_q(B) = 1 - \theta_1 B - \theta_2 B^2 - \ldots - \theta_q B^q.$$

$\phi_p(B)$ è l'operatore autoregressivo regolare assunto stazionario, ovvero con le p radici esterne al cerchio unitario.

$\theta_q(B)$ è l'operatore media mobile regolare assunto invertibile, ovvero con le q radici esterne al cerchio unitario.

$\varphi_{p+d}(B) = \phi_p(B)(1-B)^d$ è chiamato operatore autoregressivo generalizzato di ordine $p+d$, non stazionario con d radici di $\varphi(B)=0$ uguali a 1.

Si noti che in tutti i processi *ARMA* analizzati precedentemente si è supposto che la media fosse nulla, quindi l'inclusione di un termine costante θ_0 in un processo stazionario ($d=0$) è utile quando la media della serie non è zero.

Se il processo è un *MA(q)*, allora θ_0 è la media del processo. Infatti,

$$Z_t = \theta_0 + \theta_q(B)a_t$$

e

$$\mu = E(Z_t) = \theta_0 \qquad (4.1.11)$$

Invece, se $\{Z_t\}$ è un *AR(p)* o un *ARMA(p,q)* della forma:

$$\phi_p(B)Z_t = \theta_0 + \theta_q(B)a_t$$

allora, applicando l'operatore valore atteso,

$$\phi_p(B)E(Z_t) = \theta_0, \qquad (4.1.12)$$

per $B=1$ e indicando $E(Z_t) = \mu$ si ha

$$\theta_0 = \mu(1 - \phi_1 - \phi_2 - \ldots - \phi_p) \qquad (4.1.13)$$

o, equivalentemente

$$\mu = \theta_0 \left(1 - \phi_1 - \phi_2 - ... - \phi_p\right)^{-1} \qquad (4.1.14)$$

Se $\{Z_t\}$ è non stazionario, allora la somma dei coefficienti nella (4.1.14)

è $\sum_{i=1}^{\infty} \phi_i = 1$ e conseguentemente $1 - \sum_{i=1}^{\infty} \phi_i = 0$, ciò dimostra che

l'operatore differenza elimina una media costante.

Se il termine costante θ_0 è in un processo lineare **non stazionario media mobile** $ARIMA(0,d,q)$ allora esso rappresenta la presenza di un trend deterministico dato da un polinomio di ordine pari a d.

Infatti,

$$\nabla^d Z_t = \theta(B) a_t \quad \text{o} \quad \text{equivalentemente} \quad Z_t = \frac{\theta(B) a_t}{\nabla^d}. \qquad (4.1.15)$$

Sommando a Z_t una funzione polinomiale di grado d, come ad esempio

$$f(t) = \alpha_0 + \alpha_1 t + ... + \alpha_d t^d \qquad (4.1.16)$$

si ottiene

$$Z_t = f(t) + \frac{\theta(B)}{\nabla^d} a_t. \qquad (4.1.17)$$

Moltiplicando entrambi i membri della (4.1.17) per ∇^d si ricava

$$\nabla^d Z_t = \alpha_d + \theta(B) a_t \qquad (4.1.18)$$

dove α_d è il termine costante.

Per esempio, se nel modello random walk si include θ_0, abbiamo

$$\nabla Z_t = a_t + \theta_0 \qquad (4.1.19)$$

questo implica che il modello originale in Z_t include un trend deterministico lineare, cioè

$$Z_t = \alpha_0 + \theta_0 t + \nabla^{-1} a_t \qquad (4.1.20)$$

Il modello (4.1.16) è chiamato passeggiata casuale con deviazione (random walk with drift).

4.2 Possibili rappresentazioni dei modelli *ARIMA*

Un modello *ARIMA* ammette formulazioni alternative che possono essere utili per diversi obiettivi.

4.2.1 Rappresentazione basata su equazioni alle differenze

Questa rappresentazione è utile per il calcolo delle previsioni che saranno discusse nel capitolo 7. In questa rappresentazione, il valore corrente di Z_t è espresso in funzione dei valori precedenti di Z_t più i valori corrente e passati di $\{a_t\}$. Cioè se l'operatore autoregressivo generalizzato è di ordine $(p+d)$, allora il modello (4.1.10) con $\theta_0 = 0$ si può scrivere come,

$$Z_t = \varphi_1 Z_{t-1} + \ldots + \varphi_{p+d} Z_{t-p-d} + a_t - \theta_1 a_{t-1} - \ldots - \theta_q a_{t-q} \qquad (4.2.1.1)$$

La (4.2.1.1) è chiamata rappresentazione mediante equazione alle differenze. In tale espressione abbiamo utilizzato i parametri φ_i dell'operatore AR generalizzato,

$$\varphi_{p+d}(B) = (1-B)^d \phi_p(B) = (1-B)^d \left(1 - \phi_1 B - \ldots - \phi_p B^p\right).$$

Ricordando che $(1-B)^d = \sum_{k=0}^{d} \binom{d}{k}(-1)^k B^k$ si può dedurre la formula generale

$$\varphi_j = -\sum_{k=0}^{j}(-1)^{j-k+1}\binom{d}{j-k}\phi_k , \qquad\qquad j{=}1,2,\ldots,p{+}d$$

per la cui validità occorre convenire che $\phi_0 = -1$ e $\phi_j \equiv 0$ per ogni $j{>}p$.

Tale rappresentazione è la più utile per le previsioni sul piano computazionale in quanto fissati alcuni valori iniziali consente una stima ricorsiva di Z_t.

4.2.2 Rappresentazione basata su successioni di variabili white noise

Questa rappresentazione è utile per calcolare la varianza delle previsioni. Abbiamo visto nel capitolo 1, paragrafo 1.8, che un processo stocastico lineare può essere scritto tramite una rappresentazione $MA(\infty)$, cioè:

$$Z_t = a_t + \psi_1 a_{t-1} + \psi_2 a_{t-2} + \ldots$$

$$= a_t + \sum_{j=1}^{\infty} \psi_j a_{t-j} \qquad\qquad (4.2.2.1)$$

$$= \psi(B)a_t ; \qquad\qquad \psi_0 = 1; \quad B^0 = 1$$

dove $\{a_t\} \sim WN(0,\sigma_a^2)$.

Moltiplicando ambo i membri della (4.2.2.1) per $\varphi(B)$ si ha:

$$\varphi(B)Z_t = \varphi(B)\psi(B)a_t. \tag{4.2.2.2}$$

Il modello $ARIMA(p,d,q)$ è esprimibile come:

$$\varphi(B)Z_t = \theta(B)a_t. \tag{4.2.2.3}$$

Quindi, dalle (4.2.2.2) e (4.2.2.3) si ottiene la seguente uguaglianza utile per derivare i pesi ψ nella rappresentazione (4.2.2.1):

$$\varphi(B)\psi(B) = \theta(B).$$

Infatti i pesi ψ possono ottenersi, per il principio di identità dei polinomi, uguagliando i coefficienti in B nella seguente equazione:

$$\left(1 - \varphi_1 B - ... - \varphi_{p+d}B^{p+d}\right)\left(1 + \psi_1 B + \psi_2 B^2 + ...\right) = \left(1 - \theta_1 B - ... - \theta_q B^q\right)$$

$$(4.2.2.4)$$

Per $j > \max(p+d\text{-}1, q)$ i pesi ψ_j soddisfano l'equazione alle differenze finite definita dall'operatore autoregressivo generalizzato di ordine $p+d$:

$$\varphi_{p+d}(B)\psi_j = \phi_p(B)(1 - B)^d \psi_j = 0,$$

dove B opera su j, cioè

$$\psi_j - \varphi_1\psi_{j-1} - \varphi_2\psi_{j-2} - ... - \varphi_{p+d}\psi_{j-p-d} = 0$$

$$\psi_j = \varphi_1\psi_{j-1} + \varphi_2\psi_{j-2} + ... + \varphi_{p+d}\psi_{j-p-d} \tag{4.2.2.5}$$

per cui, al crescere di j, i pesi MA si comportano come la soluzione di una operazione alle differenze finite di ordine $p+d$ con coefficienti dati dai parametri AR generalizzati. Per valori elevati di j, i pesi sono rappresentati da una mistura di polinomi, esponenziali smorzati e sinusoidali smorzati, che sono la soluzione di $\varphi(B) = 0$.

Esempio

Per illustrare la (4.2.2.5) consideriamo il modello $ARIMA(1,1,1)$ per cui

$$\varphi(B) = 1 - \varphi_1 B - \varphi_2 B^2 = (1 - \phi B)(1 - B) =$$

$$= 1 - (1 + \phi)B + \phi B^2 \tag{4.2.2.6}$$

Allora, $\varphi_1 = 1 + \phi$ e $\varphi_2 = -\phi$. Sostituendo nella (4.2.2.4) si ottiene

$$\left[1 - (1 + \phi)B + \phi B^2\right]\left(1 + \psi_1 B + \psi_2 B^2 + ...\right) = 1 - \theta B \tag{4.2.2.7}$$

e per il principio di identità dei polinomi risulta

$$\psi_0 = 1$$

$$\varphi_1 - \psi_1 = \theta$$

$$\varphi_2\psi_{j-2} + \varphi_1\psi_{j-1} - \psi_j = 0, \qquad j = 2,3,...$$

Allora

$$\psi_1 = \varphi_1 - \theta = 1 + \phi - \theta$$

e

$$\psi_j = \varphi_1 \psi_{j-1} + \varphi_2 \psi_{j-2}, \qquad j = 2,3,\dots \tag{4.2.2.8}$$

I ψ_j seguono un'equazione alle differenze seconde, la soluzione generale della quale è

$$\psi_j = A_0 \lambda_1^{-j} + A_1 \lambda_2^{-j} \tag{4.2.2.9}$$

dove A_0 e A_1 sono costanti e λ_1 e λ_2 sono le radici dell'equazione caratteristica $\varphi(B) = 1 - \varphi_1 B - \varphi_2 B^2 = 0$. Allora $\lambda_1 = 1$, $\lambda_2 = \phi^{-1}$ e la (4.2.2.5) possono essere scritte come

$$\psi_j = A_0 + A_1 \phi^j. \tag{4.2.2.10}$$

Risolvendo per A_0 e A_1 usando le due condizioni iniziali $\psi_0 = 1$ e $\psi_1 = 1 + \phi - \theta$, allora $A_0 + A_1 = 1$ e $A_0(1) + A_1(\phi^{-1})^{-1} = 1 + \phi - \theta$ da cui segue

$$A_0 = \frac{1-\theta}{1-\phi} \qquad e \qquad A_1 = \frac{\theta-\phi}{1-\phi}. \tag{4.2.2.11}$$

Sostituendo tali valori di A_0 e A_1 nella (4.2.2.10), si ottiene

$$\psi_j = \frac{1-\theta}{1-\phi} + \frac{(\theta-\phi)\phi^j}{1-\phi}, \qquad j = 1,2,\dots \tag{4.2.2.12}$$

con $\psi_0 = 1$.

Il modello (4.2.2.1) può essere equivalentemente espresso come

$$Z_t = \sum_{j=0}^{\infty} \left(A_0 + A_1 \phi^j \right) a_{t-j} \tag{4.2.2.13}$$

e dal momento che $|\phi| < 1$ i pesi tendono ad A_0 per valori alti di j in modo che gli shock avvenuti in un passato remoto ricevano peso costante A_0 e ciò mostra chiaramente la non convergenza dei pesi.

4.2.3 Rappresentazione mediante i valori precedenti del processo più il valore corrente di a_t

Abbiamo visto nel capitolo 1, paragrafo 1.8, che $\{Z_t\}$ può essere espresso come un modello autoregressivo infinito $AR(\infty)$, cioè,

$$\pi(B)Z_t = \left(1 - \sum_{j=1}^{\infty} \pi_j B^j \right) Z_t = a_t. \tag{4.2.3.1}$$

La condizione di invertibilità richiede che la sommatoria infinita dei pesi

π sia convergente per $|B| \leq 1$.

Per calcolare i pesi π dobbiamo passare da $\varphi(B)Z_t = \theta(B)a_t$ a $\pi(B)Z_t = a_t$. Ciò implica che $\pi(B) = \varphi(B)\theta^{-1}(B)$, ossia

$$\left(1 - \theta_1 B - \ldots - \theta_q B^q\right)\left(1 - \pi_1 B - \pi_2 B^2 + \ldots\right) =$$
$$= \left(1 - \varphi_1 B - \ldots - \varphi_{p+d} B^{p+d}\right) \tag{4.2.3.2}$$

Per $j > \max(p+d, q)$ i pesi π_j soddisfano l'equazione alle differenze finite di ordine q data da:

$$\theta_q(B)\pi_j = 0,$$

dove B opera su j, cioè

$$\pi_j = \theta_1 \pi_{j-1} + \theta_2 \pi_{j-2} + \ldots + \theta_q \pi_{j-q}. \tag{4.2.3.3}$$

Un'altra proprietà importante è che se $d \geq 1$, i pesi π sommano a 1. Questo può verificarsi a partire da $\varphi(B) = \theta(B)\pi(B)$ ponendo $B=1$. Infatti $\varphi(B) = (1-B)^d \phi(B)$ è 0 quando $B=1$ ma $\theta(1)$ non è 0 perché le radici del polinomio $\theta(B)$ sono all'esterno del cerchio unitario, quindi

$\pi(1)$ deve essere 0, cioè $\displaystyle\sum_{j=1}^{\infty} \pi_j = 1$.

Si noti che $\pi(B) = \pi_0 - \pi_1 B - \pi_2 B^2 - \ldots;$ $\qquad\qquad \pi_0 = 1.$

Per $B=1$, $\pi(1) = 1 - \displaystyle\sum_{j=1}^{\infty} \pi_j$.

Quindi per avere $\pi(1) = 0$ deve essere $\displaystyle\sum_{j=1}^{\infty} \pi_j = 1$.

Esempio
Per illustrare, si consideri nuovamente un processo $ARIMA(1,1,1)$
$$(1 - \phi B)(1 - B)Z_t = (1 - \theta B)a_t.$$
Usando la (4.2.3.2)
$$\left(1 - \varphi_1 B - \varphi_2 B^2\right) = \left(1 - \pi_1 B - \pi_2 B^2 - \ldots\right)(1 - \theta_1 B) \tag{4.2.3.4}$$
da cui si deriva
$$\varphi_1 = \pi_1 + \theta$$
$$\varphi_2 = \pi_2 - \theta\pi_1 \tag{4.2.3.5}$$
e
$$\pi_j - \theta\pi_{j-1} = 0, \qquad j = 3, 4, \ldots$$

Risolvendo la (4.2.3.5) rispetto ai π_j si ha

$$\pi_1 = \varphi_1 - \theta = 1 + \phi - \theta$$

$$\pi_2 = \varphi_2 + \theta\pi_1 = (1-\theta)(\theta - \phi) \qquad\qquad (4.2.3.6)$$

$$\pi_j = \theta\pi_{j-1}, \qquad j = 3,4,\dots$$

I π_j soddisfano una equazione alle differenze di ordine $q=1$ dove il numero di condizioni iniziali è dato da $max(p+d,q)$, che, nel presente esempio è uguale a 2.

La soluzione generale risulta

$$\pi_1 = 1 + \phi - \theta$$

$$\pi_2 = (1-\theta)(\theta - \phi) \qquad\qquad (4.2.3.7)$$

$$\pi_j = \theta^{j-2}\pi_2 = (1-\theta)(\theta - \phi)\theta^{j-2}, \qquad j = 3,4,\dots$$

Il fatto che $|\theta| < 1$ garantisce che i pesi, π, siano convergenti.

4.3 Processo media mobile integrato $ARIMA(0,1,1)^*$

Il processo $ARIMA(0,1,1)$ è definito come:

$$(1-B)Z_t = (1-\theta B)a_t \qquad\qquad (4.3.1)$$

dove $\{a_t\} \sim WN(0,\sigma_a^2)$.

Il processo (4.3.1) corrisponde a un processo $ARIMA(p,d,q)$ dove $p=0$, $d=1$, $q=1$. Questo modello contiene solo due parametri θ e σ_a^2 ed è invertibile se $|\theta| < 1$.

La rappresentazione del processo (4.3.1) nella forma a equazione alle differenze è:

$$Z_t = Z_{t-1} + a_t - \theta a_{t-1}. \qquad\qquad (4.3.2)$$

La rappresentazione del processo (4.3.1) basata su variabili white noise è:

$$Z_t = \sum_{j=0}^{\infty} \psi_j a_{t-j} ; \qquad\qquad (4.3.3)$$

dove $\psi_0 = 1$, $\psi_j = 1 - \theta$ per $j \geq 1$.

Notiamo infatti che è possibile scrivere la (4.3.1) come:

$$Z_t = (1-B)^{-1}(1-\theta B)a_t = \nabla^{-1}(1-\theta B)a_t. \qquad\qquad (4.3.4)$$

Una formula calcolatoria utile di $(1-\theta B)$ è:

$$(1-\theta B) = (1-\theta)B + (1-B),$$

quindi ponendo $(1-\theta)=\lambda$ (la condizione di invertibilità diventa $0<\lambda<2$) si ottiene

$$Z_t = \nabla^{-1}(\lambda B + \nabla)a_t = \lambda\nabla^{-1}a_{t-1} + a_t. \qquad (4.3.5)$$

dato che

$$\nabla^{-1} = \frac{1}{1-B} = 1+B+B^2+\ldots$$

si ottiene

$$Z_t = \left(\lambda + \lambda B + \lambda B^2 + \ldots\right)a_{t-1} + a_t = \sum_{j=0}^{\infty}\psi_j a_{t-j} \qquad (4.3.6)$$

dove $\psi_0 = 1$, $\psi_j = 1-\theta$ per $j\geq 1$.

Questa forma evidenzia che un processo stocastico $\{Z_t\}$ può essere scritto come l'output di un filtro lineare avente come input il processo white noise $\{a_t\}$.

La rappresentazione del processo (4.3.1) mediante i valori passati di Z_t più il valore corrente di a_t è,

$$\pi(B)Z_t = a_t, \qquad (4.3.7)$$

da cui

$$Z_t = \sum_{j=1}^{\infty}\pi_j Z_{t-j} + a_t. \qquad (4.3.8)$$

Il processo (4.3.1) può essere espresso come

$$\frac{(1-B)}{(1-\theta B)}Z_t = a_t$$

da cui si ricava che

$$\pi(B) = \frac{1-B}{1-\theta B} = \frac{1-\theta B - (1-\theta)B}{1-\theta B} =$$
$$= 1-(1-\theta)\left\{B + \theta B^2 + \theta^2 B^3 + \ldots\right\} \qquad (4.3.9)$$

Quindi:

$$\pi_j = (1-\theta)\theta^{j-1} = \lambda(1-\lambda)^{j-1}; \quad j\geq 1. \qquad (4.3.10)$$

Dato che $\sum_{j=1}^{\infty}\pi_j = 1$, per $d\geq 1$, il processo può quindi essere scritto

come $Z_t = \bar{Z}_{t-1}(\pi) + a_t$, dove $\bar{Z}_{t-1}(\pi) = \sum_{j=1}^{\infty}\pi_j Z_{t-j}$ è una media ponderata dei valori precedenti del processo. In termini di λ si ha

$$Z_t = \overline{Z}_{t-1}(\lambda) + a_t$$

dove

$$\overline{Z}_{t-1}(\lambda) = \sum_{j=1}^{\infty} \pi_j Z_{t-j} = (1-\theta)\sum_{j=1}^{\infty} \theta^{j-1} Z_{t-j} = \lambda \sum_{j=1}^{\infty} (1-\lambda)^{j-1} Z_{t-j} \qquad (4.3.11)$$

è una media mobile pesata dei valori precedenti di Z_t. Tale media risulta, per questo processo, *ponderata esponenzialmente* (geometricamente), in quanto i pesi:

$$\lambda, \ \lambda(1-\lambda), \ \lambda(1-\lambda)^2, \dots$$

decadono esponenzialmente (come una progressione geometrica).

Infine possiamo derivare dalla (4.3.11) che:

$$\overline{Z}_t(\lambda) = \lambda Z_t + (1-\lambda)\overline{Z}_{t-1}(\lambda)$$

che mostra come, per un modello *ARIMA*(0,1,1), il nuovo livello possa essere raggiunto mediante interpolazione fra la nuova osservazione e il livello precedente.

4.4 Caratteristiche dei modelli *ARIMA*

Abbiamo visto che se $W_t = \nabla^d Z_t$ è un processo *ARMA*(p,q) stazionario e invertibile, allora $\{Z_t\}$ è un processo lineare non stazionario omogeneo, indicato con *ARIMA*(p,d,q). La necessità di esaminare la non stazionarietà nel **livello**, che è una non stazionarietà non esplosiva in quanto la serie è **localmente omogenea**, è al centro di molti studi sulla modellistica delle serie storiche.

Il processo $\{Z_t\}$ può essere ottenuto sommando sequenzialmente o iterativamente d volte il processo *ARMA*. Infatti, se $d = 1$, dalla relazione $W_t = \nabla^d Z_t$ segue che

$$Z_t = \nabla^{-1} W_t = \left(1 + B + B^2 + \dots\right) W_t = W_t + W_{t-1} + W_{t-2} + \dots ;$$

ciò vale anche per $d = 2$, $d = 3$, ecc.

Al crescere dell'ordine d della differenza applicata alla serie z_t questa diventa molto regolare, e solitamente per $d=3$ è difficile distinguere, a partire da una realizzazione finita, un processo stocastico $\nabla^3 Z_t = a_t$ da un processo deterministico che presenta un andamento polinomiale in t. Di solito per la maggior parte delle serie si ha $d = 1$ o $d = 2$. Se $d = 0$, allora $\{Z_t\}$ è stazionario, se $d = 1$, $\{Z_t\}$ è equivalente ad un processo in cui la non stazionarietà è presente nel livello e se $d = 2$ ad un processo in cui sia il livello sia la pendenza cambiano nel tempo.

Da un punto di vista teorico i processi *ARIMA* presentano il problema di avere una varianza infinita da cui deriva che la funzione di autocovarianza non è definita, così come lo spettro. Tale limite è superato nella pratica esaminando le radici del processo *AR* esterne al cerchio unitario e facendo sì che tali radici tendano a 1 (ovvero giacciano sul cerchio unitario). Si può quindi mostrare che:

1) la presenza dell'operatore differenza ∇ è caratterizzata da una **funzione di autocorrelazione globale che decresce lentamente** con un andamento lineare invece che esponenziale;

2) in maniera simile, la **funzione di autocorrelazione parziale tende al valore 1** in corrispondenza del ritardo 1 e diventa zero per ritardi maggiori;

3) lo **spettro di un processo *ARIMA* è infinito in corrispondenza della frequenza** $\omega = 0$ in quanto la funzione di trasferimento dell'operatore (o filtro) differenza $\nabla^d = (1-B)^d$ è data da $\left|1 - e^{-i\omega}\right|^{2d} = 2^d(1-cos(\omega))^d$ che è uguale a 0 per $\omega = 0$, e di conseguenza il suo reciproco tende a infinito quando ω tende a zero. In tale situazione, lo spettro è chiamato pseudo-spettro dato che è analizzato per ogni $\omega \neq 0$;

4) la realizzazione di un modello *ARIMA(p,d,q)* è **determinata** dai valori assegnati alle condizioni iniziali, necessarie per risolvere le equazioni alle differenze.

4.5 Trasformazioni atte ad ottenere la stazionarietà in varianza

Mentre per correggere la non stazionarietà in media dovuta a un cambiamento nel tempo del livello o della pendenza si applicano le differenze di ordine 1 o 2, la non stazionarietà in varianza si può correggere mediante la trasformazione di Box e Cox (1964). Tale trasformazione è utile per aumentare la stabilità della varianza ed anche per aumentare la simmetria della distribuzione (accentuare la normalità) e l'indipendenza degli errori. Essa è definita come:

$$z_t(\lambda) = \begin{cases} \dfrac{x_t^\lambda - 1}{\lambda} & \lambda \neq 0 \\ log\, x_t & \lambda = 0 \end{cases} \qquad (4.4.1)$$

La trasformazione più frequente è, senz'altro, la logaritmica per $\lambda = 0$.

Altri casi comuni sono $\lambda = \dfrac{1}{2}$ (radice quadrata); $\lambda = \dfrac{1}{3}$ (radice cubica) e λ=-1 (trasformazione inversa).

Il parametro λ può essere stimato con il metodo della massima verosimiglianza sotto l'ipotesi di uno specificato modello statistico. Sotto l'assunzione di normalità distributiva si massimizza, rispetto a λ, la seguente funzione di log-verosimiglianza:

$$l(\lambda) = -\frac{n}{2}\hat{\sigma}^2(\lambda) + (\lambda-1)\sum_{t=1}^{n} x_t + c \qquad \lambda_{min} \leq \lambda \leq \lambda_{max} \qquad (4.4.2)$$

dove c è una costante e

$$\hat{\sigma}^2(\lambda) = \frac{1}{n}\sum_{t=1}^{n}[z_t(\lambda) - \bar{z}_t(\lambda)]^2 \ ; \qquad \bar{z}_t(\lambda) = \frac{1}{n}\sum_{t=1}^{n} z_t(\lambda). \qquad (4.4.3)$$

Nella pratica, si costruisce il grafico della funzione $L(\lambda)$ per un intervallo di valori di λ e si ottiene così un valore **approssimato** della stima di λ.

La trasformazione di Box e Cox assume che la deviazione standard della serie presenti il seguente legame con la media:

$$\sigma = k\mu^{1-\lambda} \qquad (4.4.4)$$

Se λ=1 non è necessaria nessuna trasformazione in quanto σ è costante. Se λ=0, $\sigma = k\mu$, ossia la varianza risulta proporzionale alla media. In tal caso si opera la trasformazione logaritmica.

Il valore di λ può essere determinato attraverso metodi grafici, quali ad esempio il *range-mean plot*. Tale metodo grafico consiste nel suddividere la serie in sottoperiodi e per ciascuno di essi si pone su un grafico una misura di variabilità (ad esempio la deviazione standard) rispetto ad una misura di livello (ad esempio la media) calcolate per ciascun sottoperiodo. Dalla pendenza dei punti così rappresentati si può dedurre una valutazione approssimata per λ.

I grafici che seguono mostrano diversi *range-mean plot* e le loro interpretazioni.

Per le serie economiche la trasformazione più frequente, per ottenere la stazionarietà sia in media che in varianza, è

$$\nabla \log x_t = \log x_t - \log x_{t-1} = \log \frac{x_t}{x_{t-1}} \qquad (4.4.5)$$

aggiungendo e sottraendo x_{t-1} si ottiene:

$$\log\left(\frac{x_t + x_{t-1} - x_{t-1}}{x_{t-1}}\right) = \log\left(1 + \frac{x_t - x_{t-1}}{x_{t-1}}\right) \approx \frac{x_t - x_{t-1}}{x_{t-1}} \qquad (4.4.6)$$

la serie $\nabla \log x_t$ misura in effetti la variazione relativa di un periodo

MEDIA		
DEVIAZIONE STANDARD	Deviazione standard costante rispetto alla media implica NESSUNA TRASFORMAZIONE (λ=1)	Deviazione standard cresce proporzionalmente rispetto alla media implica TRASFORMAZIONE (λ=0)
	Deviazione standard cresce più velocemente della media implica TRASFORMAZIONE (λ<0)	Deviazione standard cresce meno velocemente della media implica TRASFORMAZIONE (1>λ>0)

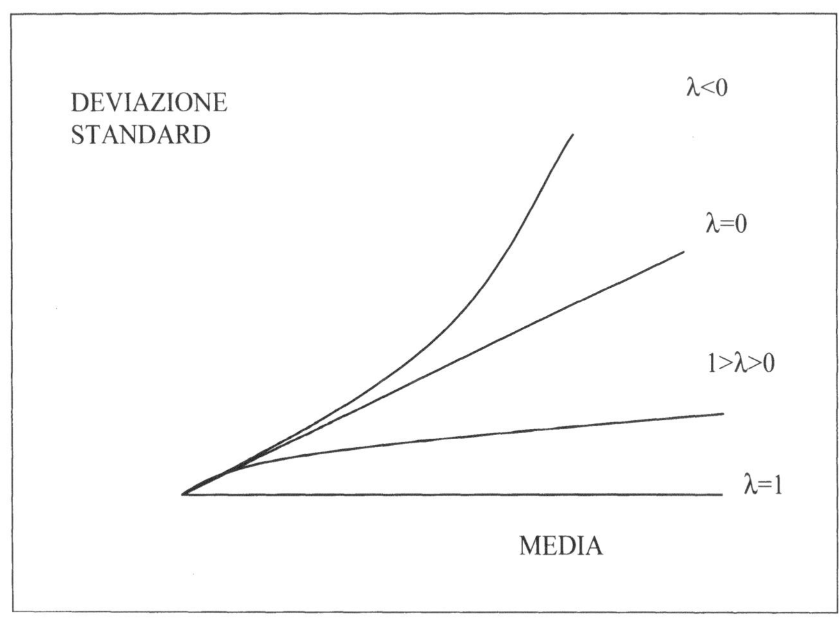

rispetto al precedente, per esempio mensile, del fenomeno.
L'approssimazione data dalla (4.4.6) si giustifica considerando
l'espansione in serie di Taylor di

$$log\left(1+\frac{u}{w}\right) = \frac{u}{w} - \frac{u^2}{2w^2} + \frac{u^3}{3w^3} + \dots \tag{4.4.7}$$

se $\qquad \left|\frac{u}{w}\right| < 1, \qquad \nabla log\, x_t \approx \frac{u}{w} \approx \frac{x_t - x_{t-1}}{x_{t-1}}. \tag{4.4.8}$

L'approssimazione della (4.4.5) si ottiene anche nel modo seguente:

$$\nabla log\, x_t \approx d\, log\, x_t = \frac{d\, log\, x_t}{dx_t} dx_t = \frac{1}{x_t} dx_t \approx \frac{x_t - x_{t-1}}{x_t}.$$

Capitolo 5
Processi non stazionari stagionali

Spesso le serie storiche mostrano un andamento periodico, ovvero un comportamento che si ripete in intervalli temporali successivi di ampiezza s ($s>1$). Ciò significa che le osservazioni registrate ad istanti di tempo distanziati da s unità temporali sono tra loro simili; s rappresenta quindi la lunghezza della periodicità.

Un tipo comune di comportamento periodico è la variazione stagionale. Una serie si definisce stagionale quando mostra un andamento simile in ogni anno, quindi $s=12$ se le osservazioni sono registrate mensilmente, mentre $s=4$ se la rilevazione è trimestrale.

Una serie storica che presenta un comportamento puramente stagionale sarà sempre la realizzazione finita di un processo non stazionario in media. Infatti le osservazioni relative a ciascuna stagione fluttuano attorno ad un valor medio diverso da quello corrispondente a qualsiasi altra stagione. Non si può quindi assumere che le variabili aleatorie, di cui le osservazioni costituenti la serie sono realizzazioni, presentino valore atteso costante, $\forall t \in T$.

5.1 Processi non stazionari stagionali *ARIMA*

Come visto per i processi non stazionari lineari omogenei, per rendere stazionario in media un processo stagionale, è necessario applicare l'operatore differenza stagionale, $\nabla_s = \left(1 - B^s\right)$, che permette di sottrarre a ciascuna osservazione, l'osservazione relativa alla stessa stagione nell'anno precedente. Infatti: $\nabla_s z_t = \left(1 - B^s\right)z_t = z_t - z_{t-s}$.

∇_s è un operatore, non stazionario, con s radici $e^{-i\omega_j}$ dove $\omega_j = \dfrac{2\pi}{s}j$

($j=0,1,2,...,[s/2]$) equidistanziate sul cerchio unitario.

Generalizzando si avrà l'operatore differenza stagionale di ordine D:

$$\nabla_s^D = \left(1 - B^s\right)^D.$$

Si noti che la differenza (prima) stagionale elimina sia la componente stagionale che un trend stocastico lineare.

Infatti, la funzione risposta del filtro differenza stagionale per dati mensili è $\psi\left(e^{-12i\omega}\right) = 1 - B^{12}$, dove $B = e^{-i\omega}$, e la sua funzione di trasferimento risulta

$$\left|\psi\left(e^{-12i\omega}\right)\right|^2 = \psi\left(e^{-12i\omega}\right)\psi\left(e^{12i\omega}\right) =$$

$$= \left(1 - e^{-12i\omega}\right)\left(1 - e^{12i\omega}\right) = 1 - e^{-12i\omega} - e^{12i\omega} + 1 = .$$

$$= 2\left[1 - \cos\left(12\omega\right)\right]$$

Questa funzione è uguale a 0 quando $12\omega = 0$, 2π, 4π, 6π, 8π, 10π, o 12π, pertanto è nulla alle frequenze 0, $\dfrac{2\pi}{12}$, $\dfrac{4\pi}{12}$, $\dfrac{6\pi}{12}$, $\dfrac{8\pi}{12}$, $\dfrac{10\pi}{12}$, e π. Il filtro applicato a dati mensili eliminerà la componente di frequenza bassa, $\omega = 0$, più le componenti cicliche di periodicità 12, 6, 4, 3 ,2.4 e 2 mesi.

Ciò si vede chiaramente dalla Figura 1, che mostra la funzione di guadagno dell'operatore differenza stagionale. La funzione di guadagno è la radice quadrata della funzione di trasferimento, ossia

$$G(\omega) = \left|\psi\left(e^{-12i\omega}\right)\right|.$$

Fig. 1. Funzione di guadagno dell'operatore differenza stagionale $(1\text{-}B^{12})$ per dati mensili

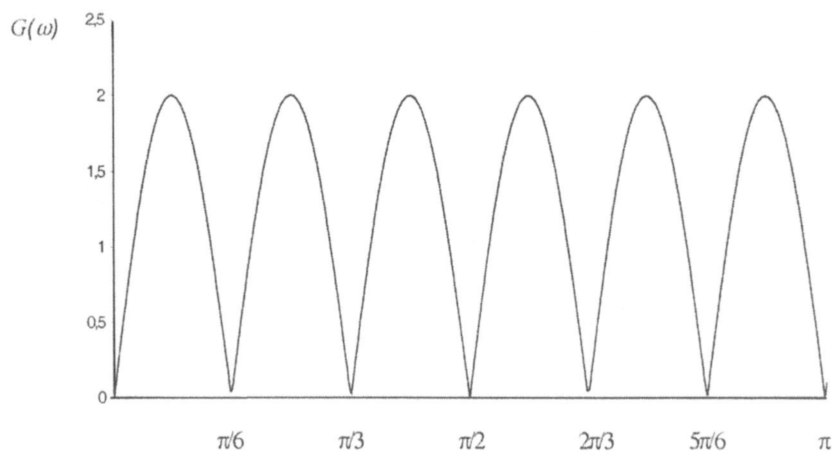

Essendo $\left(1 - B^{12}\right) = \left(1 - B\right)\left(1 + B + B^2 + ... + B^{11}\right)$ l'operatore

$\nabla_{12} = \left(1 - B^{12}\right)$ può essere fattorizzato e le funzioni guadagno di entrambi gli operatori $\nabla = (1 - B)$ e $S(B) = (1 + B + B^2 + ... + B^{11})$ sono riportate in Figura 2 (linea più chiara per la funzione di guadagno dell'operatore *(1-B)*).

Fig. 2. Funzioni di guadagno degli operatori $\nabla = (1 - B)$, linea più chiara, e $S(B) = (1 + B + B^2 + ... + B^{11})$

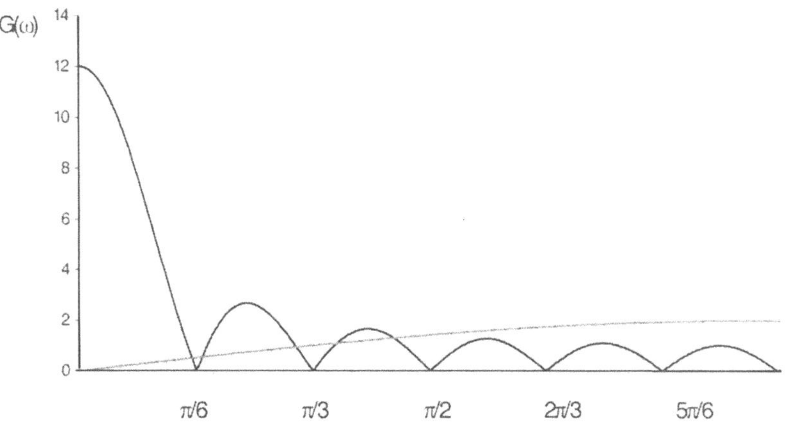

Figura 2.a. Prodotto delle funzioni di guadagno degli operatori $\nabla = (1 - B)$ e $\nabla_{12} = (1 - B^{12})$

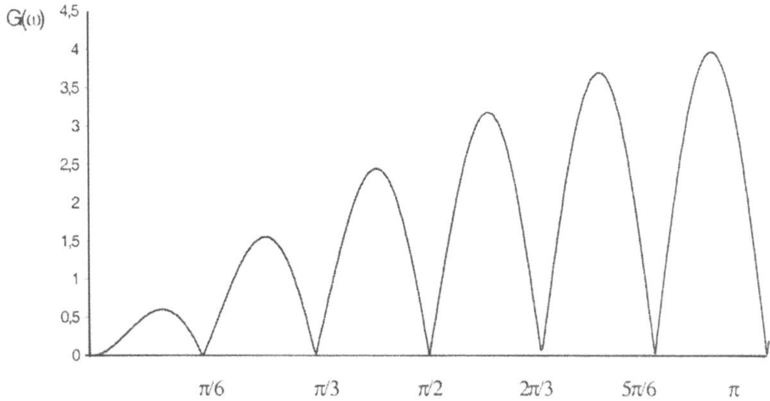

Nella scomposizione delle serie storiche basata sulla modellistica *ARIMA*, *S(B)* è la componente attribuita alle variazioni stagionali e $\nabla = (1 - B)$ alla tendenza.

L'applicazione congiunta della differenza ordinaria, $\nabla = (1 - B)$, e della differenza prima stagionale $\nabla_s = (1 - B^s)$ è invece giustificata dalla presenza di una componente stagionale e di un trend quadratico, come si mostra nella figura 2.a.

E' raro utilizzare differenze stagionali di ordine superiore al primo, eccetto nel caso di stagionalità evolutiva, ovvero quando la serie consiste di un trend lineare che interagisce in forma moltiplicativa con la stagionalità. In tal caso, infatti, la differenza doppia stagionale elimina sia il trend lineare moltiplicativo che la stagionalità.

Dato che la caratteristica che contraddistingue serie storiche puramente stagionali, consiste nel fatto che osservazioni distanziate da s unità temporali sono simili, ci si aspetta che tali osservazioni siano tra loro correlate. Le funzioni di autocorrelazione totale e parziale dovrebbero quindi presentare coefficienti non nulli in corrispondenza di uno o più multipli del lag s (s, $2s$, $3s$,...).

Le funzioni teoriche di autocorrelazione globale e parziale di processi stocastici puramente stagionali presentano un comportamento identico a quello di tali funzioni per processi non stagionali, ma riprodotto di s in s. Ciò significa che i coefficienti di autocorrelazione totale e parziale che appaiono ai lag 1, 2, 3,... per processi *ARIMA* non stagionali, appariranno ai lag s, $2s$, $3s$,... per processi *ARIMA* puramente stagionali, a volte chiamati *SARIMA*.

Consideriamo, ad esempio, un processo stazionario puramente stagionale con un coefficiente autoregressivo in corrispondenza del lag s. Tale processo è così scritto:

$$Z_t = \Phi Z_{t-s} + a_t \qquad (5.1.1)$$

(i coefficienti stagionali vengono indicati con lettere greche maiuscole).

La funzione di autocorrelazione totale per tale processo decade esponenzialmente a 0 ai lag s, $2s$, $3s$,..., mantenendosi sempre positiva se $\Phi > 0$ (si veda figura 3), o con segno alternato, iniziando da un valore negativo se $\Phi < 0$ (si veda figura 4). La funzione di autocorrelazione parziale teorica presenterà un unico picco (positivo se $\Phi > 0$, negativo se $\Phi < 0$) in corrispondenza del lag s come mostrato in figura 3.a e 4.a.

Un processo media mobile puramente stagionale con un coefficiente al lag s, è così espresso:

$$Z_t = a_t - \Theta a_{t-s}. \qquad (5.1.2)$$

Esso presenterà funzione di autocorrelazione globale sempre nulla eccetto che al lag s (si vedano figure 5 e 6) e funzione di autocorrelazione parziale che decade esponenzialmente in corrispondenza dei lag s, $2s$, $3s$,... (si vedano figure 5.a e 6.a).

Fig. 3. Funzione di autocorrelazione globale per uno $SAR(1)_s$ $\Phi > 0$

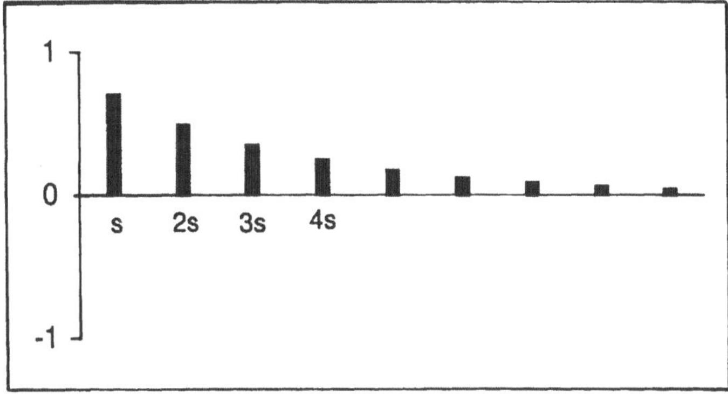

Fig. 3.a. Funzione di autocorrelazione parziale per uno $SAR(1)_s$ $\Phi > 0$

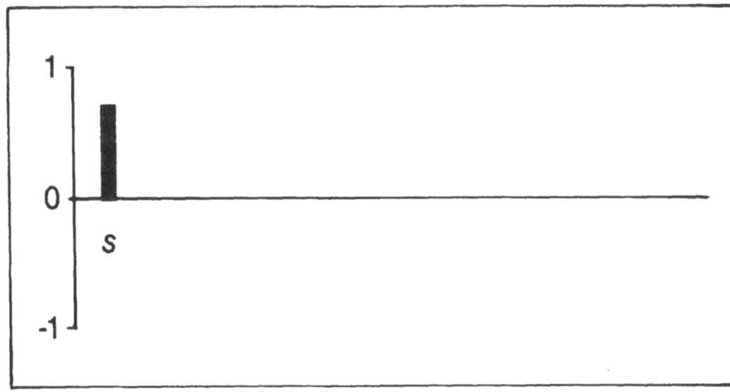

Fig. 4. Funzione di autocorrelazione globale per uno $SAR(1)_s$ $\Phi < 0$

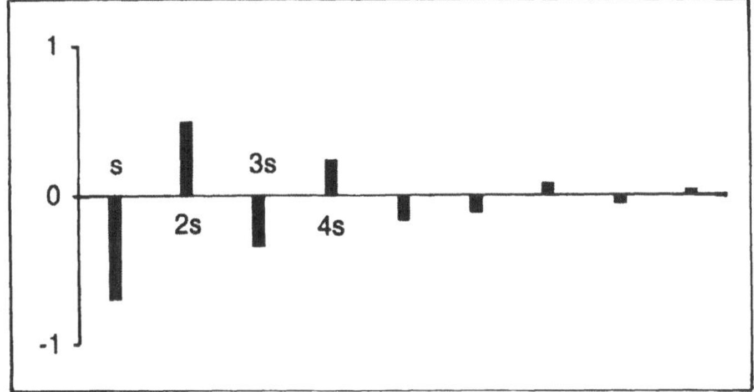

Fig. 4.a. Funzione di autocorrelazione parziale per uno $SAR(1)_s$ $\Phi < 0$

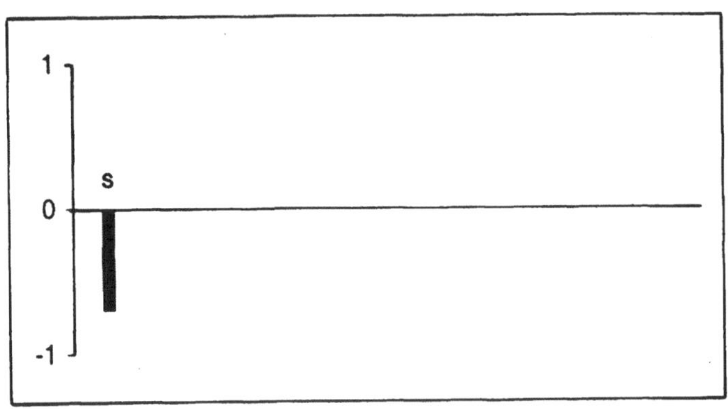

Fig. 5. Funzione di autocorrelazione globale per uno $SMA(1)_s$ $\Theta > 0$

Fig. 5.a. Funzione di autocorrelazione parziale per uno $SMA(1)_s$ $\Theta > 0$

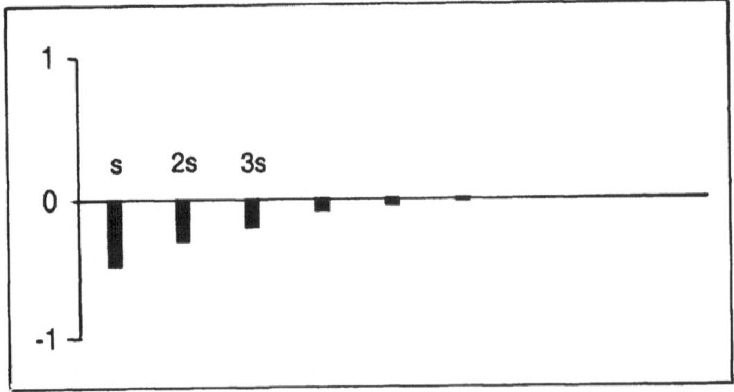

Fig. 6. Funzione di autocorrelazione globale per uno $SMA(2)_s$ $\Theta_1 < 0, \Theta_2 > 0$

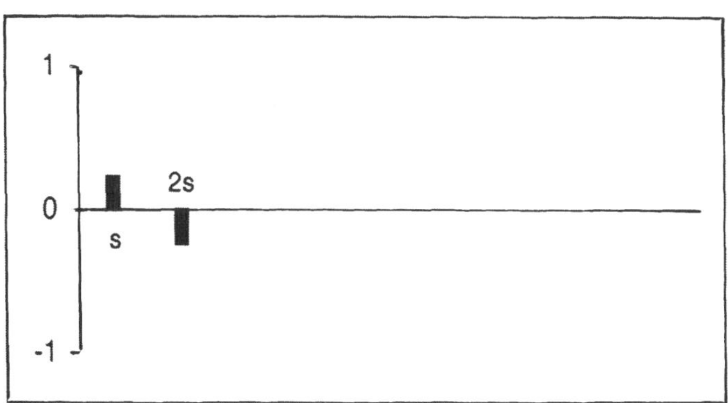

Fig. 6.a. Funzione di autocorrelazione parziale per uno $SMA(2)_s$ $\Theta_1 < 0, \Theta_2 > 0$

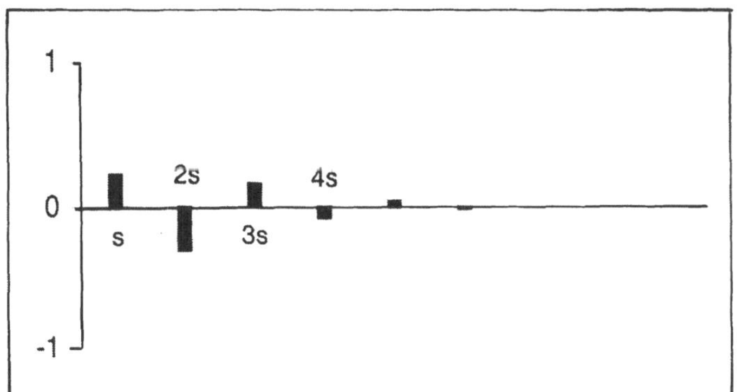

Spesso le serie storiche stagionali contengono anche una componente di variazione non stagionale dovuta alla presenza della tendenza e/o del ciclo. In tale situazione, quindi, due sono gli intervalli di interesse. Se, ad esempio, operiamo con dati mensili, tali intervalli corrispondono ai mesi e agli anni. Ci aspettiamo, quindi, di riscontrare relazioni fra (a) osservazioni relative a mesi successivi in un particolare anno, e (b) osservazioni relative allo stesso mese in anni successivi.

La relazione di tipo (b) può essere descritta tramite il seguente modello:

$$\Phi\left(B^s\right)\nabla_s^D Z_t = \Theta\left(B^s\right)u_t \qquad (5.1.3)$$

dove $s=12$, $\nabla_s = \left(1 - B^s\right)$, $\Phi\left(B^s\right)$ e $\Theta\left(B^s\right)$ sono polinomi in B^s di grado P e Q, rispettivamente, che soddisfano le condizioni di stazionarietà e invertibilità, mentre D è l'ordine dell'operatore differenza stagionale ∇_s.

Se la serie storica presenta anche una relazione del tipo (a), il processo $\{u_t\}$ non sarà white noise, ma sarà autocorrelato in quanto ci aspettiamo la presenza della relazione fra osservazioni relative a mesi successivi nello stesso anno e dobbiamo quindi introdurre un modello per $\{u_t\}$:

$$\phi(B)\nabla^d u_t = \theta(B)a_t \tag{5.1.4}$$

dove $\{a_t\}$ è, ora, un processo white noise, e $\phi(B)$ e $\theta(B)$ sono polinomi in B di grado p e q, che soddisfano, rispettivamente, le condizioni di stazionarietà e invertibilità.

Sostituendo la (5.1.4) nella (5.1.3) otteniamo il modello *ARIMA* stagionale moltiplicativo o *SARIMA(p,d,q)(P,D,Q)$_s$*:

$$\phi_p(B)\Phi_P(B^s)\nabla^d \nabla_s^D Z_t = \theta_q(B)\Theta_Q(B^s)a_t \tag{5.1.5}$$

dove i pedici p e q si riferiscono all'ordine dei rispettivi polinomi in B, mentre P e Q si riferiscono all'ordine dei rispettivi polinomi in B^s. Infatti,

$$\phi_p(B) = 1 - \phi_1 B - \phi_2 B^2 - \ldots - \phi_p B^p \tag{5.1.6}$$

rappresenta l'operatore autoregressivo regolare (*AR*) di ordine p;

$$\Phi_P(B^s) = 1 - \Phi_1 B^s - \Phi_2 B^{2s} - \ldots - \Phi_P B^{Ps} \tag{5.1.7}$$

rappresenta l'operatore autoregressivo stagionale (*SAR*) di ordine P;

$$\nabla^d = (1 - B)^d \tag{5.1.8}$$

è l'operatore differenza regolare di ordine d;

$$\nabla_s^D = (1 - B^s)^D \tag{5.1.9}$$

è l'operatore differenza stagionale di ordine D;

$$\theta_q(B) = 1 - \theta_1 B - \theta_2 B^2 - \ldots - \theta_q B^q \tag{5.1.10}$$

rappresenta l'operatore media mobile regolare (*MA*) di ordine q;

$$\Theta_Q(B^s) = 1 - \Theta_1 B^s - \ldots - \Theta_Q B^{Qs} \tag{5.1.11}$$

l'operatore media mobile stagionale (*SMA*) di ordine Q.

Si noti che il modello *AR*(1) stagionale, descritto dalla (5.1.1), equivale al modello *SARIMA*(0,0,0)(1,0,0)$_s$ cioè:

$$\Phi(B^s)Z_t = (1 - \Phi B^s)Z_t = a_t; \tag{5.1.12}$$

mentre il modello *MA*(1) stagionale (5.1.2) equivale al modello *SARIMA*(0,0,0)(0,0,1)$_s$ cioè:

$$Z_t = \Theta(B^s)a_t = (1 - \Theta B^s)a_t. \qquad (5.1.13)$$

Per un modello stagionale moltiplicativo $SARMA(p,0,q)(P,0,Q)_s$, le condizioni di stazionarietà e invertibilità si applicano separatamente ai coefficienti stagionali e non stagionali.

Infatti la condizione di stazionarietà, che interessa solo i coefficienti autoregressivi, richiede che le radici dell'equazione $\phi_p(B)\Phi_P(B^s) = 0$ giacciano esternamente al cerchio unitario. Tale condizione equivale alla condizione congiunta che le radici di $\phi_p(B) = 0$ e $\Phi_P(B^s) = 0$ giacciano al di fuori del cerchio unitario.

Le stesse considerazioni valgono per la condizione di invertibilità. Un processo $ARMA$ stagionale moltiplicativo è, quindi, invertibile se le radici di $\theta_q(B) = 0$ e di $\Theta_Q(B^s) = 0$ giacciono esternamente al cerchio unitario.

Le funzioni di autocorrelazione globale e parziale di processi $SARMA$ presentano le caratteristiche delle corrispondenti funzioni relative alla componente non stagionale e stagionale.

La funzione generatrice di autocovarianza di processi stagionali moltiplicativi è il prodotto delle funzioni generatrici di autocovarianza delle sue componenti. Quindi, la funzione generatrice delle autocovarianze del modello $ARMA$ stagionale moltiplicativo si fattorizza nel prodotto delle funzioni generatrici degli operatori non stagionali $\Gamma(B)$ e stagionali $\Gamma(B^s)$, rispettivamente, cioè:

$$\Gamma(B)\Gamma(B^s) = \sigma_a^2 \frac{\theta(B)\theta(B^{-1})\Theta(B^s)\Theta(B^{-s})}{\phi(B)\phi(B^{-1})\Phi(B^s)\Phi(B^{-s})}. \qquad (5.1.14)$$

e la funzione generatrice di autocorrelazione risulta:

$$\frac{\Gamma(B)\Gamma(B^s)}{\gamma_0\gamma_0^s} \qquad (5.1.15)$$

Da tale relazione si deduce che la funzione di autocovarianza totale di processi con solo operatori MA si annulla ai lag superiori a $(q+sQ)$. Allo stesso modo, la funzione di autocovarianza totale di processi con solo operatori AR non si annulla mai.

La tabella 1 (presa da Box e Jenkins, 1970) dà le autocovarianze per diversi processi stagionali moltiplicativi $ARMA$, $\{W_t\}$, $W_t = \nabla^d\nabla_s^D Z_t$ (cioè un processo $SARIMA$ reso stazionario dalle differenze di un ordine dato).

La figura 7 mostra diversi esempi di funzioni di autocorrelazione globale e parziale per modelli stagionali $ARIMA$ di tipo media mobile resi stazionari, dove $W_t = (1 - \theta B)(1 - \Theta B^{12})a_t$. Si può vedere che la funzione di autocorrelazione si comporta come quella dei processi MA dove $\rho_k = 0$ per $k>q+sQ$, in questo caso per $k>13$. Il segno di ρ_1 è opposto a quello di θ poiché $\rho_1 = -\theta/(1+\theta^2)$ e allo stesso modo il segno di ρ_{12} è opposto a quello di Θ poiché $\rho_{12} = -\Theta/(1+\Theta^2)$. Data la relazione moltiplicativa tra gli operatori stagionale $(1-\Theta B^{12})$ e non stagionale $(1-\theta B)$ esistono sempre interazioni chiamate "satelliti". I satelliti sono dati da ρ_{11} e ρ_{13} che sono entrambi uguali al prodotto $\rho_1 \rho_{12}$.

Le principali caratteristiche dei satelliti sono:

a) il comportamento non stagionale si osserva in entrambi i lati della autocorrelazione stagionale (ρ_{12}, nel nostro esempio) e i suoi multipli;

b) il segno dei satelliti è dato dal prodotto $\theta\Theta$.

La figura 8 mostra diversi esempi di funzioni di autocorrelazione globale e parziale di modelli stagionali $ARIMA$ resi stazionari, dove $W_t = (1 - \theta_1 B - \theta_2 B^2)(1 - \Theta B^{12})a_t$. Attraverso la funzione generatrice di autocovarianza data in (5.1.14) troviamo i seguenti coefficienti di autocorrelazione:

$$\rho_1 = \frac{-\theta_1(1-\theta_2)}{(1+\theta_1^2+\theta_2^2)} \qquad \rho_2 = \frac{-\theta_2}{(1+\theta_1^2+\theta_2^2)}$$

$$\rho_{12} = \frac{-\Theta}{(1+\Theta^2)}$$

$$\rho_{10} = \rho_{14} = \rho_2 \cdot \rho_{12} \qquad e \qquad \rho_{11} = \rho_{13} = \rho_1 \cdot \rho_{12}$$

Si noti che ρ_1 e ρ_2 sono di segno opposto a θ_1 e θ_2, rispettivamente, mentre ρ_{12} è di segno opposto a Θ.

La figura 9 mostra diversi esempi di funzioni di autocorrelazione globale e parziale di modelli stagionali $ARIMA$ di tipo autoregressivo resi stazionari $(1-\phi B)(1-\Phi B^{12})W_t = a_t$. E' evidente che le funzioni di autocorrelazione globale decadono lentamente all'aumentare del ritardo temporale, mentre le funzioni di autocorrelazione parziale si comportano come le funzioni di autocorrelazione globale dei processi media mobile. Il segno di ϕ_{11} è dato da ϕ, quello di $\phi_{12,12}$ da Φ, mentre $\phi_{13,13}$ è di segno opposto a quello del prodotto $\phi\Phi$.

La figura 10 mostra diversi esempi di funzione di autocorrelazione globale e parziale di modelli stagionali *ARIMA* di tipo autoregressivo resi stazionari $\left(1 - \phi_1 B - \phi_2 B^2\right)\left(1 - \Phi B^{12}\right)W_t = a_t$. Cioè un *AR(2)xSAR(1)*.

Fig. 7. Funzione di autocorrelazione globale e parziale di modelli stagionali *ARIMA* di tipo media mobile resi stazionari, $W_t = (1 - \theta B)(1 - \Theta B^{12})a_t$

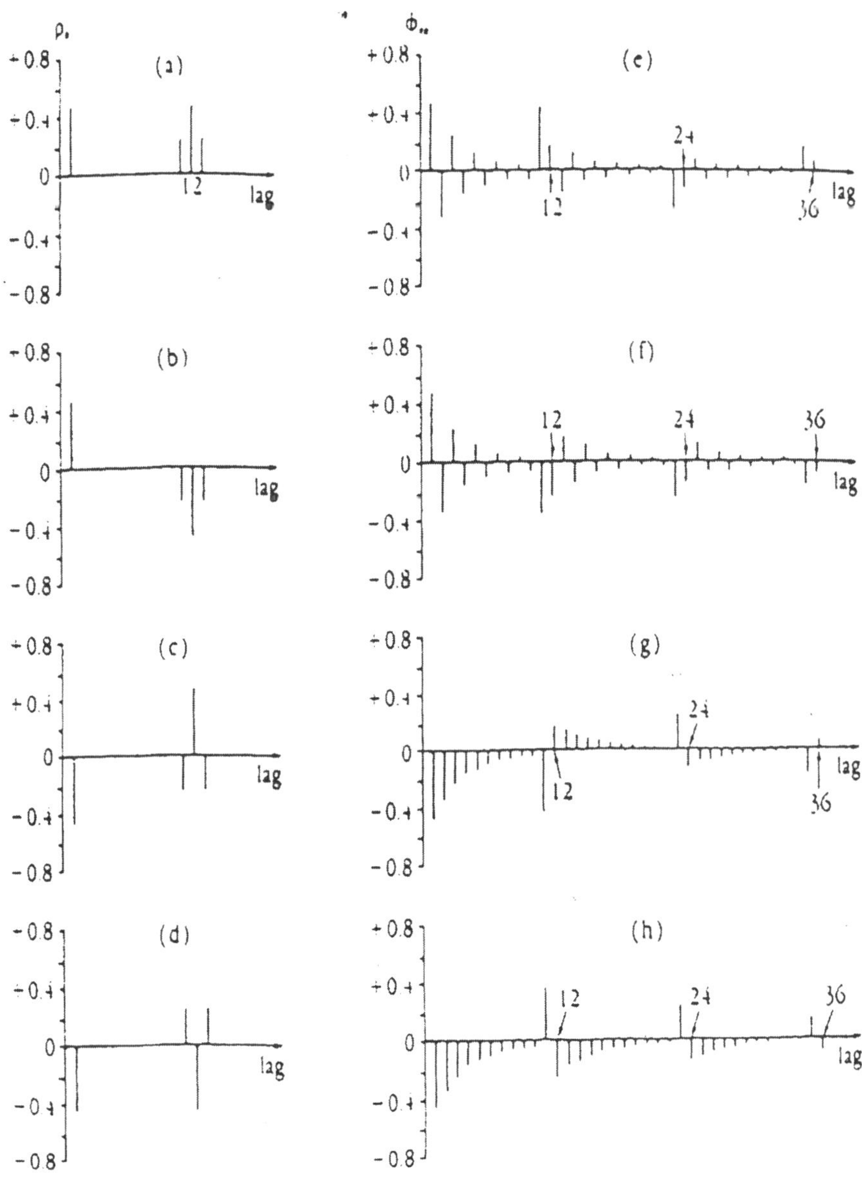

Fig. 8. Funzione di autocorrelazione globale e parziale di modelli stagionali *ARIMA* di tipo media mobile resi stazionari,

$$W_t = \left(1 - \theta_1 B - \theta_2 B^2\right)\left(1 - \Theta B^{12}\right)a_t$$

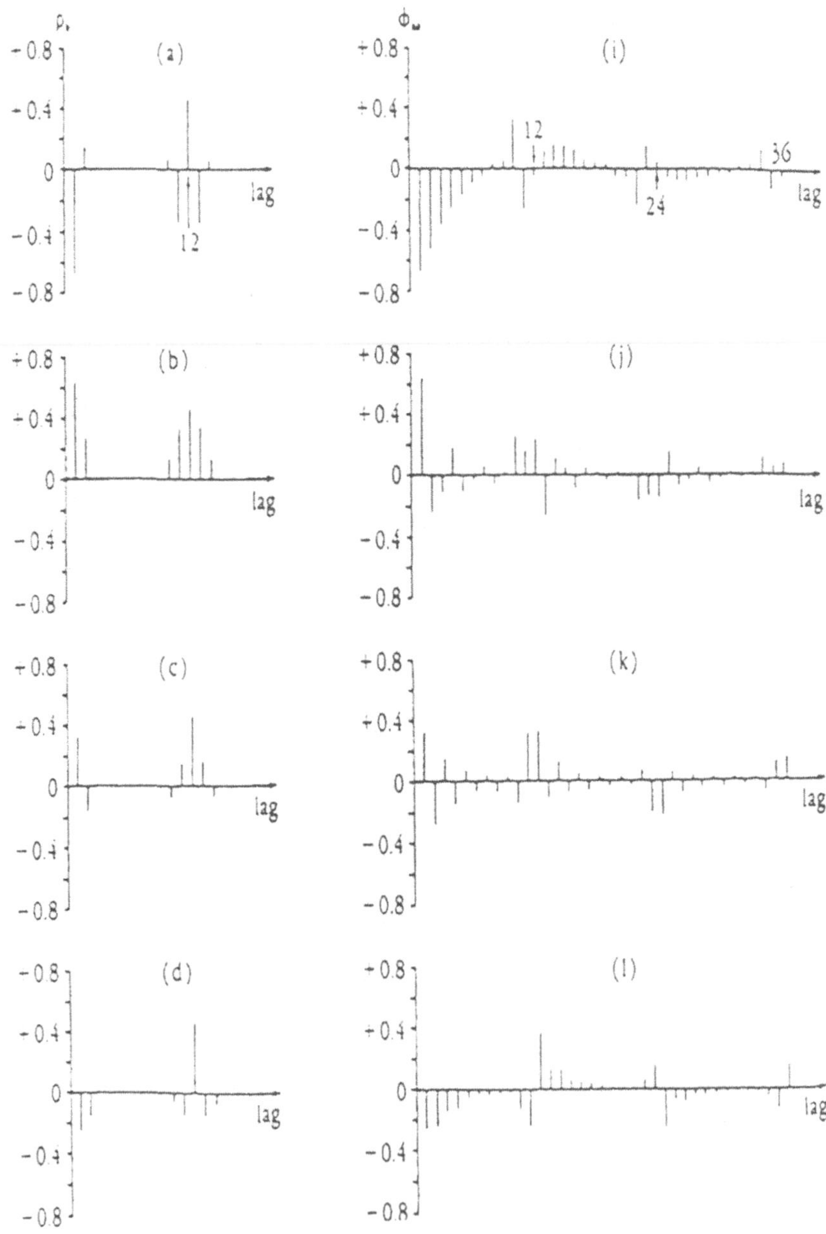

Fig. 9. Funzione di autocorrelazione globale e parziale di modelli stagionali *ARIMA* di tipo autoregressivo resi stazionari,
$$\left(1 - \phi B\right)\left(1 - \Phi B^{12}\right)W_t = a_t$$

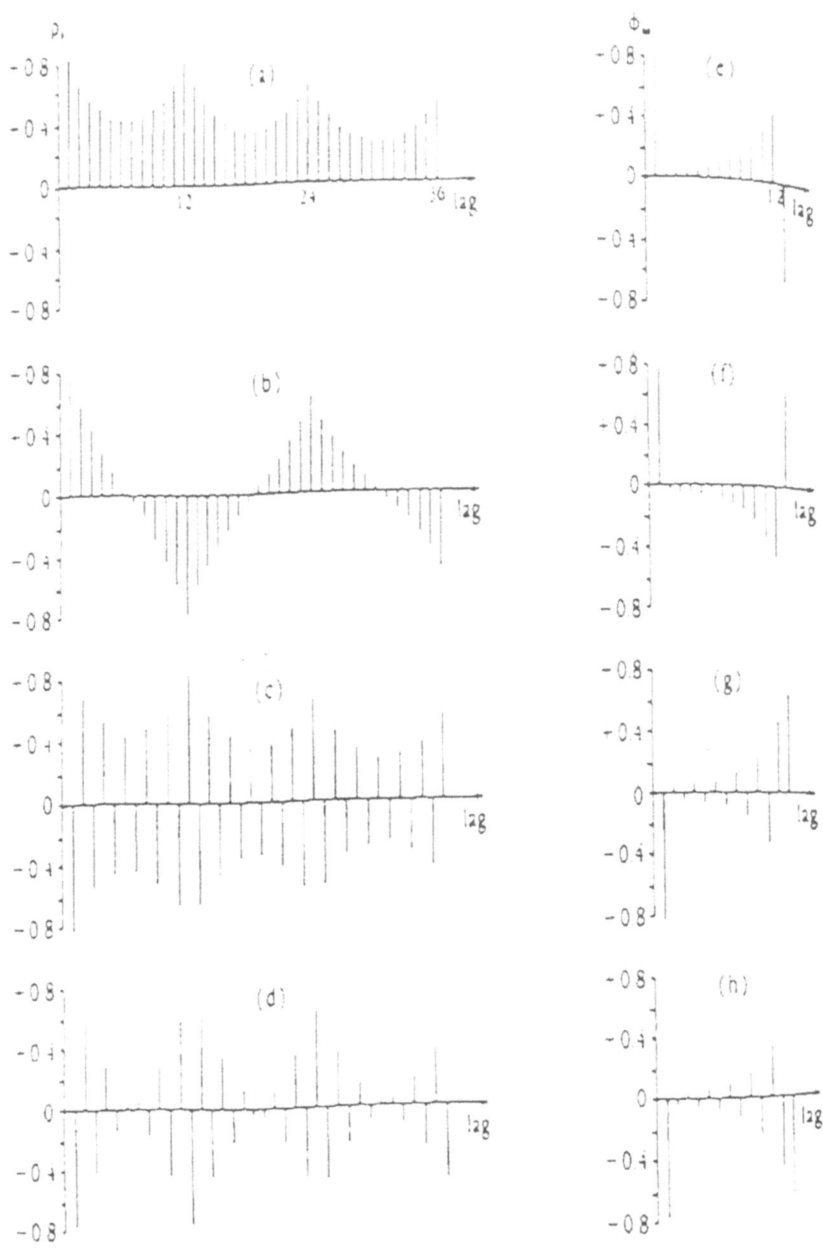

Fig. 10. Funzione di autocorrelazione globale e parziale di modelli stagionali *ARIMA* di tipo autoregressivo resi stazionari,

$$\left(1 - \phi_1 B - \phi_2 B^2\right)\left(1 - \Phi B^{12}\right)W_t = a_t$$

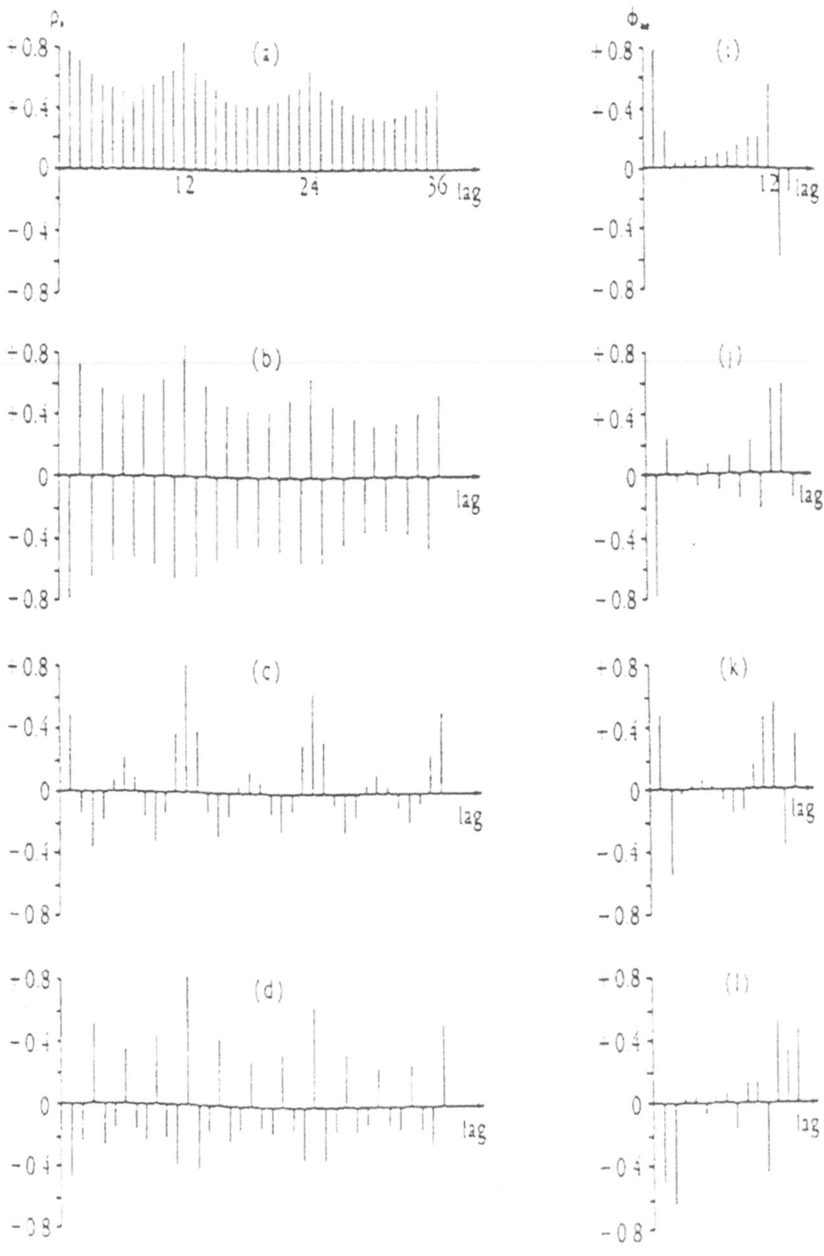

5.2 Modello *SARIMA*(0,1,1)(0,1,1)$_{12}$[*]

Un modello che si adegua bene a un gran numero di serie storiche economiche stagionali mensili, utilizzato da Box e Jenkins (1970) per illustrare il comportamento della serie dei viaggiatori aerei internazionali è il modello moltiplicativo stagionale $SARIMA(0,1,1)(0,1,1)_{12}$, talvolta chiamato Airline model. Il modello è definito come:

$$\nabla\nabla_{12}Z_t = (1-\theta B)(1-\Theta B^{12})a_t. \tag{5.2.1}$$

Il modello (5.2.1), scritto in forma esplicita, diventa:

$$Z_t - Z_{t-1} - Z_{t-12} + Z_{t-13} = a_t - \theta a_{t-1} - \Theta a_{t-12} + \theta\Theta a_{t-13}. \tag{5.2.2}$$

Perché il processo (5.2.2) sia invertibile è necessario che l'equazione caratteristica $(1-\theta B)(1-\Theta B^{12})=0$ abbia radici esterne al cerchio unitario. Ciò si verifica se $|\theta|<1$ e $|\Theta|<1$. Si noti che l'operatore media mobile $(1-\theta B)(1-\Theta B^{12})=1-\theta B-\Theta B^{12}+\theta\Theta B^{13}$ è di ordine $q+sQ=1+12(1)=13$.

Il modello (5.2.1) è definito dalla varianza del processo white noise, σ_a^2, e dai parametri θ e Θ. Box e Jenkins hanno spiegato il modello Airline in termini di modelli media mobile esponenzialmente pesata (exponential smoothing o perequazione esponenziale). Infatti, nel capitolo 4, abbiamo visto che:

$$(1-B)(1-\theta B)^{-1} = (1-B)(1+\theta B+\theta^2 B^2+...)=1-\pi_1 B-\pi_2 B^2-...$$
$$\tag{5.2.3}$$

dove i parametri π_j del processo $AR(\infty)$ sono

$$\pi_j = (1-\theta)\theta^{j-1} = \lambda(1-\lambda)^{j-1} \qquad j\geq 1 \tag{5.2.4}$$

che coincidono con i parametri di un modello di perequazione esponenziale. Ugualmente, per l'operatore stagionale possiamo scrivere:

$$(1-B^{12})(1-\Theta B^{12})^{-1} = (1-B^{12})(1+\Theta B^{12}+\Theta^2 B^{24}+...)=$$
$$=1-\Pi_1 B^{12}-\Pi_2 B^{24}-... \tag{5.2.5}$$

dove

$$\Pi_j = (1-\Theta)\Theta^{j-1} = \Lambda(1-\Lambda)^{j-1} \qquad j\geq 1 \tag{5.2.6}$$

che coincidono con i parametri di un modello di perequazione esponenziale applicato con un ritardo uguale a 12. Il modello $(0,1,1)(0,1,1)_{12}$ è equivalente a un modello di perequazione esponenziale con θ applicato a osservazioni consecutive e Θ a osservazioni distanziate da lag uguali a 12.

Tabella 1. Funzioni di autocovarianza e di autocorrelazione per diversi modelli *SARIMA* resi stazionari (Box e Jenkins, 1970, pp. 329-333)

MODELLO	(AUTOCOVARIANZE DI w_T)/ σ_a^2	CARATTERISTICHE SPECIALI
$W_t = (1-\theta B)(1-\Theta B^s)a_t$ $W_t = a_t - \theta s a_{t-1} - \Theta a_{t-s} +$ $+\theta\Theta a_{t-s-1}$ $s \geq 3$	$\gamma_0 = (1+\theta^2)(1+\Theta^2)$ $\gamma_1 = -\theta(1+\Theta^2)$ $\gamma_{s-1} = \theta\Theta$ $\gamma_s = -\Theta(1+\theta^2)$ $\gamma_{s+1} = \gamma_{s-1}$ Tutte le altre covarianze sono 0	(a) $\gamma_{s-1} = \gamma_{s+1}$ (b) $\rho_{s-1} = \rho_{s+1} =$ $= \rho_1\rho_s$
$W_t = \begin{pmatrix} 1-\theta_1 B + \\ -\theta_s B^s - \theta_{s+1} B^{s+1} \end{pmatrix} a_t$ $W_t = a_t - \theta_1 a_{t-1} +$ $-\theta_s a_{t-s} - \theta_{s+1} a_{t-s-1}$ $s \geq 3$	$\gamma_0 = 1 + \theta_1^2 + \theta_s^2 + \theta_{s+1}^2$ $\gamma_1 = -\theta_1 + \theta_s\theta_{s+1}$ $\gamma_{s-1} = \theta_1\theta_s$ $\gamma_s = \theta_1\theta_{s+1} - \theta_s$ $\gamma_{s+1} = -\theta_{s+1}$ Tutte le altre covarianze sono 0	In generale (a) $\gamma_{s-1} \neq \gamma_{s+1}$ $\gamma_1\gamma_s \neq \gamma_{s+1}$
$W_t = (1-\theta_1 B - \theta_2 B^2)$ $(1-\Theta B^s)a_t$ $W_t = a_t - \theta_1 a_{t-1} - \theta_2 a_{t-2} +$ $-\Theta a_{t-s} + \theta_1\Theta a_{t-s-1} + \theta_2\Theta a_{t-s-2}$ $s \geq 5$	$\gamma_0 = (1+\theta_1^2+\theta_2^2)(1+\Theta^2)$ $\gamma_1 = -\theta_1(1-\theta_2)(1+\Theta^2)$ $\gamma_2 = -\theta_2(1+\Theta^2)$ $\gamma_{s-2} = \theta_2\Theta$ $\gamma_{s-1} = \theta_1\Theta(1-\theta_2)$ $\gamma_s = -\Theta(1+\theta_1^2+\theta_2^2)$ $\gamma_{s+1} = \gamma_{s-1}$ $\gamma_{s+2} = \gamma_{s-2}$ Tutte le altre covarianze sono 0	(a) $\gamma_{s-2} = \gamma_{s+2}$ (b) $\gamma_{s-1} = \gamma_{s+1}$
$W_t = (1-\theta B)$ $(1-\Theta_1 B^s - \Theta_2 B^{2s})a_t$	$\gamma_0 = (1+\theta^2)(1+\Theta_1^2+\Theta_2^2)$ $\gamma_1 = -\theta(1+\Theta_1^2+\Theta_2^2)$	(a) $\gamma_{s-1} = \gamma_{s+1}$ (b) $\gamma_{2s-1} = \gamma_{2s+1}$

segue Tabella 1 $$w_t = a_t - \theta a_{t-1} - \Theta_1 a_{t-s} +$$ $$+ \theta\Theta_1 a_{t-s-1} - \Theta_2 a_{t-2s} + \theta\Theta_2 a_{t-2s-1}$$ $$s \geq 3$$	$$\gamma_{s-1} = \theta\Theta_1(1 - \Theta_2)$$ $$\gamma_s = -\Theta_1(1 + \theta^2)(1 - \Theta_2)$$ $$\gamma_{s+1} = \gamma_{s-1}$$ $$\gamma_{2s-1} = \theta\Theta_2$$ $$\gamma_{2s} = -\Theta_2(1 + \theta^2)$$ $$\gamma_{2s+1} = \gamma_{2s-1}$$ Tutte le altre covarianze sono 0	
$$(1 - \Phi B^s)w_t =$$ $$= (1 - \theta B)(1 - \Theta B^s)a_t$$ $$W_t - \Phi W_{t-s} = a_t - \theta a_{t-1} +$$ $$- \Theta a_{t-s} + \theta\Theta a_{t-s-1}$$ $$s \geq 3$$	$$\gamma_0 = (1 + \theta^2)\left[1 + \frac{(\Theta - \Phi)^2}{1 - \Phi^2}\right]$$ $$\gamma_1 = -\theta\left[1 + \frac{(\Theta - \Phi)^2}{1 - \Phi^2}\right]$$ $$\gamma_{s-1} = \theta\left[\Theta - \Phi - \frac{\Phi(\Theta - \Phi)^2}{1 - \Phi^2}\right]$$ $$\gamma_s = -(1 + \theta^2)\left[\Theta - \Phi - \frac{\Phi(\Theta - \Phi)^2}{1 - \Phi^2}\right]$$ $$\gamma_{s+1} = \gamma_{s-1}$$ $$\gamma_j = \Phi\gamma_{j-s} \quad j \geq s + 2$$ Per $s \geq 4$, $\gamma_2, \gamma_3, \dots, \gamma_{s-2}$ sono tutte 0	(a) $\gamma_{s-1} = \gamma_{s+1}$ (b) $\gamma_j = \Phi\gamma_{j-s}$
$$(1 - \Phi B^s)w_t =$$ $$= (1 - \theta_1 B - \theta_s B^s - \theta_{s+1} B^{s+1})a_t$$ $$W_t - \Phi W_{t-s} = a_t - \theta_1 a_{t-1} +$$ $$- \theta_s a_{t-s} - \theta_{s+1} a_{t-s-1}$$ $$s \geq 3$$	$$\gamma_0 = 1 + \theta_1^2 + \frac{(\theta_s - \Phi)^2}{1 - \Phi^2} + \frac{(\theta_{s+1} + \theta_1\Phi)^2}{1 - \Phi^2}$$ $$\gamma_1 = -\theta_1 + \frac{(\theta_s - \Phi)(\theta_{s+1} + \theta_1\Phi)}{1 - \Phi^2}$$ $$\gamma_{s-1} = (\theta_s - \Phi)\left[\theta_1 + \Phi\frac{(\theta_{s+1} + \Phi\theta_1)}{1 - \Phi^2}\right]$$	

| segue Tabella 1 | $$\gamma_s = \left(\theta_s - \Phi\right)\left[1 - \Phi\frac{\left(\theta_s - \Phi\right)}{1 - \Phi^2}\right] +$$ $$+ \left(\theta_{s+1} + \theta_1\Phi\right)\left[\theta_1 + \Phi\frac{\left(\theta_{s+1} + \theta_1\Phi\right)}{1 - \Phi^2}\right]$$ $$\gamma_{s+1} = \left(\theta_{s+1} + \theta_1\Phi\right)\left[1 - \Phi\frac{\left(\theta_s - \Phi\right)}{1 - \Phi^2}\right]$$ $$\gamma_j = \Phi\gamma_{j-s} \quad j \geq s + 2$$ Per $s \geq 4$, $\gamma_2, \gamma_3, ..., \gamma_{s-2}$ sono tutte 0 | |

5.3 Modelli di intervento

In alcuni casi, è noto che certi eventi straordinari hanno influenzato la serie che si deve modellare, ad esempio scioperi, condizioni climatiche eccezionali, errori di misura (errori di codifica). La principale caratteristica di tali eventi è che essi sono di breve durata ma possono avere differenti impatti sulla serie in esame. Questo problema richiede l'analisi di intervento che può essere vista come uno strumento che consente l'uso di conoscenze a priori di una particolare situazione che deve essere presa in considerazione nel modellare il processo.

L'esame dei residui di un modello univariato può indicare la presenza di un evento inusuale o anomalo, ad esempio un residuo o un gruppo di residui anormalmente grandi.

Gli eventi eccezionali possono avere un impatto transitorio, ad esempio uno sciopero è normalmente transitorio e i suoi effetti interessano il periodo di durata dello sciopero più un periodo limitato dovuto all'effetto di ricaduta, oppure un impatto permanente, ad esempio l'introduzione di un nuovo regolamento che controlla l'emissione degli scarichi delle auto produrrà una riduzione permanente nei livelli di inquinamento.

Per trattare queste situazioni, Box e Tiao (1975) hanno introdotto un modello per l'analisi di intervento della forma:

$$Y_t = \sum_{j=0}^{\infty} h_j X_{t-j} + N_t = \sum_{j=0}^{\infty} h_j B^j X_t + N_t = H(B)X_t + N_t \qquad (5.3.1)$$

dove la serie in input $\{X_t\}$ non è casuale ma è considerata una funzione deterministica del tempo e $\{N_t\}$ è un processo stazionario a media nulla incorrelato con $\{X_t\}$. Si noti che dal momento che si assume che $\{X_t\}$ sia un processo deterministico e che $\{N_t\}$ sia un processo stocastico, essi non possono essere correlati. E' chiaro che la media di Y_t è data da

$\sum_{j=0}^{\infty} h_j X_{t-j}$. Conseguentemente il tipo di funzione $\{X_t\}$ e di pesi $\{h_j\}$, che devono essere scelti per modificare $\{Y_t\}$, dipendono dalle caratteristiche dell'evento eccezionale e dal suo impatto sulla serie.

Se l'evento inusuale non modifica il livello della serie $\{Y_t\}$, nel senso che $E(Y_t)=0$ per $t\leq T$ e ancora $E(Y_t)\to 0$ per $t\to\infty$, allora un input appropriato è la funzione impulso definita come:

$$X_t = P_t(T) = \begin{cases} 1 & se \quad t=T \\ 0 & se \quad t\neq T \end{cases} \qquad (5.3.2)$$

Se, invece, $E(Y_t)=0$ per $t\leq T$ e ancora $E(Y_t)\to c\neq 0$ per $t\to\infty$, allora la funzione $\{X_t\}$ appropriata è la funzione a gradini (step function) definita come:

$$X_t = S_t(T) = \begin{cases} 1 & se \quad t\geq T \\ 0 & se \quad t<T \end{cases} \qquad (5.3.3)$$

Infatti, $S_t(T)-S_{t-1}(T)=(1-B)S_t(T)=P_t(T)$;   allora

$$S_t(T) = \sum_{j=0}^{\infty} P_{t-j}(T) = \sum_{j=0}^{\infty} P_t(T+j).$$

Una volta scelta la funzione deterministica, $P_t(T)$ o $S_t(T)$, la stima del filtro lineare $\{h_j\}$ può essere semplificata approssimando l'operatore $H(B)=\sum_{j=0}^{\infty} h_j B^j$ con un operatore razionale della forma:

$$T(B) = \frac{B^b W(B)}{V(B)} \qquad (5.3.4)$$

dove b è chiamato parametro di ritardo del filtro $T(B)$ ed è dato dall'ordine del ritardo in corrispondenza del quale si ha il primo valore significativo della funzione di correlazione incrociata fra l'input e l'output.

$W(B)$ e $V(B)$ sono polinomi della forma:

$$W(B) = w_0 + w_1 B + ... + w_q B^q \qquad (5.3.5)$$

e

$$V(B) = 1 - v_1 B - ... - v_p B^p . \qquad (5.3.6)$$

A seconda dei valori di b, p e q e dei coefficienti w_j e v_j, il termine di intervento $H(B)X_t$ può prendere una varietà di forme funzionali.

I seguenti modelli sono frequentemente utilizzati per i dati anomali, sia di tipo additivo, nel senso che non modificano il livello della serie, sia di tipo moltiplicativo, nel cui caso si incorporano nella struttura successiva della serie:

1) Per un dato anomalo additivo al tempo $t = t_0$, possiamo usare il modello

$$H(B)X_t = wP_t(t_0) = \begin{cases} w & t = t_0 \\ 0 & t \neq t_0 \end{cases} \qquad (5.3.7)$$

dove w rappresenta l'effetto del dato anomalo. Un outlier additivo può essere un errore di codifica al tempo $t = t_0$, uno sciopero che influenza l'osservazione al tempo $t = t_0$ o semplicemente un evento inusuale al tempo $t = t_0$. In questo caso $H(B)=w$ è il tipo di intervento e $X_t = P_t(t_0)$ è la funzione impulso.

2) Per un outlier additivo stagionale a partire dal tempo $t = t_0$, possiamo usare il modello,

$$H(B)X_t = wP_t(t_0 + ks) = \begin{cases} w & t = t_0, t_0 + s, t_0 + 2s,... \\ 0 & altrimenti \end{cases} \qquad (5.3.8)$$

dove w misura il fenomeno che si verifica ai tempi $t = t_0, t_0 + s, t_0 + 2s,....$ I dati anomali additivi stagionali si applicano a serie che hanno una componente stagionale su una singola frequenza, ad esempio il mese di febbraio in anni bisestili in serie di flusso oppure serie mensili in cui solo un mese contiene un effetto stagionale.

3) Per dati anomali additivi di riallocazione per il periodo $t = t_0, t_0 + 1, ..., t_0 + k$, possiamo usare il modello,

$$H(B)X_t = w_0 P_t(t_0) + \sum_{i=1}^{k} w_i P_t(t_0 + i) =$$

$$= \begin{cases} w_0 = -\displaystyle\sum_{i=1}^{k} w_i & t = t_0 \\[2mm] w_1 & t = t_0 + 1 \\ \vdots \\ w_k & t = t_0 + k \\ 0 & \textit{altrimenti} \end{cases} \qquad (5.3.9)$$

dove i pesi $w = (w_0, ..., w_k)$ misurano le anomalie che influenzano la serie durante i $k+1$ periodi $t_0, t_0 + 1, ..., t_0 + k$. L'effetto globale è tale che la somma delle anomalie è nulla. Questo modello è usato per campagne promozionale il cui effetto netto sulle vendite è nullo perché le vendite sono semplicemente spostate in avanti, oppure per un aumento nelle scorte di un prodotto prima di uno sciopero.

4) Per un cambiamento repentino al tempo $t = t_0$, possiamo usare il modello,

$$H(B)X_t = wS_t(t_0) = \frac{w}{1-B} P_t(t_0) \begin{cases} w & t \geq t_0 \\ 0 & t < t_0 \end{cases} \qquad (5.3.10)$$

dove w rappresenta la differenza tra il livello della serie prima e dopo il tempo $t = t_0$. Questo modello è usato per stimare l'effetto dell'introduzione di nuovi regolamenti, di cambiamenti nelle definizioni oppure l'effetto di una traslazione nel livello della serie al tempo $t = t_0$. Si noti che

$$\frac{w}{1-B} P_t(t_0) = w(1 + B + B^2 + ...) P_t(t_0) =$$

$$= \sum_{j=0}^{\infty} wB^j P_t(t_0) = \sum_{j=0}^{\infty} wP_{t-j}(t_0) = \sum_{j=0}^{\infty} wP_t(t_0 + j)$$

$$(5.3.10a)$$

5) Per un salto transitorio al tempo $t = t_0$, possiamo usare il modello:

$$H(B)X_t = \frac{w}{1-\delta B}P_t(t_0) = \begin{cases} 0 & t < t_0 \\ w & t = t_0 \\ \delta w & t = t_0 + 1 \\ \vdots & \vdots \\ \delta^k w & t = t_0 + k \end{cases} \qquad (5.3.11)$$

dove w rappresenta l'effetto iniziale e δ rappresenta il tasso di decremento ($0 \leq \delta \leq 1$). Quindi c'è un salto improvviso di ampiezza w al tempo $t = t_0$ con un ritorno (con passo geometrico) al livello iniziale. Infatti, seguendo lo stesso procedimento visto nella (5.3.10a) si dimostra che:

$$\frac{w}{1-\delta B}P_t(t_0) = \sum_{j=0}^{\infty} w\delta^j P_t(t_0 + j).$$

6) Per un cambiamento graduale al tempo $t = t_0$, possiamo usare il modello,

$$H(B)X_t = \frac{w}{1-\delta B}S_t(t_0) =$$

$$= \begin{cases} 0 & t < t_0 \\ w & t = t_0 \\ w(1+\delta) & t = t_0 + 1 \\ \vdots & \vdots \\ w(1+\delta+...+\delta^k) & t = t_0 + k \\ \vdots & \vdots \end{cases} \qquad (5.3.12)$$

dove w rappresenta l'effetto iniziale e δ rappresenta il tasso di decremento dell'incremento ($0 \leq \delta \leq 1$). Quindi c'è un salto graduale di ampiezza w al tempo $t = t_0$ con incremento decrescente fino al salto finale di ampiezza $w/(1-\delta)$. Seguendo ancora lo stesso procedimento della (5.3.10a), si dimostra che $\dfrac{w}{1-\delta B}S_t(t_0) = \sum_{j=0}^{\infty} w\delta^j S_t(t_0 + j)$. Se si

utilizza l'espressione $S_t(t_0 + j) = \sum_{j=0}^{\infty} P_t(t_0 + j)$, si ottiene

$\sum_{j=0}^{\infty}(1 + \delta + \delta^2 + ... + \delta^j)wP_t(t_0 + j)$, cioè una serie di impulsi $(1+\delta+\delta^2+...+\delta^j)w$ al tempo t_0+j per $j=0,1,2,....$

7) Per un salto graduale con pendenza deterministica al tempo $t = t_0$, possiamo usare il modello,

$$H(B)X_t = \frac{w}{1-B} S_t(t_0) = \begin{cases} 0 & t < t_0 \\ w & t = t_0 \\ 2w & t = t_0 + 1 \\ \vdots & \vdots \\ kw & t = t_0 + k \end{cases} \qquad (5.3.13)$$

dove w rappresenta la pendenza della retta deterministica. Quindi c'è una tendenza lineare nella serie a partire dal tempo $t = t_0$.

In generale, se $H(B)X_t = H(B)P_t(T)$ l'intervento si dice additivo nel senso che non modificherà il livello della serie. Invece, se

$$H(B)X_t = H(B)S_t(T) = \frac{H(B)}{1-B} P_t(T)$$ l'intervento si dice moltiplicativo

(o permanente) nel senso che modificherà la struttura della serie a partire dal verificarsi dell'evento al tempo T. Quindi la (5.3.1) risulta $(1-B)Y_t = H(B)P_t(T) + (1-B)N_t$.

Capitolo 6[*]
Stima di modelli *ARIMA*

6.1 Stima di massima verosimiglianza[*]

Una volta identificato un modello $ARIMA(p,d,q)$ sulla base delle osservazioni a disposizione, si procede a stimarne i parametri. Box e Jenkins (1970) consigliano di ricorrere alle stime di massima verosimiglianza che presentano buone proprietà asintotiche. Generalmente è necessario rivolgersi a una qualche procedura iterativa per calcolare tali stime.

Indichiamo con $\{X_t\}$ un processo $ARIMA(p,d,q)$ in cui abbiamo incluso un termine costante θ_0 e con $\{W_t = \nabla^d X_t\}$ il corrispondente processo $ARMA(p,q)$.

L'espressione formale del modello $ARMA(p,q)$ è, come noto:

$$W_t = \theta_0 + \phi_1 W_{t-1} + \phi_2 W_{t-2} + ... +$$
$$+\phi_p W_{t-p} + a_t - \theta_1 a_{t-1} - \theta_2 a_{t-2} - ... - \theta_q a_{t-q} \tag{6.1.1}$$

con $\{a_t\}$ white noise. Sia $\tau = \left(\theta_0, \phi_1, ..., \phi_p, \theta_1, ..., \theta_q, \sigma_a^2\right)'$ il vettore dei parametri da stimare.

Il metodo di stima della massima verosimiglianza richiede la specificazione della distribuzione del processo white noise $\{a_t\}$.

Generalmente si assume che $\{a_t\}$ sia un processo white noise normale:

$$\{a_t\} \sim I.I.D \ N(0, \sigma_a^2).$$

Il calcolo delle stime di massima verosimiglianza si esplica in due passi, il primo dei quali consiste nella costruzione della funzione di verosimiglianza, così indicata:

$$f_{W_1, W_2, ..., W_n}(w_1, w_2, ..., w_n; \tau) = f(\tau). \tag{6.1.2}$$

La verosimiglianza è funzione del vettore dei parametri τ e indica la plausibilità dei diversi valori di τ, dato l'insieme di osservazioni di cui si dispone.

Il secondo passo consiste nella determinazione del valore di τ che massimizza $f(\tau)$. Tale valore definisce la stima di **massima verosimiglianza** di τ, indicata con $\hat{\tau}$.

In questo capitolo ci concentriamo sulla costruzione delle funzioni di verosimiglianza per diversi processi *ARMA* gaussiani, mentre non sono trattati i metodi di ottimizzazione numerica a cui è, in genere, necessario rivolgersi per la massimizzazione della funzione di verosimiglianza.

6.2 Funzione di verosimiglianza per un processo *AR*(1) gaussiano*

Un processo $AR(1)$ gaussiano presenta la seguente espressione formale:

$$W_t = \theta_0 + \phi W_{t-1} + a_t \tag{6.2.1}$$

con $\{a_t\} \sim I.I.D\ N(0,\ \sigma_a^2)$. Il vettore dei parametri da stimare è dato da

$$\tau = \left(\theta_0, \phi, \sigma_a^2\right)'.$$

W_1, la variabile aleatoria da cui proviene la prima osservazione w_1, ha distribuzione normale con media $E(W_1) = \mu = \theta_0/(1-\phi)$ e varianza $Var(W_1) = \sigma_a^2/(1-\phi^2)$.

La sua funzione di densità è quindi data da:

$$f_{W_1}(w_1;\tau) = f_{W_1}\left(w_1;\theta_0,\phi,\sigma^2\right) =$$

$$= \frac{1}{\sqrt{2\pi}\sqrt{\sigma_a^2/(1-\phi^2)}} \exp\left[\frac{-\left\{w_1 - [\theta_0/(1-\phi)]\right\}^2}{2\sigma_a^2/(1-\phi^2)}\right] \tag{6.2.2}$$

Si consideri ora la distribuzione della variabile aleatoria W_2 condizionata all'aver osservato $W_1 = w_1$ al tempo $t = 1$. Dal processo (6.2.1) si ricava $W_2 = \theta_0 + \phi W_1 + a_2$ con valore atteso condizionato a $W_1 = w_1$ dato da $(\theta_0 + \phi w_1)$. Si ha quindi:

$$\{W_2|W_1 = w_1\} \sim N\left((\theta_0 + \phi w_1), \sigma_a^2\right)$$

ovvero

$$f_{W_2|W_1}(w_2|w_1;\tau) = \frac{1}{\sqrt{2\pi\sigma_a^2}} exp\left[\frac{-(w_2 - \theta_0 - \phi w_1)^2}{2\sigma_a^2}\right]. \tag{6.2.3}$$

La densità congiunta delle osservazioni 1 e 2 è data dal prodotto della (6.2.2) e della (6.2.3):

$$f_{W_1,W_2}(w_1,w_2;\tau) = f_{W_2|W_1}(w_2|w_1;\tau)f_{W_1}(w_1;\tau). \tag{6.2.4}$$

Allo stesso modo si ricava la funzione di densità della variabile aleatoria W_3 condizionata all'aver osservato $W_1 = w_1$ e $W_2 = w_2$:

$$f_{W_3|W_1,W_2}(w_3|w_1,w_2;\tau) = \frac{1}{\sqrt{2\pi\sigma_a^2}} exp\left[\frac{-(w_3 - \theta_0 - \phi w_2)^2}{2\sigma_a^2}\right]. \tag{6.2.5}$$

La densità congiunta delle prime tre osservazioni sarà data da:

$$f_{W_1,W_2,W_3}(w_1,w_2,w_3;\tau) = f_{W_3|W_1,W_2}(w_3|w_1,w_2;\tau)f_{W_1,W_2}(w_1,w_2;\tau). \quad (6.2.6)$$

Si noti che le variabili W_1, W_2, ..., W_{t-1} influenzano W_t solo attraverso l'osservazione al periodo precedente, W_{t-1}. La densità della variabile aleatoria W_t condizionata alle precedenti t-1 osservazioni è data da:

$$f_{W_t|W_1,W_2,...,W_{t-1}}(w_t|w_1,w_2,...,w_{t-1};\tau) = f_{W_t|W_{t-1}}(w_t|w_{t-1};\tau) =$$

$$= \frac{1}{\sqrt{2\pi\sigma_a^2}}\exp\left[\frac{-(w_t-\theta_0-\phi w_{t-1})^2}{2\sigma_a^2}\right], \quad (6.2.7)$$

mentre la densità congiunta delle prime t variabili aleatorie, da:

$$f_{W_1,W_2,...,W_{t-1},W_t}(w_1,w_2,...,w_{t-1},w_t;\tau) =$$

$$= f_{W_t|W_{t-1}}(w_t|w_{t-1};\tau)f_{W_1,W_2,...,W_{t-1}}(w_1,w_2,...,w_{t-1};\tau). \quad (6.2.8)$$

La funzione di verosimiglianza dell'intero campione è quindi così costruita:

$$f_{W_1,W_2,...,W_n}(w_1,w_2,...,w_n;\tau) = f_{W_1}(w_1;\tau)\cdot\prod_{t=2}^{n} f_{W_t|W_{t-1}}(w_t|w_{t-1};\tau). \quad (6.2.9)$$

Spesso risulta più agevole considerare la trasformata logaritmica della funzione di verosimiglianza, che, essendo una funzione monotona, ha un punto di massimo corrispondente al punto di massimo della funzione originaria. La funzione di log-verosimiglianza è data da:

$$l(\tau) = \log f_{W_1}(w_1;\tau) + \sum_{t=2}^{n}\log f_{W_t|W_{t-1}}(w_t|w_{t-1};\tau). \quad (6.2.10)$$

Sostituendo la (6.2.2) e la (6.2.7) nella (6.2.10), si ricava la funzione di log-verosimiglianza per un campione di n osservazioni generate da un processo $AR(1)$ gaussiano:

$$l(\tau) = -\frac{1}{2}\log(2\pi) - \frac{1}{2}\log\left[\sigma_a^2/(1-\phi^2)\right] - \frac{\left\{w_1-\left[\theta_0/(1-\phi)\right]\right\}^2}{2\sigma_a^2/(1-\phi^2)} +$$

$$-\left[(n-1)/2\right]\log(2\pi) - \left[(n-1)/2\right]\log(\sigma_a^2) + \quad (6.2.11)$$

$$-\sum_{t=2}^{n}\left[\frac{(w_t-\theta_0-\phi w_{t-1})^2}{2\sigma_a^2}\right]$$

Per costruire tale funzione di log-verosimiglianza si è espressa W_t come somma della previsione ottima $E(W_t|W_1,W_2,...,W_{t-1}) = E(W_t|W_{t-1}) = (\theta_0+\phi W_{t-1})$, che minimizza l'errore quadratico medio, di W_t date $W_1,W_2,...,W_{t-1}$, e dell'errore di previsione $W_t-\theta_0-\phi W_{t-1} = a_t$. La (6.2.7) può essere interpretata come la distribuzione dell'errore di previsione. Essendo tale errore indipendente dalle osservazioni precedenti per costruzione, il logaritmo della sua densità è semplicemente sommato alla log-verosimiglianza delle osservazioni precedenti. L'approccio seguito per giungere alla definizione della funzione di verosimiglianza è noto come **scomposizione dell'errore di previsione**.

Lo stimatore di massima verosimiglianza di τ, per un processo $AR(1)$ gaussiano, è dato dal valore di τ che massimizza la (6.2.11). Per determinare tale valore è necessario differenziare la (6.2.11) ed uguagliare a zero il sistema di equazioni risultanti. Tali equazioni sono però non lineari in τ e $(w_1, w_2, ..., w_n)$, rendendo necessario ricorrere a procedure iterative di ottimizzazione per massimizzare la (6.2.11).

Una alternativa alla massimizzazione numerica della funzione di verosimiglianza consiste nel massimizzare la funzione di verosimiglianza condizionata alla prima osservazione, che viene considerata deterministica. Ciò porta all'ottenimento delle stime di massima verosimiglianza condizionate. La funzione di verosimiglianza condizionata è data da:

$$f_{W_2,...,W_n|W_1}\left(w_2,...,w_n \middle| w_1; \tau\right) = \prod_{t=2}^{n} f_{W_t|W_{t-1}}\left(w_t \middle| w_{t-1}; \tau\right)$$

e la sua trasformata logaritmica da:

$$\log f_{W_2,...,W_n|W_1}\left(w_2,...,w_n \middle| w_1; \tau\right) =$$

$$= -\left[(n-1)/2\right]\log(2\pi) - \left[(n-1)/2\right]\log\left(\sigma_a^2\right) - \sum_{t=2}^{n}\left[\frac{\left(w_t - \theta_0 - \phi w_{t-1}\right)^2}{2\sigma_a^2}\right] \quad (6.2.12)$$

La massimizzazione della (6.2.12) rispetto a θ_0 e ϕ equivale alla minimizzazione della somma di quadrati:

$$\sum_{t=2}^{n}\left(w_t - \theta_0 - \phi w_{t-1}\right)^2 \quad (6.2.13)$$

che è ottenuta stimando con i minimi quadrati θ_0 e ϕ nel modello (6.2.1), visto come modello di regressione di w_t su θ_0 e w_{t-1}.

La stima di massima verosimiglianza condizionata della varianza σ_a^2 si ottiene derivando la (6.2.12) rispetto a σ_a^2 e ponendo il risultato uguale a zero. Si ottiene:

$$\hat{\sigma}_a^2 = \sum_{t=2}^{n}\left[\frac{\left(w_t - \hat{\theta}_0 - \hat{\phi} w_{t-1}\right)^2}{n-1}\right]. \quad (6.2.14)$$

A differenza delle stime di massima verosimiglianza esatte, le stime di massima verosimiglianza condizionate sono quindi facili da ottenere. Inoltre se la dimensione campionaria n è sufficientemente elevata, la prima osservazione determina un contributo trascurabile alla funzione di verosimiglianza dell'intero campione.

Se $|\phi| < 1$, si dimostra che le stime di massima verosimiglianza esatte e condizionate hanno la stessa distribuzione asintotica e sono consistenti. Quando $|\phi| \geq 1$ la massimizzazione della verosimiglianza condizionata continua a fornire stime consistenti, mentre ciò non vale per la massimizzazione della (6.2.11), in quanto in tale situazione la (6.2.2) non descrive in maniera accurata la densità di W_1. Per le ragioni viste, nella maggior parte delle applicazioni, i parametri del processo autoregressivo sono stimati con i minimi quadrati.

6.3 Funzione di verosimiglianza per un processo *AR(p)* gaussiano[*]

Un processo $AR(p)$ gaussiano presenta la seguente espressione formale:

$$W_t = \theta_0 + \phi_1 W_{t-1} + \phi_2 W_{t-2} + ... + \phi_p W_{t-p} + a_t \tag{6.3.1}$$

con $\{a_t\} \sim I.I.D.\ N(0,\ \sigma_a^2)$. Il vettore dei parametri da stimare è dato da

$$\tau = \left(\theta_0, \phi_1, \phi_2, ..., \phi_p, \sigma_a^2\right)'.$$

Sia $w_p = \left(w_1, w_2, ..., w_p\right)'$ il vettore contenente le prime p osservazioni della serie storica. Tale vettore può essere visto come realizzazione del vettore p-dimensionale di variabili aleatorie gaussiane $W_p = \left(W_1, W_2, ..., W_p\right)'$. W_p ha come media il vettore p-dimensionale μ_p di elementi fra loro tutti uguali e pari a $\mu = \theta_0 / \left(1 - \phi_1 - \phi_2 - ... - \phi_p\right)$. Si indichi, poi, con $\sigma_a^2 V_p$ la matrice ($p \times p$) di varianza-covarianza di W_p. La funzione di densità di W_p è quindi data da:

$$f_{W_1, W_2, ..., W_p}\left(w_1, w_2, ..., w_p; \tau\right) =$$

$$= (2\pi)^{-p/2} \left(\sigma_a^{-2}\right)^{p/2} \left|V_p^{-1}\right|^{1/2} \exp\left[-\frac{1}{2\sigma_a^2}\left(w_p - \mu_p\right)' V_p^{-1} \left(w_p - \mu_p\right)\right]. \tag{6.3.2}$$

Per le rimanenti osservazioni campionarie, $\left(w_{p+1}, w_{p+2}, ..., w_n\right)$, si può utilizzare l'espressione della funzione di verosimiglianza basata sulla **scomposizione dell'errore di previsione**. Condizionatamente alle prime $(t - 1)$ osservazioni, la t-esima variabile aleatoria W_t è gaussiana con media $\theta_0 + \phi_1 w_{t-1} + \phi_2 w_{t-2} + ... + \phi_p w_{t-p}$, e varianza σ_a^2. Solo le p più recenti osservazioni influenzano la distribuzione di W_t, quindi per $t > p$,

$$f_{W_t|W_1,W_2,...,W_{t-1}}\left(w_t \,\middle|\, w_1, w_2, ..., w_{t-1}; \tau\right) =$$

$$= f_{W_t|W_{t-p},W_{t-p+1},...,W_{t-1}}\left(w_t \,\middle|\, w_{t-p}, w_{t-p+1}, ..., w_{t-1}; \tau\right)$$

$$= \frac{1}{\sqrt{2\pi\sigma_a^2}} \exp\left[\frac{-\left(w_t - \theta_0 - \phi_1 w_{t-1} - \phi_2 w_{t-2} - ... - \phi_p w_{t-p}\right)^2}{2\sigma_a^2}\right] \qquad (6.3.3)$$

La verosimiglianza dell'intero campione è data da:

$$f_{W_1,W_2,...,W_n}\left(w_1, w_2, ..., w_n; \tau\right) =$$

$$= f_{W_1,W_2,...,W_p}\left(w_1, w_2, ..., w_p; \tau\right) \cdot \qquad (6.3.4)$$

$$\prod_{t=p+1}^{n} f_{W_t|W_{t-p},W_{t-p+1},...,W_{t-1}}\left(w_t \,\middle|\, w_{t-p}, w_{t-p+1}, ..., w_{t-1}; \tau\right)$$

da cui si ricava la funzione di log-verosimiglianza:

$$\begin{aligned}
l(\tau) \;=\; & \log f_{W_1,W_2,...,W_n}\left(w_1, w_2, ..., w_n; \tau\right) \\[6pt]
& -\frac{p}{2}\log(2\pi) - \frac{p}{2}\log\left(\sigma_a^2\right) + \\[6pt]
=\quad & +\frac{1}{2}\log\left|V_p^{-1}\right| - \frac{1}{2\sigma_a^2}\left(w_p - \mu_p\right)'V_p^{-1}\left(w_p - \mu_p\right) \\[6pt]
& -\frac{n-p}{2}\log(2\pi) - \frac{n-p}{2}\log\left(\sigma_a^2\right) + \\[6pt]
& -\sum_{t=p+1}^{n} \frac{\left(w_t - \theta_0 - \phi_1 w_{t-1} - \phi_2 w_{t-2} - ... - \phi_p w_{t-p}\right)^2}{2\sigma_a^2}
\end{aligned} \qquad (6.3.5)$$

Per massimizzare la funzione di log-verosimiglianza (6.3.5) è necessario ricorrere a procedure di ottimizzazione numerica. Al contrario la funzione di log-verosimiglianza condizionata alle prime p osservazioni assume la forma semplificata:

$$\log f_{W_{p+1},W_{p+2},...,W_n|W_1,W_2,...,W_p}\left(w_{p+1}, w_{p+2}, ..., w_n \,\middle|\, w_1, w_2, ..., w_p; \tau\right) =$$

$$= -\frac{n-p}{2}\log(2\pi) - \frac{n-p}{2}\log\left(\sigma_a^2\right) + \qquad (6.3.6)$$

$$-\sum_{t=p+1}^{n} \frac{\left(w_t - \theta_0 - \phi_1 w_{t-1} - \phi_2 w_{t-2} - ... - \phi_p w_{t-p}\right)^2}{2\sigma_a^2}$$

I valori di $\theta_0, \phi_1, \phi_2, ..., \phi_p$ che massimizzano la (6.3.6) sono gli stessi che minimizzano la somma dei quadrati:

$$\sum_{t=p+1}^{n} \left(w_t - \theta_0 - \phi_1 w_{t-1} - \phi_2 w_{t-2} - \ldots - \phi_p w_{t-p} \right)^2 . \tag{6.3.7}$$

Le stime di massima verosimiglianza condizionate sono quindi ottenute stimando con i minimi quadrati $\theta_0, \phi_1, \phi_2, \ldots, \phi_p$ nel modello (6.3.1) visto come modello di regressione di w_t su θ_0 e $w_{t-1}, w_{t-2}, \ldots, w_{t-p}$.

La stima di massima verosimiglianza condizionata di σ_a^2 è data da:

$$\hat{\sigma}_a^2 = \sum_{t=2}^{n} \left[\frac{\left(w_t - \hat{\theta}_0 - \hat{\phi}_1 w_{t-1} - \hat{\phi}_p w_{t-p} - \ldots - \hat{\phi}_p w_{t-p} \right)^2}{n-p} \right] . \tag{6.3.8}$$

Anche per un processo $AR(p)$ stazionario gaussiano le stime di massima verosimiglianza esatte e condizionate presentano la stessa distribuzione asintotica.

6.4 Funzione di verosimiglianza per un processo *MA(1)* gaussiano[*]

Come si è visto, il calcolo della funzione di verosimiglianza per un processo autoregressivo di ordine p, $p \geq 1$, risulta semplificato se si condiziona ai valori iniziali $w_1, w_2, \ldots, w_p$. Ciò porta all'ottenimento di uno stimatore lineare di massima verosimiglianza di $\theta_0, \phi_1, \phi_2, \ldots, \phi_p$.

Parallelamente, il calcolo della funzione di verosimiglianza per un processo media mobile risulta semplificato se si condiziona ai valori iniziali assunti dalla componente aleatoria a_t, sebbene lo stimatore risultante sia ancora non lineare e debba essere ottenuto facendo ricorso ad una procedura di ottimizzazione numerica.

Si consideri un processo *MA(1)* gaussiano:

$$W_t = \mu + a_t - \theta a_{t-1} \tag{6.4.1}$$

con $\{a_t\}$ processo white noise gaussiano. Il vettore dei parametri da stimare è $\tau = \left(\mu, \theta, \sigma_a^2 \right)'$.

Se il valore di a_{t-1} fosse conosciuto con certezza, allora

$$\{W_t | a_{t-1}\} \sim N\left((\mu - \theta a_{t-1}), \sigma_a^2 \right).$$

Assumendo a_0 pari a zero, allora

$$\{W_1 | a_0\} \sim N\left(\mu, \sigma_a^2 \right).$$

Date l'assunzione su a_0 e l'osservazione $W_1 = w_1$, il valore di a_1 risulta conosciuto con certezza e pari a:

$$a_1 = w_1 - \mu.$$
(6.4.2)

La conoscenza di a_1 e l'osservazione $W_2 = w_2$ permettono di ottenere a_2 come:

$$a_2 = w_2 - \mu + \theta a_1.$$
(6.4.3)

Procedendo in questo modo si ricava che l'assunzione $a_0 = 0$ permette di calcolare l'intera sequenza $\{a_1, a_2, ..., a_n\}$ nel seguente modo:

$$a_t = w_t - \mu + \theta a_{t-1}$$
(6.4.4)

per $t = 1, 2, ..., n$.

La densità condizionata della t-esima variabile aleatoria è quindi data da:

$$f_{W_t \mid W_1, W_2, ..., W_{t-1}, a_0 = 0}\left(w_t \mid w_1, w_2, ..., w_{t-1}, a_0 = 0; \tau\right) =$$

$$= f_{W_t \mid a_{t-1}}\left(w_t \mid a_{t-1}; \tau\right) = \frac{1}{\sqrt{2\pi\sigma_a^2}}\exp\left[\frac{-a_t^2}{2\sigma_a^2}\right],$$
(6.4.5)

da cui si ricava la seguente espressione per la funzione di verosimiglianza condizionata dell'intero campione

$$f_{W_1, W_2, ..., W_n \mid a_0 = 0}\left(w_1, w_2, ..., w_n \mid a_0 = 0; \tau\right) =$$

$$= f_{W_1 \mid a_0 = 0}\left(w_1 \mid a_0 = 0; \tau\right) \cdot \prod_{t=2}^{n} f_{W_t \mid a_{t-1}}\left(w_t \mid a_{t-1}; \tau\right).$$
(6.4.6)

La funzione di log-verosimiglianza condizionata è pari a:

$$l(\tau) = \log f_{W_1, W_2, ..., W_n \mid a_0 = 0}\left(w_1, w_2, ..., w_n \mid a_0 = 0; \tau\right) =$$

$$= -\frac{n}{2}\log(2\pi) - \frac{n}{2}\log\left(\sigma_a^2\right) - \sum_{t=1}^{n}\frac{a_t^2}{2\sigma_a^2}.$$
(6.4.7)

La massimizzazione della (6.4.7) equivale alla minimizzazione, rispetto a μ e θ, della somma dei quadrati $\sum_{t=1}^{n} a_t^2$ condizionata. Per un particolare valore di τ si calcolerà quindi, sulla base della (6.4.4), la sequenza degli a_t determinata dai dati. E' importante notare che a_t non è più un termine di disturbo, ma è un residuo il cui valore dipende da τ.

A fini pratici non è molto rilevante che l'assunzione $a_0 = 0$ sia vera. Si noti, però, che nel caso in cui a_0 sia una componente aleatoria, l'approssimazione della verosimiglianza esatta effettuata dalla verosimiglianza condizionata è valida solo se il processo è invertibile, ovvero solo se $|\theta| < 1$. In tale situazione, la differenza fra le funzioni di verosimiglianza esatta e condizionata diventa trascurabile all'aumentare di n.

Per calcolare la funzione di verosimiglianza esatta di un processo $MA(1)$ gaussiano si può ricorrere al filtro di Kalman o alla fattorizzazione triangolare della matrice di varianza-covarianza. Si descrive ora questo secondo metodo.

Sia $w = (w_1, w_2, ..., w_n)$ il vettore contenente le n osservazioni che costituiscono la serie storica. Tale vettore può essere visto come la realizzazione di un vettore n-dimensionale di variabili aleatorie gaussiane $W = (W_1, W_2, ..., W_n)$. W ha come media il vettore n-dimensionale $\mu = (\mu, \mu, ..., \mu)$ e come matrice di varianza-covarianza $\Omega = E(W - \mu)(W - \mu)'$. Tale matrice, di dimensioni $(n \times n)$, è data da:

$$\Omega = \sigma_a^2 \begin{bmatrix} (1+\theta^2) & \theta & 0 & ... & 0 \\ \theta & (1+\theta^2) & \theta & ... & 0 \\ 0 & \theta & (1+\theta^2) & ... & 0 \\ \vdots & \vdots & \vdots & ... & \vdots \\ 0 & 0 & 0 & ... & (1+\theta^2) \end{bmatrix}. \qquad (6.4.8)$$

La funzione di verosimiglianza risulta quindi:

$$f_W(w; \tau) = (2\pi)^{-n/2} |\Omega|^{-1/2} \exp\left[-\frac{1}{2}(w-\mu)' \Omega^{-1}(w-\mu)\right]. \qquad (6.4.9)$$

Un'espressione più maneggevole della funzione di verosimiglianza esatta si basa sulla scomposizione dell'errore di previsione che può essere ottenuta dalla fattorizzazione triangolare di Ω, cioè,

$$\Omega = ADA' \qquad (6.4.10)$$

dove A è la matrice triangolare inferiore, con elementi sulla diagonale principale pari a 1, così costruita:

$$A = \begin{bmatrix} 1 & 0 & 0 & \cdots & 0 & 0 \\ \dfrac{\theta}{1+\theta^2} & 1 & 0 & \cdots & 0 & 0 \\ 0 & \dfrac{\theta(1+\theta^2)}{1+\theta^2+\theta^4} & 1 & \cdots & 0 & 0 \\ \vdots & \vdots & \vdots & \cdots & \vdots & \vdots \\ 0 & 0 & 0 & \cdots & \dfrac{\theta[1+\theta^2+\theta^4+...+\theta^{2(n-2)}]}{1+\theta^2+\theta^4+...+\theta^{2(n-1)}} & 1 \end{bmatrix} \qquad (6.4.11)$$

e D è una matrice diagonale il cui t-esimo elemento diagonale è dato da:

$$d_{tt} = \sigma_a^2 \frac{1+\theta^2+\theta^4+...+\theta^{2t}}{1+\theta^2+\theta^4+...+\theta^{2(t-1)}}. \qquad (6.4.12)$$

Sostituendo la (6.4.10) nella (6.4.9) si ottiene:

$$f_W(w;\tau) = (2\pi)^{-n/2} |ADA|^{-1/2} \exp\left[-\frac{1}{2}(w-\mu)'[A']^{-1}D^{-1}A^{-1}(w-\mu)\right]. \qquad (6.4.13)$$

Dato che $|A|=1$, $|ADA'|=|A|\cdot|D|\cdot|A'|=|D|=\prod_{t=1}^{n}d_{tt}$.

Definendo $\widetilde{w} \equiv A^{-1}(w-\mu)$, la verosimiglianza (6.4.13) può essere così espressa:

$$f_W(w;\tau) = (2\pi)^{-n/2}\left[\prod_{t=1}^{n}d_{tt}\right]^{-1/2}\exp\left[-\frac{1}{2}\widetilde{w}'D^{-1}\widetilde{w}\right] =$$
$$= (2\pi)^{-n/2}\left[\prod_{t=1}^{n}d_{tt}\right]^{-1/2}\exp\left[-\frac{1}{2}\sum_{t=1}^{n}\frac{\widetilde{w}_t^2}{d_{tt}}\right] \qquad (6.4.14)$$

La funzione di log-verosimiglianza esatta per un processo $MA(1)$ gaussiano risulta quindi data da:

$$l(\tau) = \log f_W(w;\tau) = -\frac{n}{2}\log(2\pi) - \frac{1}{2}\sum_{t=1}^{n}\log(d_{tt}) - \frac{1}{2}\sum_{t=1}^{n}\frac{\widetilde{w}_t^2}{d_{tt}}. \qquad (6.4.15)$$

Il calcolo della funzione di log-verosimiglianza esatta è sempre computazionalmente più oneroso del calcolo della funzione di log-verosimiglianza condizionata. Si noti, però, che l'espressione ottenuta per la funzione di log-verosimiglianza esatta è valida anche se θ è associato ad un processo $MA(1)$ non invertibile, a differenza di quanto visto per la funzione di log-verosimiglianza condizionata.

6.5 Funzione di verosimiglianza per un processo *MA(q)* gaussiano[*]

La funzione di log-verosimiglianza condizionata di un processo $MA(q)$,

$$W_t = \mu + a_t - \theta_1 a_{t-1} - \theta_2 a_{t-2} - ... - \theta_q a_{t-q}, \qquad (6.5.1)$$

può essere costruita assumendo che i primi q valori della componente di disturbo siano pari a zero:

$$a_0 = a_{-1} = ... = a_{-q+1} = 0.$$

E' così possibile calcolare l'intera sequenza $\{a_1, a_2, ..., a_n\}$ nel seguente modo:

$$a_t = w_t - \mu + \theta_1 a_{t-1} + \theta_2 a_{t-2} + ... + \theta_q a_{t-q} \qquad (6.5.2)$$

per $t = 1, 2, ..., n$.

Sia $a_0 = \left(a_0, a_{-1}, ..., a_{-q+1}\right)'$. La funzione di log-verosimiglianza condizionata è quindi data da:

$$l(\tau) = \log f_{W_1, W_2, ..., W_n | a_0 = 0}\left(w_1, w_2, ..., w_n | a_0 = 0; \tau\right) =$$

$$= -\frac{n}{2}\log(2\pi) - \frac{n}{2}\log\left(\sigma_a^2\right) - \sum_{t=1}^{n} \frac{a_t^2}{2\sigma_a^2} \qquad (6.5.3)$$

dove $\tau = \left(\mu, \theta_1, \theta_2, ..., \theta_q, \sigma_a^2\right)'$.

Come visto per il processo *MA*(1) gaussiano, l'approssimazione della verosimiglianza esatta fornita dalla verosimiglianza condizionata è valida solo se sono soddisfatte le condizioni di invertibilità.

Una formula calcolatoria utile della funzione di verosimiglianza esatta per un processo *MA*(q) può essere ottenuta attraverso la fattorizzazione triangolare della matrice di varianza-covarianza.

6.6 Funzione di verosimiglianza per un processo ARMA(p,q) *

Un processo *ARMA*(p,q) gaussiano presenta la seguente espressione formale:

$$W_t = \theta_0 + \phi_1 W_{t-1} + \phi_2 W_{t-2} + ... + \phi_p W_{t-p} + a_t - \theta_1 a_{t-1} - \theta_2 a_{t-2} - ... - \theta_q a_{t-q}$$

$$(6.6.1)$$

con $\{a_t\}$ processo white noise gaussiano. Il vettore dei parametri da stimare è dato da $\tau = \left(\theta_0, \phi_1, \phi_2, ..., \phi_p, \theta_1, \theta_2, ..., \theta_q, \sigma_a^2\right)'$.

L'approssimazione della funzione di verosimiglianza per un processo autoregressivo di ordine p è stata ottenuta condizionando ai p valori iniziali $w_1, w_2, ..., w_p$, mentre l'approssimazione della funzione di verosimiglianza per un processo media mobile di ordine q condizionando ai q valori iniziali $a_0, a_{-1}, ..., a_{-q+1}$. Una approssimazione comune della funzione di verosimiglianza per un processo *ARMA*(p,q) si ottiene condizionando sia ai valori iniziali di W_t sia ai valori iniziali di a_t.

Assumendo noti i valori iniziali $w_0 \equiv \left(w_0, w_{-1}, ..., w_{-p+1}\right)'$ e $a_0 = \left(a_0, a_{-1}, ..., a_{-q+1}\right)'$, la sequenza $\{a_1, a_2, ..., a_n\}$ può essere calcolata a partire da $\{w_1, w_2, ..., w_n\}$ nel seguente modo:

$$a_t = w_t - \theta_0 - \phi_1 w_{t-1} - \phi_2 w_{t-2} - ... - \phi_p w_{t-p} +$$
$$+\theta_1 a_{t-1} + \theta_2 a_{t-2} + ... + \theta_q a_{t-q} \qquad (6.6.2)$$

$$t = 1, 2, ..., n.$$

La funzione di log-verosimiglianza condizionata è quindi:

$$l(\tau) = \log f_{W_1,W_2,\dots,W_n|W_0,a_0}\left(w_1,w_2,\dots,w_n \mid w_0,a_0;\tau\right) =$$

$$= -\frac{n}{2}\log(2\pi) - \frac{n}{2}\log\left(\sigma_a^2\right) - \sum_{t=1}^{n}\frac{a_t^2}{2\sigma_a^2} \qquad (6.6.3)$$

Box e Jenkins (1976) consigliano di porre i valori iniziali della componente di disturbo pari a zero e i valori iniziali del processo W_t pari ai primi p valori osservati $w_1,w_2,\dots,w_p$. La sequenza ottenuta dalla (6.6.2) è quindi calcolata a partire da $t = p+1$ con valori iniziali fissati pari a $w_0 = w_p = (w_1,w_2,\dots,w_p)$ e $a_0 = (a_p,a_{p-1},\dots,a_{p-q+1}) = 0$. La funzione di log-verosimiglianza risultante è così costruita:

$$l(\tau) = \log f_{W_{p+1},W_{p+2},\dots,W_n|W_0,a_0}\left(w_p,\dots,w_n \mid w_0,a_0;\tau\right) =$$

$$= -\frac{n-p}{2}\log(2\pi) - \frac{n-p}{2}\log\left(\sigma_a^2\right) - \sum_{t=p+1}^{n}\frac{a_t^2}{2\sigma_a^2} \qquad (6.6.4)$$

Come per i processi media mobile, l'approssimazione fornita dalla funzione di verosimiglianza condizionata è valida solo se sono soddisfatte le condizioni di invertibilità.

Il modo più semplice per costruire la funzione di verosimiglianza esatta si basa sull'uso del filtro di Kalman.

Capitolo 7
Previsioni da modelli *ARIMA*

7.1 Fondamenti statistici delle previsioni *ARIMA* e loro rappresentazioni

La previsione rappresenta uno degli obiettivi prioritari nell'analisi delle serie storiche.

La previsione tramite la modellistica *ARIMA* si basa sulle seguenti ipotesi:

a) Al tempo t si suppone di conoscere tutta la storia di $\{Z_t\}=\{X_t-\mu\}$ contenuta nell'insieme di informazioni $I_t=\{Z_t,Z_{t-1},Z_{t-2},...\}$.

b) Il modello *ARIMA* per Z_t è stato correttamente identificato.

c) Sono noti i parametri di tale modello: μ, φ_i $i=1,...,p+d$, θ_j $j=1,...,q$ e σ_a^2.

Nessuna di tali assunzioni è soddisfatta nella pratica, avendo a disposizione un'unica realizzazione finita di Z_t, tuttavia disponendo di un numero generalmente elevato di osservazioni i risultati che si presentano nel seguito non perdono di validità se il modello *ARIMA* è stimato sulla serie $z_1,...,z_n$ con una procedura efficiente.

La previsione per Z_{t+l}, indicata con $\hat{Z}_t(l)$, è definita come il valore atteso condizionato di Z_{t+l} dato I_t. In simboli:

$$\hat{Z}_t(l)=E[Z_{t+l}\mid I_t] \tag{7.1.1}$$

t è detta origine del periodo di previsione e l orizzonte previsivo.

Tale previsione è quella che minimizza l'errore quadratico medio:

$$E[Z_{t+l}-\hat{Z}_t(l)\mid I_t]^2. \tag{7.1.2}$$

La media condizionata è funzione delle variabili casuali contenute in I_t e per esplicitare il previsore ottimale si devono fare ipotesi: (a) sulla funzione di probabilità che segue il processo Z_t; e (b) sulla particolare funzione di I_t utilizzata per la previsione di Z_{t+l}. Si noti che se il previsore $\hat{Z}_t(l)$ è una funzione lineare delle variabili casuali contenute in

I_t si dice che $\hat{Z}_t(l)$ è un **previsore lineare** di Z_{t+l}. Inoltre se Z_t è un processo **gaussiano** si dimostra che la media condizionata è una **funzione lineare** delle variabili casuali contenute in I_t (si veda, ad esempio, Hamilton, 1994, pag. 100).

Evidentemente, per i processi **gaussiani**, i **previsori lineari** i sono **ottimali** perché minimizzano l'errore quadratico medio.

A seconda dell'obiettivo dell'analisi di previsione è utile ricorrere ad una delle tre possibili rappresentazioni discusse nel capitolo 4. Per semplicità nella notazione, utilizzeremo la convenzione che le parentesi quadre implicano che il valore atteso condizionato è valutato rispetto al tempo t. Cioè,

$$E[Z_{t+l} \mid I_t] = [Z_{t+l}]; \qquad E[a_{t+l} \mid I_t] = [a_{t+l}]. \tag{7.1.3}$$

Per un orizzonte previsivo $l>0$, le tre rappresentazioni del modello generale *ARIMA* $\varphi(B)Z_t = \theta(B)a_t$ sono:

1) **previsioni basate sulle differenze o rappresentazione *ARMA***

$$\hat{Z}_t(l) = [Z_{t+l}] = \varphi_1[Z_{t+l-1}] + ... + \varphi_{p+d}[Z_{t+l-p-d}] + $$
$$+ [a_{t+l}] - \theta_1[a_{t+l-1}] - ... - \theta_q[a_{t+l-q}] \tag{7.1.4}$$

Questa rappresentazione viene usata per la stima ricorsiva delle previsioni.

2) **previsioni basate sulla rappresentazione white noise o *MA*(∞)**

$$\hat{Z}_t(l) = [Z_{t+l}] = [a_{t+l}] + \psi_1[a_{t+l-1}] + ... + $$
$$+ \psi_{l-1}[a_{t+1}] + \psi_l[a_t] + \psi_{l+1}[a_{t-1}] + ... \tag{7.1.5}$$

Per un orizzonte previsivo $l > q$, possiamo scrivere la (7.1.5) come segue,

$$\hat{Z}_t(l) = [Z_{t+l}] = \{[a_{t+l}] + \psi_1[a_{t+l-1}] + ... + \psi_{l-1}[a_{t+1}]\} + $$
$$+ \{\psi_l[a_t] + \psi_{l+1}[a_{t-1}] + ...\} \tag{7.1.6}$$

cioè,

$$\hat{Z}_t(l) = [Z_{t+l}] = J_t(l) + C_t(l). \tag{7.1.7}$$

Il primo termine del secondo membro della (7.1.7) è chiamato integrale particolare ed è indicato da $J_t(l)$, mentre il secondo termine è la funzione complementare ed è indicata da $C_t(l)$.

La (7.1.7) indica che la previsione di Z_{t+l} fatta al tempo t è determinata da due componenti:

a) l'integrale particolare $J_t(l)$, non prevedibile al tempo t in quanto funzione di variabili casuali **future** $\{a_{t+j}\}, j > 0$,

b) la funzione complementare $C_t(l)$ già determinata al tempo t in quanto funzione di variabili casuali **passate** e **presente**, $\{a_{t+j}\}, j \le 0$.

Questa rappresentazione viene usata per calcolare la varianza dell'errore di previsione.

3) Previsioni basate sulla rappresentazione *AR*(∞)

$$Z_t(l) = [Z_{t+l}] = \pi_1[Z_{t+l-1}] + \pi_2[Z_{t+l-2}] + \dots + [a_{t+l}]. \qquad (7.1.8)$$

La rappresentazione (7.1.8) viene utilizzata per le previsioni a partire dai valori passati e da altre previsioni fatte a orizzonti minori di l. Si noti che l'errore quadratico medio della previsione è definito in termini del valore atteso condizionato basato su un insieme di informazioni infinito. Comunque, la condizione di invertibilità per i modelli *ARIMA* garantisce che dopo un ritardo k, la dipendenza di Z_{t-j} dai valori precedenti, $j > k$, può essere trascurata. I pesi π descrescono piuttosto velocemente e dunque serie di lunghezza moderata, $Z_t, Z_{t-1}, \dots, Z_{t-k}$, sono necessarie per ottenere previsioni sufficientemente accurate.

Per calcolare i valori attesi condizionati presenti in tutte e tre le rappresentazioni si noti che per ciascun j intero non negativo risulta,

$$
\begin{aligned}
[Z_{t-j}] &= E[Z_{t-j} \mid I_t] = Z_{t-j}, & j=0,1,2,\dots \\[4pt]
[Z_{t+j}] &= E[Z_{t+j} \mid I_t] = \hat{Z}_t(j), & j=1,2,\dots \qquad (7.1.9) \\[4pt]
[a_{t-j}] &= E[a_{t-j} \mid I_t] = Z_{t-j} - \hat{Z}_{t-j-1}(1), & j=0,1,2,\dots \\[4pt]
[a_{t+j}] &= E[a_{t+j} \mid I_t] = 0, & j=1,2,\dots
\end{aligned}
$$

Questo significa che le variabili passate e presente $Z_{t-j}, j=0,1,2,\dots$, non subiscono cambiamenti, mentre le variabili future $Z_{t+j}, j=1,2,\dots$, sono sostituite dalle loro previsioni $\hat{Z}_t(j)$.

Le variabili presente e passate $a_{t-j}, j=0,1,2,\dots$, sono le innovazioni, o errori di previsione ad un orizzonte $Z_{t-j} - \hat{Z}_{t-j-1}(1)$, mentre le variabili future $a_{t+j}, j=1,2,\dots$, sono sostituite dal loro valore atteso condizionato che è nullo.

Esempi usando la forma in equazioni alle differenze

(a) Per il modello *ARIMA(1,1,0)* dato da:

$$(1-\phi B)(1-B)Z_t = a_t \tag{7.1.10}$$

il valore di Z_t al tempo $t+l$ è:

$$(1-\phi B)(1-B)Z_{t+l} = a_{t+l} \tag{7.1.11}$$

che, nella forma di equazioni alle differenze, diventa:

$$Z_{t+l} = (1+\phi)Z_{t+l-1} - \phi Z_{t+l-2} + a_{t+l} \tag{7.1.12}$$

Le previsioni all'origine t sono date da:

$$\hat{Z}_t(1) = (1+\phi)Z_t - \phi Z_{t-1} \tag{7.1.13}$$

che si ottiene applicando il valore atteso condizionato alla (7.1.12) ponendo $l=1$. Equivalentemente:

$$\hat{Z}_t(2) = (1+\phi)\hat{Z}_t(1) - \phi Z_t \tag{7.1.14}$$

$$\hat{Z}_t(l) = (1+\phi)\hat{Z}_t(l-1) - \phi \hat{Z}_t(l-2) \quad l=3,4,5,\ldots \tag{7.1.15}$$

Si vede che le previsioni sono generate ricorsivamente nell'ordine: $\hat{Z}_t(1), \hat{Z}_t(2),\ldots$

(b) Per il modello *ARIMA(0,2,2)* dato da:

$$(1-B)^2 Z_t = (1-\theta_1 B - \theta_2 B^2)a_t \tag{7.1.16}$$

il valore di Z_t al tempo $t+l$ è:

$$(1-B)^2 Z_{t+l} = (1-\theta_1 B - \theta_2 B^2)a_{t+l} \tag{7.1.17}$$

che, nella forma di equazioni alle differenze, diventa:

$$Z_{t+l} = 2Z_{t+l-1} - Z_{t+l-2} + a_{t+l} - \theta_1 a_{t+l-1} - \theta_2 a_{t+l-2}. \tag{7.1.18}$$

Applicando il valore atteso condizionato alla (7.1.18) e ponendo $l=1$ otteniamo le previsioni a un orizzonte previsivo:

$$\hat{Z}_t(1) = 2[Z_t] - [Z_{t-1}] - \theta_1[a_t] - \theta_2[a_{t-1}] = \tag{7.1.19}$$

$$= 2Z_t - Z_{t-1} - \theta_1[Z_t - \hat{Z}_{t-1}(1)] - \theta_2[Z_{t-1} - \hat{Z}_{t-2}(1)]$$

Dalla (7.1.8) si nota che $[a_t] = Z_t - \hat{Z}_{t-1}(1)$ e $[a_{t-1}] = Z_{t-1} - \hat{Z}_{t-2}(1)$ e che il processo di previsione può essere inizializzato ponendo gli incogniti a uguali al loro valore atteso non condizionato uguale a zero.
Allo stesso modo la previsione per $l=2$ è:

$$\hat{Z}_t(2) = 2\hat{Z}_t(1) - Z_t - \theta_2[a_t] = 2\hat{Z}_t(1) - Z_t - \theta_2[Z_t - \hat{Z}_{t-1}(1)] \tag{7.1.20}$$

e

$$\hat{Z}_t(l) = 2\hat{Z}_t(l-1) - \hat{Z}_t(l-2) \quad l=3,4,5,\dots \qquad (7.1.21)$$

In generale, se l'operatore media mobile $\theta(B)$ è di grado q, le previsioni $\hat{Z}_t(1),\dots,\hat{Z}_t(q)$ dipenderanno direttamente dagli a ma le previsioni ad orizzonti previsivi più lontani non dipenderanno dagli a. L'influenza degli a sarà indirettamente contenuta nelle previsioni $\hat{Z}_t(q+1), \hat{Z}_t(q+2),\dots$

(c) Per il modello ARMA*(1,1)*

$$(1-\phi B)Z_t = (1-\theta B)a_t \qquad (7.1.22)$$

il valore di Z_t al tempo $t+l$ è:

$$(1-\phi B)Z_{t+l} = (1-\theta B)a_{t+l} \qquad (7.1.23)$$

che, nella forma di equazioni alle differenze, diventa:

$$Z_{t+l} = \phi Z_{t+l-1} + a_{t+l} - \theta a_{t+l-1}. \qquad (7.1.24)$$

Per ottenere la previsione a un orizzonte previsivo, poniamo $l=1$ e applichiamo il valore atteso condizionato alla (7.1.24):

$$\hat{Z}_t(1) = \phi[Z_t] - \theta[a_t] = \phi Z_t - \theta\big[Z_t - \hat{Z}_{t-1}(1)\big]. \qquad (7.1.25)$$

Ricordando che $[a_{t+1}] = 0$ e che $[a_t] = Z_t - \hat{Z}_{t-1}(1)$.

Equivalentemente per $l=2$:

$$\hat{Z}_t(2) = \phi\hat{Z}_t(1). \qquad (7.1.26)$$

Poiché $E[Z_{t+1} \mid I_t] = \hat{Z}_t(1)$ e $E[a_{t+1} \mid I_t] = E[a_{t+2} \mid I_t] = 0$.

In generale:

$$\hat{Z}_t(l) = \phi\hat{Z}_t(l-1) \qquad \text{per } l=2,3,\dots \qquad (7.1.27)$$

Le previsioni per altri modelli *ARIMA* si trovano nello stesso modo, ossia si rappresenta il modello mediante un'equazione alle differenze e quindi si calcolano i valori attesi condizionati all'insieme I_t.

Le previsioni ottenute da modelli stazionari *ARMA* tendono a convergere verso la media della serie storica. La convergenza è più o meno veloce a seconda del modello considerato. In generale le previsioni da modelli media mobile convergono più rapidamente alla media. Per un $MA(q)$ quando l'orizzonte previsivo supera q, $l>q$, le previsioni si identificano con la media $\hat{\mu}$, invece per un processo $AR(p)$ la convergenza al valor medio è più lenta, come si vede nella figura 1.

Le previsioni da modelli non stazionari *ARIMA* non convergono verso la media, una serie non stazionaria non oscilla intorno a un valore centrale fissato e le previsioni per una tale serie riflettono tale caratteristica di non stazionarietà come si vede nella figura 2.

Fig. 1. Serie storica stazionaria

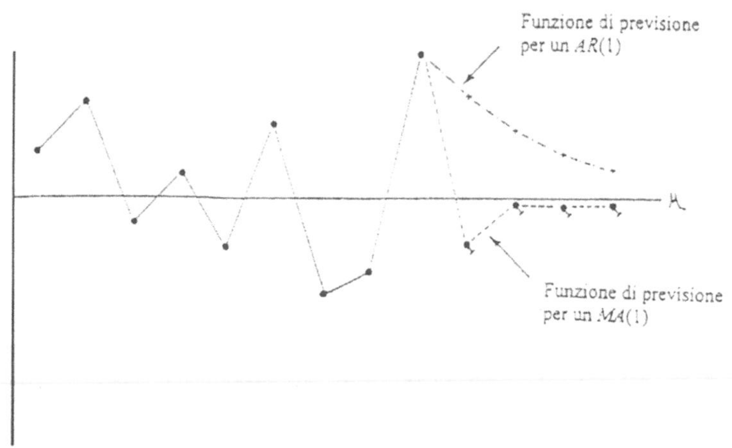

Fig. 2. Serie storica non stazionaria che richiede un termine costante

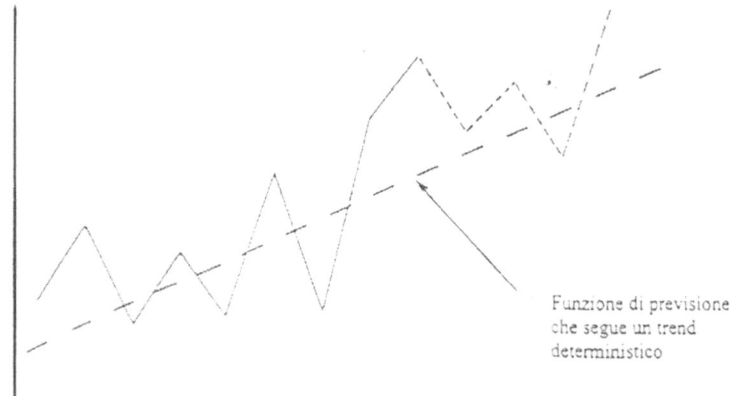

7.2 Errori di previsione e intervalli di confidenza

Abbiamo visto nel capitolo 4, equazione (4.2.21), che ogni modello *ARIMA* può essere rappresentato mediante una successione finita o infinita di variabili rumore bianco:

$$Z_t = \psi_0 a_t + \psi_1 a_{t-1} + \psi_2 a_{t-2} + \ldots =$$

$$= \sum_{j=0}^{\infty} \psi_j B^j a_t = \psi(B) a_t \qquad (7.2.1)$$

con $\psi_0 = 1$.

Se la successione ψ_1, ψ_2,... è finita, allora la (7.2.1) è un modello media mobile. Se è infinita, la (7.2.1) può rappresentare un modello autoregressivo o un modello autoregressivo media mobile.

Infatti, si consideri un modello *MA(2)*:

$$Z_t = \left(1 - \theta_1 B - \theta_2 B^2\right) a_t$$

ossia

$$Z_t = a_t - \theta_1 a_{t-1} - \theta_2 a_{t-2}$$

Ponendo $\psi_0 = 1$, $\psi_1 = -\theta_1$ e $\psi_2 = -\theta_2$, il modello è rappresentato nella forma (7.2.1).

Allo stesso modo, un modello autoregressivo può anche essere rappresentato nella forma a disturbi aleatori invertendo ed espandendo l'operatore autoregressivo. Si consideri come esempio un *AR(1)*:

$$\left(1 - \phi_1 B\right) Z_t = a_t$$

da cui

$$Z_t = \left(1 - \phi_1 B\right)^{-1} a_t$$

Se $|\phi_1| < 1$, $\left(1 - \phi_1 B\right)^{-1}$ è la somma della scrie $\left(1 + \phi_1 B + \phi_1^2 B^2 + \phi_1^3 B^3 + ...\right)$. Quindi:

$$Z_t = \left(1 + \phi_1 B + \phi_1^2 B^2 + \phi_1^3 B^3 + ...\right) a_t$$

ossia

$$Z_t = a_t + \phi_1 a_{t-1} + \phi_1^2 a_{t-2} + \phi_1^3 a_{t-3} + ...$$

Ponendo $\psi_0 = 1$, $\psi_1 = \phi_1$, $\psi_2 = \phi_1^2$, ... il modello è rappresentato nella forma (7.2.1).

In generale, la determinazione dei pesi ψ per un modello *ARIMA(p,d,q)* avviene mediante il principio di identità dei polinomi, ossia tali pesi si trovano uguagliando i coefficienti corrispondenti a stesse potenze di B. Infatti applicando ad entrambi i termini della (7.2.1) l'operatore generalizzato $\varphi(B)$ si ottiene $\varphi(B) Z_t = \varphi(B) \psi(B) a_t$. Dato che $\varphi(B) Z_t = \theta(B) a_t$ si ottiene $\varphi(B) \psi(B) = \theta(B)$.

Per un modello *ARIMA(1,0,1)* si ha:

$$\left(1 + \psi_1 B + \psi_2 B^2 + \psi_3 B^3 + ...\right)\left(1 - \phi_1 B\right) = \left(1 - \theta_1 B\right) \qquad (7.2.2)$$

ossia

$$1+(\psi_1-\phi_1)B+(\psi_2-\phi_1\psi_1)B^2+(\psi_3-\phi_1\psi_2)B^3+...=1-\theta_1 B. \qquad (7.2.3)$$

Ponendo i coefficienti relativi alle diverse potenze di B nel membro di sinistra dell'equazione uguali ai coefficienti relativi alle stesse potenze di B nel membro di destra dell'equazione si ottiene:

$$B^0 \quad \psi_0 = 1$$

$$B^1 \quad \psi_1 = \phi_1 - \theta_1$$

$$B^2 \quad \psi_2 = \phi_1(\phi_1 - \theta)$$

$$B^3 \quad \psi_3 = \phi_1^2(\phi_1 - \theta)$$

$$... \qquad ...$$

In generale per un modello $ARIMA(1,0,1)$ si ha $\psi_j = \phi_1^{j-1}(\phi_1 - \theta_1)$.

Tale rappresentazione è utile per calcolare la varianza degli errori di previsione e quindi per derivare intervalli di confidenza intorno alle previsioni puntuali ottenute nel paragrafo precedente.

L'errore di previsione al tempo t per un orizzonte di l istanti temporali è definito come:

$$e_t(l) = Z_{t+l} - \hat{Z}_t(l). \qquad (7.2.4)$$

Usando la (7.2.1) per rappresentare Z_{t+l} nella forma a disturbi aleatori si ha:

$$Z_{t+l} = (a_{t+l} + \psi_1 a_{t-1+l} + \psi_2 a_{t-2+l} + ... + \psi_{l-1} a_{t+1}) + (\psi_l a_t + \psi_{l+1} a_{t-1} + ...).$$
$$(7.2.5)$$

Alcuni aspetti importanti emergono dalla (7.2.5).

(1) La previsione, ossia il valore atteso condizionato di Z_{t+l} dato $I_t = \{Z_t, Z_{t-1}, ...\}$ risulta:

$$\hat{Z}_t(l) = E(Z_{t+l} \mid I_t) = \psi_l a_t + \psi_{l+1} a_{t-1} + \psi_{l+2} a_{t-2} + ... \qquad (7.2.6)$$

Poiché le variabili $a_{t+1}, a_{t+2}, ..., a_{t+l}$ non sono note (e non possono essere stimate) all'origine t, vengono sostituite con il loro valore atteso non condizionato che è nullo. Quindi la previsione al tempo t per l'orizzonte previsivo l che dà luogo al minimo errore quadratico medio è il valore atteso condizionato di Z_{t+l} al tempo t.

(2) Sostitutendo la (7.2.5) e la (7.2.6) nella (7.2.4) si ottiene l'errore di previsione per un orizzonte l, cioè:

$$e_t(l) = a_{t+l} + \psi_1 a_{t-1+l} + ... + \psi_{l-1} a_{t+1} \qquad (7.2.7)$$

quindi il valore atteso è nullo:

$$E[e_t(l)] = 0 \tag{7.2.8}$$

e di conseguenza la previsione è non distorta.

La varianza condizionata dell'errore di previsione è data da:

$$Var[e_t(l)] = E\{e_t(l) - E[e_t(l)] | I_t\}^2 = E[e_t(l)]^2 = \sigma_a^2 \left(1 + \psi_1^2 + \ldots + \psi_{l-1}^2\right) \tag{7.2.9}$$

da cui si ricava la deviazione standard dell'errore di previsione:

$$\sigma[e_t(l)] = \sigma_a \left(1 + \psi_1^2 + \ldots + \psi_{l-1}^2\right)^{1/2} \tag{7.2.10}$$

Nella pratica $\sigma[e_t(l)]$ deve essere stimata sostituendo a σ_a e ai coefficienti ψ le relative stime.

(3) $\hat{Z}_t(l)$ è la previsione di Z_{t+l} che dà luogo al minimo errore quadratico medio di previsione e, inoltre, ogni combinazione lineare delle previsioni $\sum_{l=1}^{L} w_l \hat{Z}_t(l)$ è la previsione che dà luogo al minimo errore quadratico medio per la corrispondente funzione lineare delle variabili future, cioè $\sum_{l=1}^{L} w_l Z_{t+l}$.

(4) I **residui** possono essere visti come **errori di previsione a un orizzonte** attraverso la (7.2.7):

$$e_t(1) = Z_{t+1} - \hat{Z}_t(1) = a_{t+1}$$

Quindi i residui a_t che generano il processo e che abbiamo visto essere un insieme di variabili casuali indipendenti sono gli errori di previsione a un orizzonte previsivo. Ne segue che per ottenere un errore quadratico medio di previsione minimo, gli errori di previsione a un orizzonte devono essere incorrelati.

(5) **Correlazione tra gli errori di previsione**. Sebbene gli errori di previsione ottimi per un orizzonte temporale siano non correlati, quelli per orizzonti più lontani in generale saranno correlati. Box e Jenkins (1976, capitolo 5) derivarono una espressione generale per le correlazioni tra $e_t(l)$ e $e_{t-j}(l)$ calcolati per lo stesso orizzonte previsivo ma per differenti origini temporali e anche per le correlazioni tra $e_t(l)$ e $e_t(l+j)$.

Infine, ipotizzando la normalità distributiva dei disturbi aleatori a_t l'intervallo di previsione approssimato per z_{t+l} al livello $100(1-\alpha)\%$ è così definito: $\hat{z}_t(l) \pm z_{\alpha/2}\,\hat{\sigma}[e_t(l)]$ dove $z_{\alpha/2}$ rappresenta il percentile della normale standardizzata ($z_{\alpha/2} = 1,96$ per $1-\alpha = 0,95$).

L'interpretazione è la solita: si ha una confidenza pari all' $(1-\alpha)\%$ che tale intervallo contenga il valore futuro z_{t+l}.

Capitolo 8
Procedura per la costruzione di modelli *ARIMA*

8.1 Procedura di Box e Jenkins

La procedura di Box e Jenkins (1970) è una procedura di tipo iterativo per l'identificazione, stima e verifica di un modello *ARIMA*. L'obiettivo di tale procedura è quello di costruire un modello *ARIMA* che si adatti ai dati e che rappresenti il processo generatore dei dati stessi.

La procedura Box-Jenkins per la modellistica *ARIMA* può essere riassunta nei seguenti passi.

1. ANALISI PRELIMINARI
Grafici della serie - analisi esplorative – identificazione di valori anomali – trasformazioni per rendere stazionaria la serie (differenze regolari e stagionali di ordine opportuno e trasformazione Box-Cox).

2. IDENTIFICAZIONE DEL MODELLO $ARIMA(p,d,q)(P,D,Q)_s$
Varianza della serie differenziata. Analisi delle funzioni di autocorrelazione globale e parziale stimate. Identificazione automatica, indici *AIC, BIC, SCH*.

3. STIMA DEL MODELLO
Stime iniziali dei parametri. Stime di massima verosimiglianza esatte e condizionate.

4. VERIFICA DEL MODELLO
Analisi dei residui, test sui parametri, cancellazione fra operatori, test Portmanteau.

5. Se il modello è accettato allora lo si può usare per la scomposizione e/o le previsioni. Altrimenti si torna alla fase di identificazione.

8.2 Analisi preliminari

Consistono nelle trasformazioni iniziali da apportare a una serie perché questa possa essere considerata una realizzazione campionaria di un processo gaussiano stazionario.

Stazionarietà in media
La non stazionarietà in media, che emerge dall'analisi del grafico della serie, è generalmente caratterizzata dalla presenza di una tendenza di

lungo periodo. Quando un processo è non stazionario in media, la sua varianza è infinita e la funzione di autocovarianza non è definita. La tendenza si evidenzia con una funzione di autocorrelazione globale stimata che tende a zero molto lentamente e con un comportamento lineare. Invece la funzione di autocorrelazione parziale è praticamente uguale a 1 per ϕ_{11} e nulla altrove.

La non stazionarietà può essere anche causata dalla stagionalità. In tal caso la funzione teorica di autocovarianza è infinita con un comportamento simile a quello che si osserva in presenza di una tendenza ma in corrispondenza del ritardo stagionale e dei suoi multipli.

Per eliminare sia la tendenza sia una componente stagionale si può adattare una funzione deterministica del tempo alle osservazioni. Di solito, si usano polinomi di primo e secondo grado per la tendenza e funzioni seno e coseno per la stagionalità. I principali limiti di questo approccio sono la mancanza di criteri per selezionare la forma funzionale adeguata e il fatto che le previsioni riproducono una forma fissa di tendenza e stagionalità, che si adatterà molto lentamente ai cambiamenti futuri.

Un altro modo consiste nell'utilizzo degli operatori differenza, $\nabla^d = (1 - B)^d$ e $\nabla_s^D = (1 - B^s)^D$ per la tendenza e la stagionalità. Un criterio di scelta dell'ordine della differenza consiste nel determinare d e D tali che,

$$Var(\nabla^d Z_t) = minima, \quad Var(\nabla^D Z_t) = minima.$$

E' opportuno, a questo punto, analizzare il grafico della serie differenziata e la funzione di autocorrelazione globale per verificare di aver raggiunto la stazionarietà in media. Si ricordi che la funzione di autocorrelazione globale declina velocemente verso lo zero per serie stazionarie in media, mentre il decadimento è lento per serie non stazionarie in media.

Stazionarietà in varianza

La rimozione della non stazionarietà in varianza può essere effettuata tramite la trasformazione di Box-Cox (paragrafo 4.5). Questa trasformazione assume che la deviazione standard abbia il seguente legame con la media: $\sigma = k\mu^{1-\lambda}$. Il valore di λ può essere determinato o con il metodo della massima verosimiglianza o attraverso metodi grafici, ad esempio il range-mean plot (si veda il paragrafo 4.5). Tale metodo grafico consiste nel suddividere la serie in sottoperiodi e per ciascuno di essi si pone su un grafico una misura di variabilità (ad esempio la deviazione standard) rispetto a una misura di livello (ad esempio la media) calcolate per ciascun sottoperiodo. Dalla pendenza dei punti così rappresentati si può dedurre una valutazione approssimata per λ.

Una trasformazione comune è quella logaritmica corrispondente alla trasformazione Box-Cox per $\lambda=0$. Tale trasformazione assume che ci sia una relazione lineare fra la deviazione standard e la media. Questa relazione si può desumere anche dal grafico della serie in cui emerge che l'ampiezza delle oscillazioni aumenta all'aumentare del livello.

8.3 Identificazione del modello $ARIMA(p,d,q)(P,D,Q)_s$

Gli strumenti che si utilizzano per l'identificazione di un modello *ARIMA* che possa rappresentare il processo generatore della nostra serie storica, sono le funzioni di autocorrelazione globale e parziale stimate. Tali funzioni stimate sui dati della serie vanno confrontate con le funzioni di autocorrelazione globale e parziale teoriche relative a diversi modelli *ARIMA*. Si sceglierà quel modello avente le funzioni di autocorrelazione globale e parziale più simili alle corrispondenti funzioni calcolate sulla nostra serie.

Si ricordi che la funzione di autocorrelazione globale di un processo stagionale si ripete di s in s (dove s è la periodicità della stagionalità).

La serie trasformata in modo da divenire stazionaria sarà, in generale, ancora autocorrelata e il tipo di autocorrelazione presente deve essere identificato ed eliminato, in modo così da raggiungere l'obiettivo di ridurre i dati originali a una serie di residui white noise.

Per ottenere una rappresentazione parsimoniosa, la funzione di autocorrelazione della serie stazionaria può essere descritta in termini di una rappresentazione $AR(p)$, $MA(q)$ o $ARMA(p,q)$.

I modelli che utilizzano una rappresentazione moltiplicativa fra la componente stagionale e non stagionale sono da preferirsi perché offrono il vantaggio di ridurre il numero dei parametri e la correlazione fra le stime.

Un altro aspetto importante da considerare nella identificazione di un modello *ARIMA* è quello dell'eventuale inclusione di una costante. Si ricordi che perché le previsioni a partire da un modello *ARIMA* non siano distorte, la media dei residui non deve essere significativamente diversa da zero. Quando ciò non si verifica si può introdurre una costante al fine di garantire che la media dei residui sia nulla. La miglior stima della costante è la media della serie differenziata e trasformata.

Il test per il controllo di uguaglianza a zero della media del processo stazionario è dato dal rapporto fra la media osservata per la serie e il suo errore standard. Se tale rapporto cade nella regione di rifiuto si introduce la costante.

Nella pratica la identificazione dei modelli *ARIMA* è piuttosto difficile e di conseguenza nel passato si sono sviluppate numerose procedure di **identificazione automatica**. Queste sono utili nei casi in cui c'è la necessità di modellizzare un numero di serie molto elevato. Le procedure di identificazione automatica si basano sul fatto che i modelli *ARIMA* possono scomporsi sia in modelli *AR*, *MA*, *ARMA* dove l'ordine dei corrispondenti polinomi e anche quello delle differenze sono bassi. Sono stati sviluppati diversi criteri per decidere nella classe dei modelli *ARIMA* che si adattano bene a una serie quale sia da preferirsi. Di seguito presentiamo i criteri più frequentemente applicati.

Il **criterio di informazione asintotica di Akaike** (1974) è così definito:

$$AIC(k) = n\,log\!\left(\hat{\sigma}_k^2\right) + 2k\,, \qquad k\text{=}0,1,2,\dots \tag{8.3.1}$$

dove k è il numero dei parametri del modello e $\hat{\sigma}_k^2$ la corrispondente varianza dei residui.

Il modello da preferire è quello a cui corrisponde l'indice *AIC* più basso. Il principio su cui si basa l'indice *AIC* è simile a quello del coefficiente di determinazione R^2 nella regressione lineare multipla. Infatti R^2 aumenta all'aumentare del numero di variabili esplicative (anche se il loro contributo non è significativo) e di conseguenza si introduce una penalizzazione relativa al numero dei parametri nel modello risultando nel coefficiente di determinazione corretto. Analogamente nella modellistica *ARIMA* la varianza stimata dei residui diminuisce sempre con l'introduzione di un nuovo parametro, per cui il criterio è un compromesso fra una funzione (decrescente) della varianza dei residui e una funzione (crescente) del numero dei parametri.

Un altro indice che modifica la misura *AIC* tenendo conto della riduzione di $\hat{\sigma}_k^2$ rispetto alla varianza della serie osservata, $\hat{\sigma}_o^2$, è chiamato **criterio di informazione bayesiano** (*BIC*) proposto da Akaike nel 1978 e definito da

$$BIC(k) = (n-k)\,log\!\left(\frac{n\hat{\sigma}_k^2}{n-k}\right) + k\,log\!\left[\frac{n\!\left(\hat{\sigma}_o^2 - \hat{\sigma}_k^2\right)}{k}\right] \tag{8.3.2}$$

Un'altra variante è il criterio *SCH* proposto da Schwarz (1978) definito come

$$SCH(k) = n\,log\!\left(\hat{\sigma}_k^2\right) + k\,log\,n\,, \qquad k\text{=}0,1,2,\dots \tag{8.3.3}$$

8.4 Stima del modello

Le procedure di stima dei parametri di un modello *ARIMA* sono di natura iterativa e non è quindi possibile dare formule esplicite per gli stimatori.

Il metodo di stima preferibilmente usato, sotto l'ipotesi che la serie sia una realizzazione di un processo gaussiano stazionario, è quello della massima verosimiglianza. Tale metodo richiede la specificazione di valori iniziali per le stime, e l'utilizzo di un algoritmo di ottimizzazione.
E' importante fornire buoni valori iniziali al processo di stima dei parametri al fine di: a) minimizzare il numero di iterazioni richieste per raggiungere il valore ottimo del parametro e b) minimizzare il rischio di raggiungere un minimo o un massimo locale.
I valori iniziali per modelli regolari (non-stagionali) $AR(p)$, $MA(q)$ o $ARMA(p,q)$ possono essere ottenuti dalle soluzioni delle equazioni di Yule-Walker che legano i valori dei parametri alle autocorrelazioni campionarie calcolate su una particolare serie storica.
Per processi del primo e del secondo ordine (che possono essere trovati in quasi il 90% delle situazioni) le soluzioni di queste equazioni possono essere presentate sotto forma di tabella o grafico (si vedano le tabelle 1 e 2 e le figure 1,2,3).
Nel caso dei modelli stagionali le equazioni di Yule-Walker non sono disponibili ma ragionevoli valori iniziali possono essere ottenuti dai corrispondenti modelli regolari (non stagionali).

Tabella 1. Stime preliminari per un processo autoregressivo di ordine 1 $(AR(1))$

$$\phi_1 = \rho_1$$

Tabella 2. Stime preliminari per un processo media mobile di ordine 1 $(MA(1))$

θ	ρ_1	θ	ρ_1
0.00	0.000	0.00	0.000
0.05	-0.050	-0.05	0.050
0.10	-0.099	-0.10	0.099
0.15	-0.147	-0.15	0.147
0.20	-0.192	-0.20	0.192
0.25	-0.235	-0.25	0.235
0.30	-0.275	-0.30	0.275
0.35	-0.315	-0.35	0.315
0.40	-0.349	-0.40	0.349
0.45	-0.374	-0.45	0.374
0.50	-0.400	-0.50	0.400
0.55	-0.422	-0.55	0.422
0.60	-0.441	-0.60	0.441
0.65	-0.457	-0.65	0.457
0.70	-0.468	-0.70	0.468
0.75	-0.480	-0.75	0.480
0.80	-0.488	-0.80	0.488
0.85	-0.493	-0.85	0.493
0.90	-0.497	-0.90	0.497
0.95	-0.499	-0.95	0.499
1.00	-0.500	-1.00	0.500

Questa tabella può essere usata per ottenere le stime iniziali dei parametri di un processo media mobile non stazionario $ARIMA(0,d,1)$ $W_t = (1 - \theta B)a_t$, dove $W_t = \nabla^d Z_t$, sostituendo $r_1(W)$ a ρ_1.

Fig. 1. Stime preliminari dei parametri per un processo autoregressivo di ordine 2 ($AR(2)$)

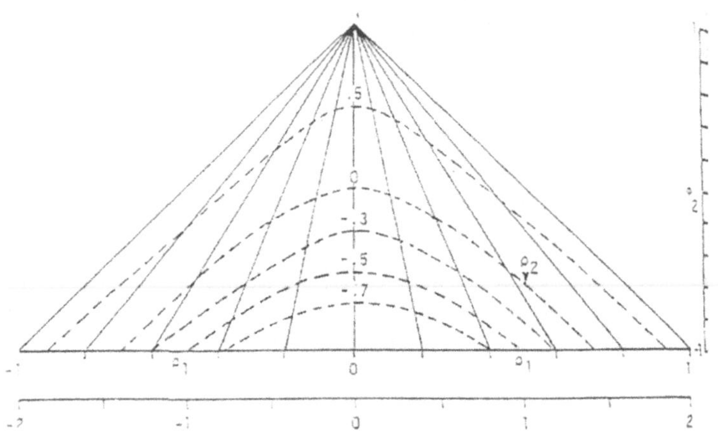

Il grafico in Figura 1 può essere usato per ottenere le stime dei parametri di un processo autoregressivo di ordine 2 non stazionario $ARIMA(2,d,0)$: $(1 - \phi_1 B - \phi_2 B^2)W_t = a_t$, dove $W_t = \nabla^d Z_t$, sostituendo $r_1(W)$ e $r_2(W)$ a ρ_1 e ρ_2, rispettivamente.

Fig. 2. Stime preliminari dei parametri per un processo media mobile di ordine 2 ($MA(2)$)

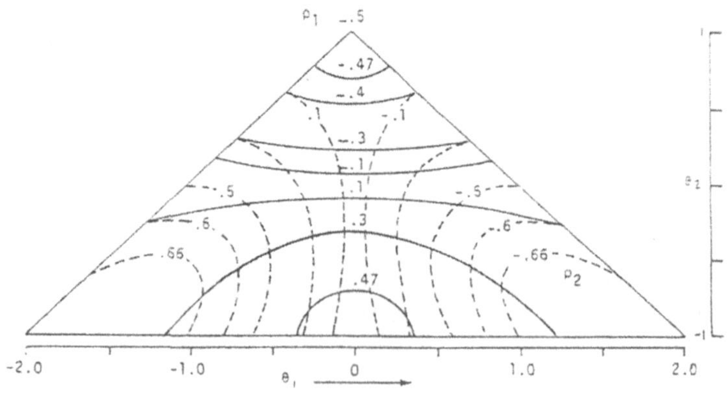

Il grafico in Figura 2 può essere usato per ottenere le stime dei parametri di un processo media mobile di ordine 2 non stazionario $ARIMA(0,d,2)$: $W_t = \left(1 - \theta_1 B - \theta_2 B^2\right)a_t$, dove $W_t = \nabla^d Z_t$, sostituendo $r_1(W)$ e $r_2(W)$ a ρ_1 e ρ_2, rispettivamente.

Fig. 3. Stime preliminari dei parametri per un processo $ARMA(1,1)$

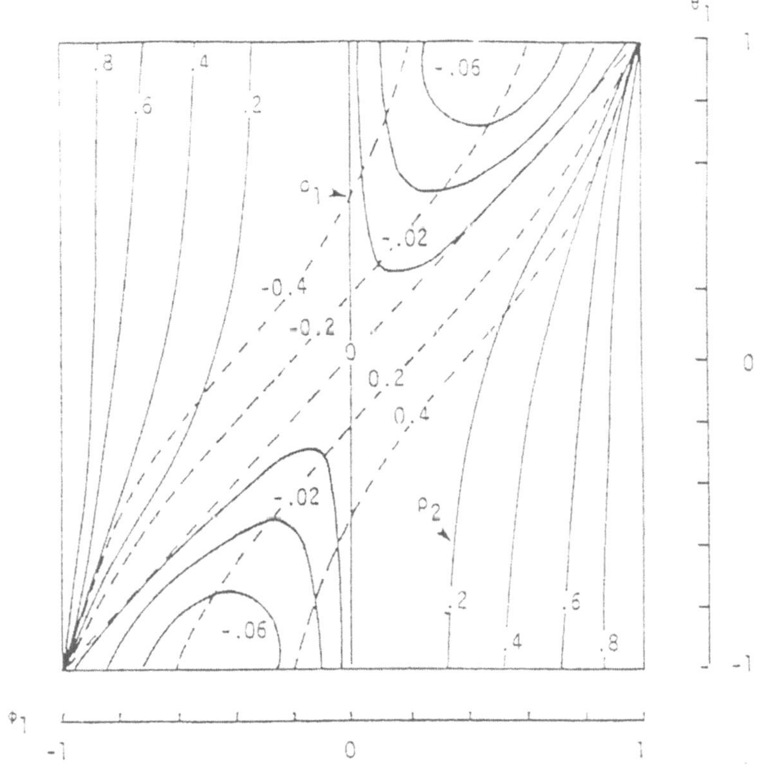

Il grafico in Figura 3 può essere usato per ottenere le stime dei parametri di un processo $ARIMA(1,d,1)$: $(1 - \phi B)W_t = (1 - \theta B)a_t$, dove $W_t = \nabla^d Z_t$, sostituendo $r_1(W)$ e $r_2(W)$ a ρ_1 e ρ_2, rispettivamente.

8.5 Verifica del modello

La verifica del modello *ARIMA* ha come obiettivo quello di garantire che sia l'identificazione sia la stima del modello siano adeguate per la serie analizzata.

8.5.1 Misure diagnostiche per evidenziare la presenza di modelli troppo complessi o potenzialmente instabili

Queste misure diagnostiche riguardano: a) le stime dei parametri, b) la matrice di correlazione fra le stime dei parametri, e c) la fattorizzazione degli operatori.

I parametri ottenuti in fase di stima devono risultare significativamente diversi da zero. Si ritiene significativo un parametro che in valore assoluto risulti almeno due volte superiore alla sua deviazione standard. E' inoltre importante controllare che la correlazione fra le stime sia sufficientemente bassa al fine di evitare problemi di instabilità.

Ogni operatore *AR* o *MA* può essere fattorizzato in un numero di radici reali e/o complesse. Questi fattori possono essere utilizzati per determinare se il modello è stabile.

Inoltre, se un modello stimato ha operatori *AR* e *MA* che quasi si cancellano, si presenta il cosiddetto problema della quasi ridondanza dei parametri. Si consideri ad esempio il seguente modello stimato *ARMA(1,1)*:

$$(1-0.45B)Z_t = (1-0.48B)a_t$$

Tale modello non è molto diverso da un white noise, in quanto l'operatore autoregressivo e l'operatore media mobile sono quasi coincidenti. Tale modello è quindi ridondante e va correttamente identificato come un white noise.

Un modello con parametri quasi ridondanti presenta due problemi: non è parsimonioso ed è difficile da stimare accuratamente.

La cancellazione tra operatori si verifica spesso quando si utilizzano differenze non necessarie che inducono operatori media mobile con radici vicine all'unità.

Per verificare eventuali quasi cancellazioni è opportuno fattorizzare operatori autoregressivi e media mobile di gradi superiori al primo.

8.5.2 Analisi dei residui

L'analisi dei residui è molto importante per determinare se la serie può essere adeguatamente descritta dal modello *ARIMA* univariato ottenuto. L'identificazione e la stima hanno come obiettivo quello di eliminare l'autocorrelazione e ottenere così residui che siano: a) casuali, b) normalmente distribuiti, c) a media zero, d) a varianza costante, e) non anomali.

Esaminando il grafico dei residui si possono verificare le ultime tre caratteristiche, mentre la proprietà di aleatorietà si può controllare attraverso un test sull'autocorrelazione globale e parziale dei residui e quella di normalità attraverso l'uso di istogrammi o altri strumenti grafici e di alcuni test.

Se la media dei residui è significativamente diversa da zero, la previsione presenterà una distorsione positiva o negativa. Per correggere questo fenomeno possiamo usare un ordine delle differenze corretto o includere una costante.

La presenza di una varianza costante implica un comportamento costante delle previsioni nel tempo. Una varianza che aumenta o diminuisce con continuità è solitamente associata ad una incorretta trasformazione della serie storica.

D'altro canto, una varianza che sia funzione dell'intervallo di variazione campionario si trova spesso in serie che presentano un comportamento stagionale caratterizzato da picchi appuntiti e avvallamenti piatti o in serie influenzate da feste mobili, come ad esempio la Pasqua. Azioni correttive possono essere l'uso di analisi di intervento o un cambiamento della struttura del modello (a partire dalla funzione di autocorrelazione dei residui).

L'eventuale presenza di osservazioni anomale può essere diagnosticata dall'analisi dei residui. Si possono presentare o un singolo outlier o un insieme di outlier. Tali outlier possono distorcere le stime dei parametri e/o la struttura del modello. In entrambi i casi la varianza risulterà incrementata, con un conseguente deterioramento delle performance delle previsioni.

L'aleatorietà dei residui del modello è controllata calcolando e interpretando la funzione di autocorrelazione dei residui e la statistica chi-quadrato associata a questa funzione (test portmanteau).

Si costruisce quindi la funzione di autocorrelazione (totale) della serie $\hat{a}_t$ dei residui stimati. Tale funzione dovrebbe essere identicamente nulla, cioè ogni coefficiente dovrebbe essere non significativamente diverso da zero.

Per controllare l'ipotesi $H_0 : \rho_k(a) = 0$, $k>0$, si ricorre alla statistica test:

$$t = \frac{r_k(\hat{a})}{s[r_k(\hat{a})]} \qquad (8.5.1)$$

dove $r_k(\hat{a})$ è la stima del coefficiente di autocorrelazione dei residui al lag k, $k \geq q$, e $s[r_k(\hat{a})]$ è la stima del suo errore standard. La stima dell'errore standard può essere calcolata utilizzando l'approssimazione di Bartlett:

$$s[r_k(\hat{a})] = n^{-\frac{1}{2}}. \qquad (8.5.2)$$

Se i valori della statistica test t non eccedono in valore assoluto 2, le stime dei coefficienti di autocorrelazione non sono significativamente diverse da zero al livello approssimato $\alpha=0.05$.

Un diverso modo per valutare l'uguaglianza a zero della funzione di autocorrelazione consiste nel controllare l'ipotesi nulla congiunta:

$$H_0 : \rho_1(a) = \rho_2(a) = \ldots = \rho_K(a) = 0 \,.$$

A tal fine si utilizza il test portmanteau di Ljung e Box, definito come:

$$Q = n(n+2)\sum_{k=1}^{K} (n-k)^{-1} r_k^2(\hat{a}) \,. \tag{8.5.3}$$

dove n è il numero totale di osservazioni.

Sotto l'ipotesi nulla che i residui del modello *ARIMA* stimato siano realizzazione di un processo white noise, la statistica Q si distribuisce asintoticamente come una variabile casuale χ^2 con (K-m) gradi di libertà, dove m è il numero di parametri stimati nel modello *ARIMA*.

Se il modello stimato non può essere ritenuto adeguato (i residui stimati non possono essere considerati realizzazione di un processo white noise) si possono esaminare nuovamente le funzioni di autocorrelazione globale e parziale della serie originale.

Un secondo modo per riformulare il modello consiste nel considerare i residui stimati come una nuova serie storica su cui ripetere il percorso di identificazione, stima e verifica.

La normalità dei residui può essere controllata mediante un istogramma alla ricerca dell'unimodalità e della simmetria. Altri strumenti sono rappresentati dai cosiddetti Normal Probability Plot o dai Quantile-Quantile Plot.

8.6 Caratteristiche di un «buon» modello

Per decidere della «bontà» del modello scelto in fase di identificazione e successivamente stimato si devono tenere in considerazione le seguenti caratteristiche:

Parsimonia

Un modello parsimonioso usa il minor numero possibile di parametri per descrivere l'andamento temporale della serie.

Stazionarietà

I parametri autoregressivi stimati devono soddisfare le condizioni di stazionarietà discusse nel capitolo 3.

Invertibilità

I parametri media mobile stimati devono soddisfare le condizioni di invertibilità discusse nel capitolo 3.

Significatività dei parametri

I parametri autoregressivi e media mobile stimati devono risultare significativamente diversi da zero.

Correlazione tra i parametri

La correlazione tra i parametri stimati deve mantenersi sufficientemente bassa perché le stime non risultino instabili (inferiore a circa 0.8).

Assenza di autocorrelazione dei residui

I residui stimati devono risultare non autocorrelati affinché si possa ritenere che il modello sia riuscito a spegare la dipendenza tra le osservazioni che compongono la serie storica.

Buon adattamento del modello ai dati

Dovendo scegliere tra più modelli soddisfacenti da tutti gli altri punti di vista, si preferisce quello che presenta i minori valori di *AIC*, *BIC*, o di altre misure come *SBC* (criterio di Schwarz).

Capacità previsiva

Una misura frequentemente utilizzata della capacità previsiva è rappresentata dal *MAPE* (Mean Absolute Percent Error) ossia dalla media dei valori assoluti degli errori relativi in percentuale:

$$MAPE = \frac{100}{L} \sum_{l=1}^{L} \left| \frac{z_{t+l} - \hat{z}_t(l)}{z_{t+l}} \right|$$

dove z_{t+l} è il valore osservato al tempo $t+l$, mentre $\hat{z}_t(l)$ è la previsione di z_{t+l} dato t; in generale il calcolo del *MAPE* avviene sulla base dei dati più recenti. In molte situazioni, si ritiene soddisfacente la capacità previsiva di un modello in cui il *MAPE* risulti inferiore al 12-15%, tuttavia tale soglia dipende principalmente dal tipo di analisi che si sta conducendo ed è quindi a discrezione del ricercatore.

Capitolo 9
Costruzione di un modello *ARIMA* mediante il software SPSS versione 8.0

In questo capitolo si illustrano le tappe necessarie per la identificazione, stima e verifica di un modello *ARIMA* per la serie della domanda di energia elettrica (ENEL) mediante l'utilizzo del software SPSS versione 8.0.

9.1 Domanda di energia elettrica (ENEL) in milioni di kwh nel periodo gennaio 1980 – dicembre 1995

Il file c:\enel.dat è in formato ASCII e contiene un'unica colonna con i dati relativi al consumo di energia elettrica (ENEL) in milioni di kwh nel periodo gennaio 1980 – dicembre 1995. Le osservazioni sono mensili. Per caricare il file in SPSS scegliere dal menu **File, Read ASCII Data, Freefield**.

Cliccare su **Browse** per specificare il percorso del file. Specificare in **Name** il nome da assegnare alla variabile numerica contenuta nel file. Cliccare su **Add** e quindi premere **OK**.

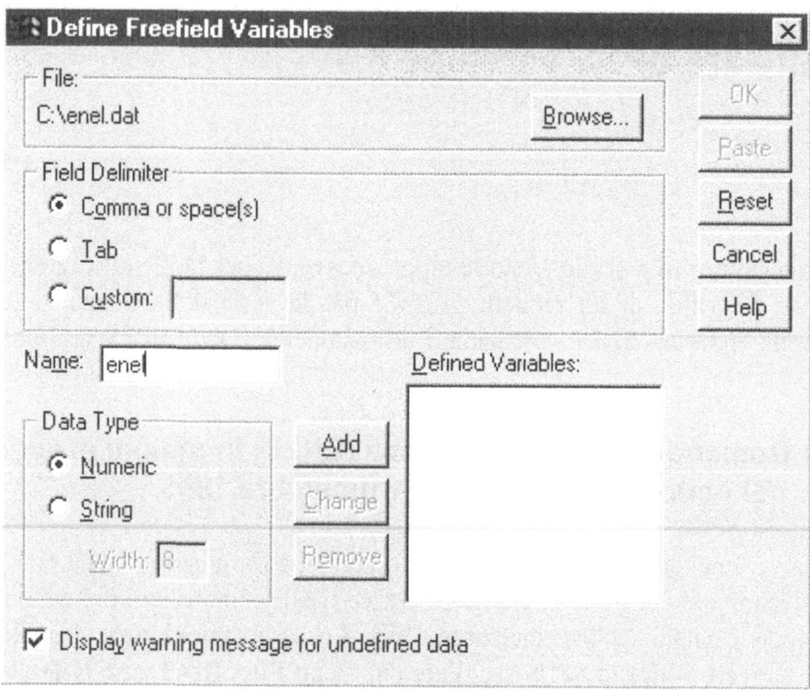

Per associare ad ogni osservazione il mese e l'anno a cui si riferisce scegliere dal menu **Data**, **Define dates**. Dalla lista **Cases Are** selezionare **Years, months** (se le osservazioni fossero state trimestrali si sarebbe dovuto selezionare **Years, quarters**). Specificare il mese e l'anno di riferimento della prima osservazione.

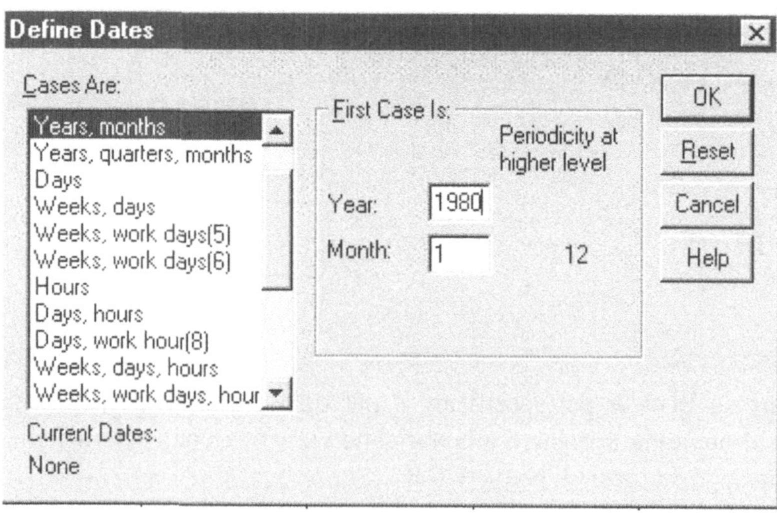

Nella finestra dei dati vengono aggiunte automaticamente tre colonne contenenti rispettivamente l'anno, il mese e la data.

1:enel	16.7				
	enel	**year_**	**month_**	**date_**	var
1	16.70	1980	1	JAN 1980	
2	15.70	1980	2	FEB 1980	
3	16.20	1980	3	MAR 1980	
4	14.80	1980	4	APR 1980	
5	14.90	1980	5	MAY 1980	
6	14.10	1980	6	JUN 1980	
7	14.70	1980	7	JUL 1980	
8	11.60	1980	8	AUG 1980	
9	14.40	1980	9	SEP 1980	

Salvare il file in formato .SAV selezionando dal menu **File** l'opzione **Save As** e specificando un nome.

Il primo passo nell'analisi della serie consiste nel costruirne il grafico. Selezionare, quindi, dal menu **Graphs**, l'opzione **Sequence** e inserire in **Variables** la variabile **enel**.

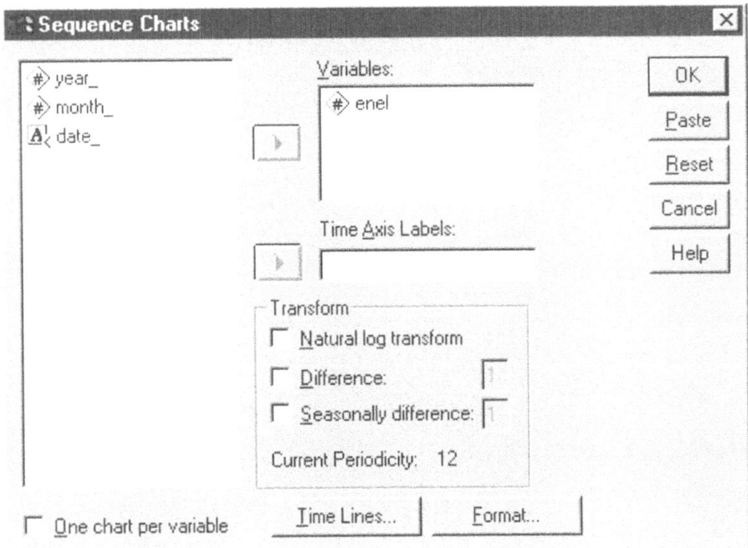

Nella finestra di output compare il grafico della serie.

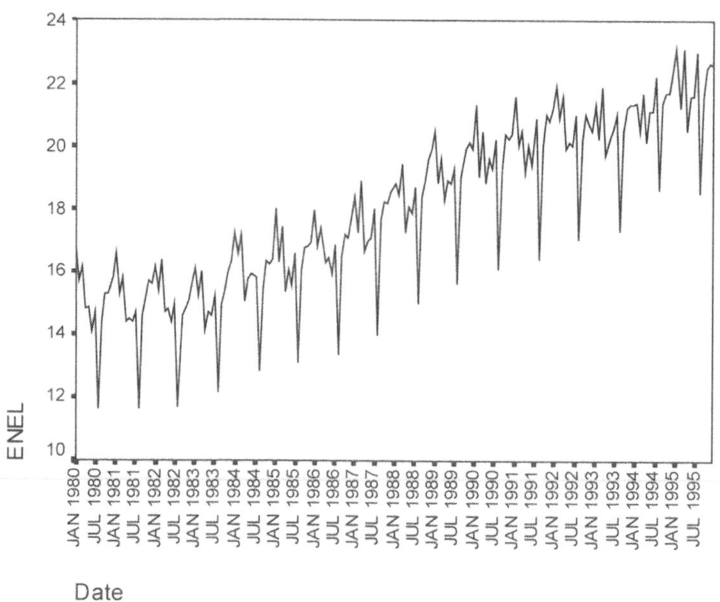

La serie mostra un trend crescente e un comportamento stagionale con picchi di massimo in gennaio e marzo e di minimo in agosto.

Per evidenziare tale comportamento stagionale si può costruire il grafico mese-anno. Dal menu **Graphs** selezionare **Line**. Nella finestra di dialogo **Line Charts** selezionare **Multiple**.

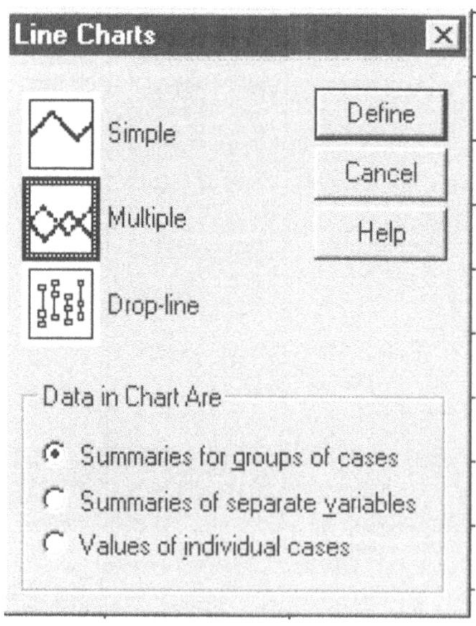

Nella successiva finestra **Define Multiple Line: Summaries for Groups**
of Cases selezionare **Other summary function** e inserire **enel** in
Variable. Spostare **month_** in **Category Axis** e **year_** in **Define Lines by**.

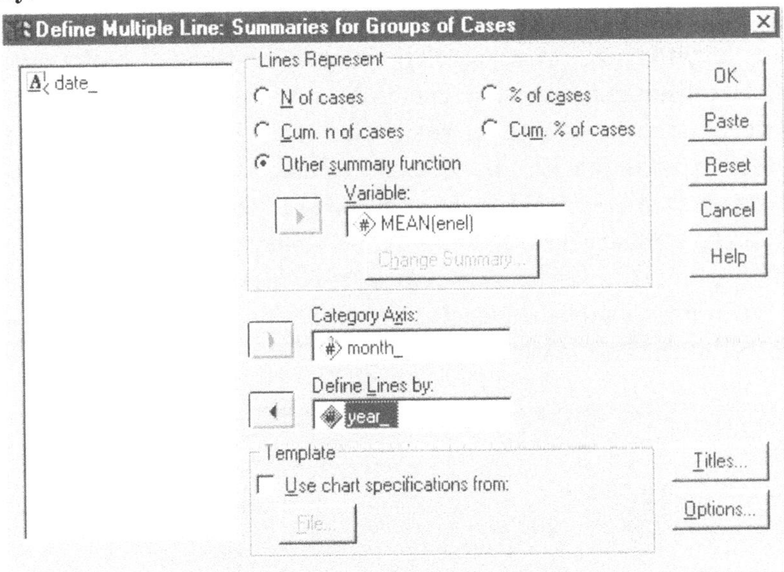

Il grafico risultante mostra l'andamento mensile nei diversi anni,
evidenziando i picchi di massimo in gennaio e marzo e di minimo in
agosto.

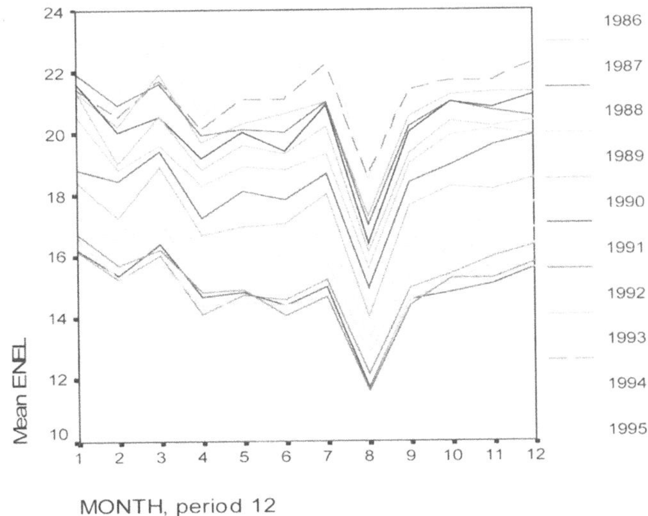

Caratterizzata da un comportamento stagionale, la serie è non stazionaria in media, mentre si può ritenere stazionaria in varianza.

Per vedere la riduzione in termini di varianza conseguente all'applicazione delle differenze prime regolari, delle differenze prime stagionali e delle differenze prime regolari e stagionali, si costruiscono le relative serie. Dal menu **Transform** selezionare **Create time series**. Per costruire le differenze prime regolari di **enel**, selezionare **Difference (Order 1)** in **Function** e spostare **enel** in **New Variable(s)**. Per costruire le differenze prime stagionali di **enel**, selezionare **Seasonal difference (Order 1)** in **Function** e spostare **enel** in **New Variable(s)**. Vengono così create due variabili: **enel_1** che contiene le differenze prime regolari e **enel_2** che contiene le differenze prime stagionali. Per costruire le differenze prime regolari e stagionali si può decidere di applicare le differenze prime stagionali a **enel_1** (o le differenze prime regolari a **enel_2**). Si ottiene così la variabile **enel_2_1**.

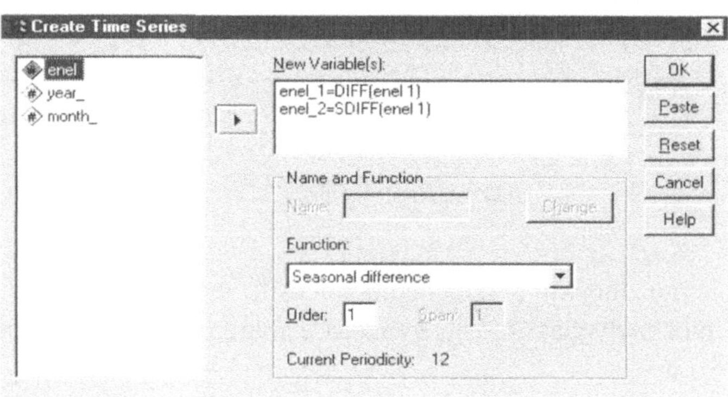

Per calcolare media e varianza della serie originale e delle serie differenziate selezionare dal menu **Statistics, Summarize, Descriptives**.

Inserire in **Variable(s)** le variabili **enel**, **enel_1**, **enel_2** e **enel_2_1**.

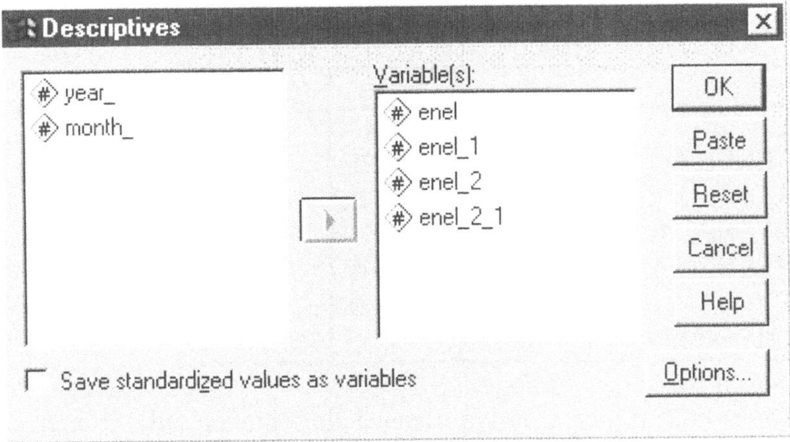

In **Descriptives: Options** specificare **Mean** e **Variance**.

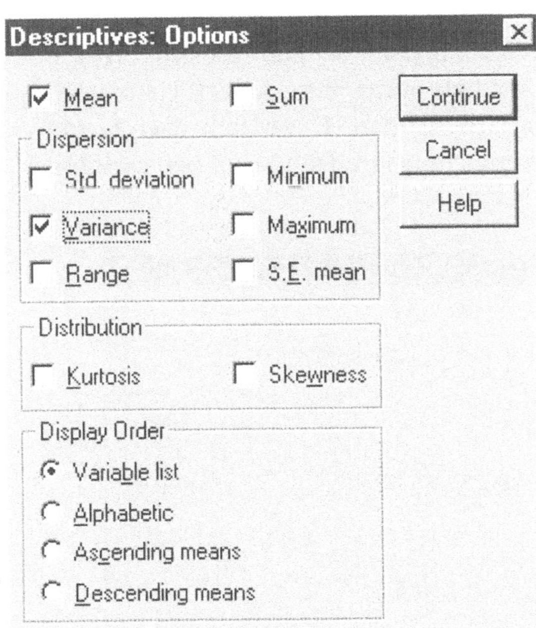

Nella tabella **Descriptive Statistics**, ENEL indica la serie originale, DIFF(ENEL,1) la serie delle differenze prime regolari, SDIFF(ENEL,1,12) la serie delle differenze prime stagionali, SDIFF(ENEL_1,1,12) la serie delle differenze prime regolari e stagionali. Tali risultati mostrano che la trasformazione più opportuna è rappresentata dalle differenze prime regolari e stagionali che determinano la minor varianza e la media più prossima allo zero.

Descriptive Statistics

	N	Mean	Variance
ENEL	192	17.9430	7.184
DIFF(ENEL,1)	191	3.089E-02	2.729
SDIFF(ENEL,1,12)	180	.4579	.228
SDIFF(ENEL_1,1,1 2)	179	2.235E-03	.215
Valid N (listwise)	179		

Alla stessa conclusione si arriva esaminando i grafici delle differenze regolari, delle differenze stagionali e delle differenze regolari e stagionali. Dal menu **Graphs** selezionare **Sequence**. Per ottenere, ad esempio il grafico delle differenze prime regolari si può o spostare **enel** in **Variables** e selezionare **Difference** in **Transform** specificando **1** come ordine delle differenze, oppure si può spostare **enel_1** in **Variables**. Visto che sono state già create le tre serie di cui si vogliono costruire i grafici, si è scelto di spostare le variabili **enel_1**, **enel_2**, **enel_2_1** in **Variables**. Selezionare inoltre **One chart per variable** per ottenere un grafico distinto per ogni serie.

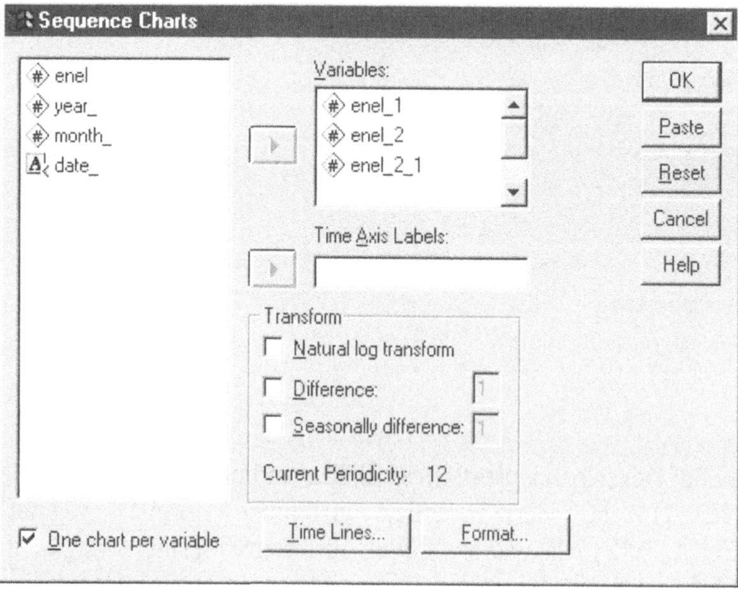

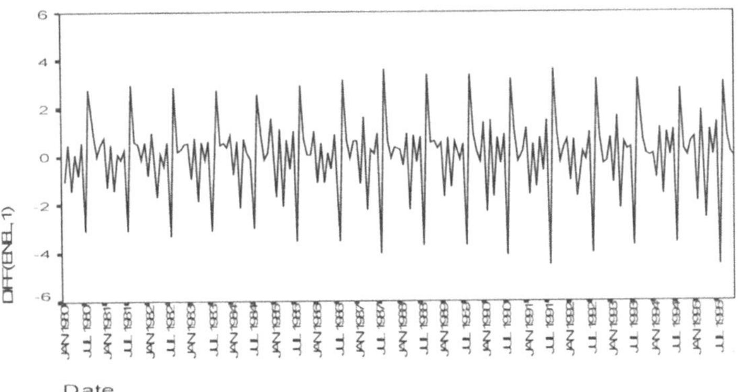

Come mostrato dal grafico, la serie delle differenze prime regolari non presenta più un trend crescente ma è ancora evidente il comportamento stagionale.

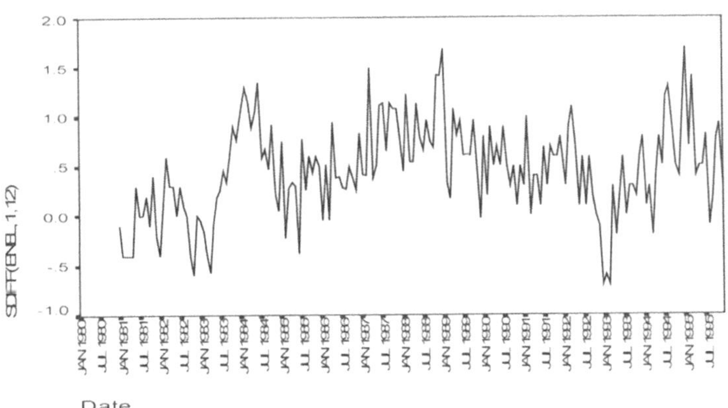

La serie delle differenze stagionali non risulta stazionaria in media.

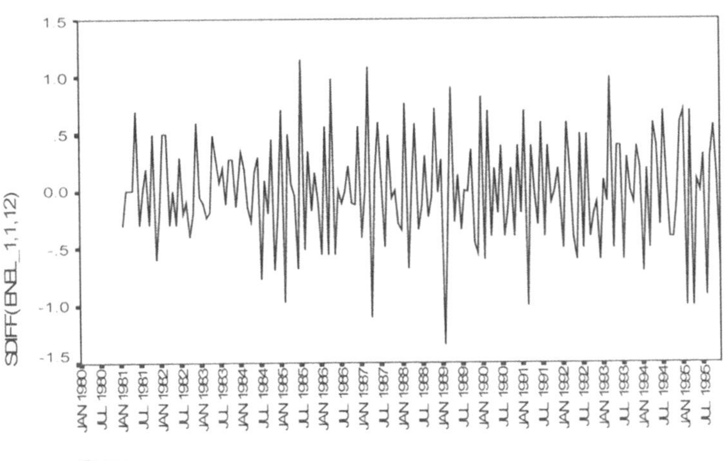

La serie delle differenze prime regolari e stagionali appare stazionaria in media.

La non stazionarietà in media della serie originale, della serie delle differenze prime regolari e delle differenze prime stagionali e la stazionarietà in media della serie delle differenze prime regolari e stagionali si evincono anche dall'esame delle relative funzioni di autocorrelazione globale.

Per costruire i correlogrammi, selezionare dal menu **Graphs**, **Time Series**, **Autocorrelations.**

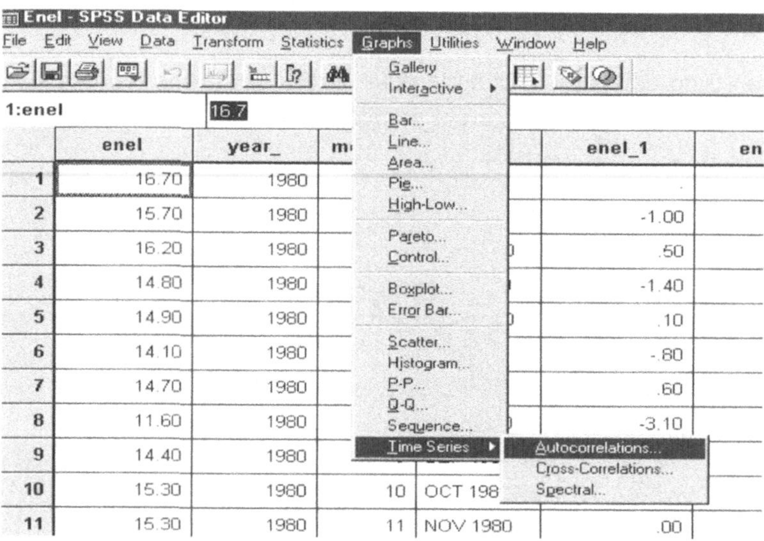

Spostare **enel, enel_1, enel_2** e **enel_2_1** in **Variables** e selezionare **Autocorrelations** in **Display**.

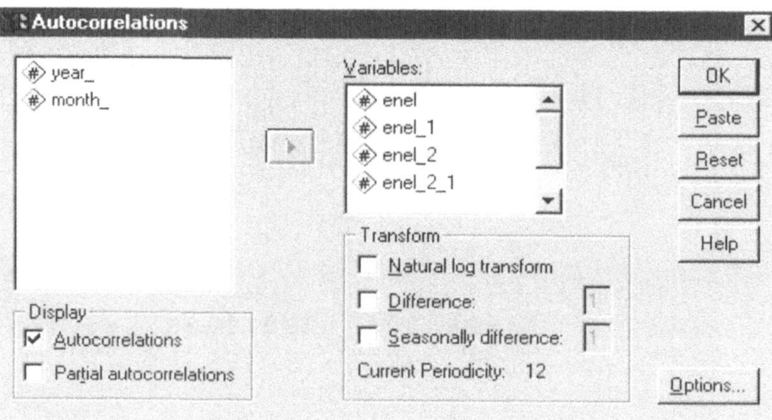

Nella finestra di dialogo **Autocorrelations: Options** specificare **48** (48 cade tra il 25% e il 30% del numero totale di osservazioni) come **Maximum Number of Lags** (ossia il ritardo massimo a cui viene stimata la funzione di autocorrelazione) e scegliere **Bartlett's approximation** come metodo di stima degli errori standard delle autocorrelazioni stimate.

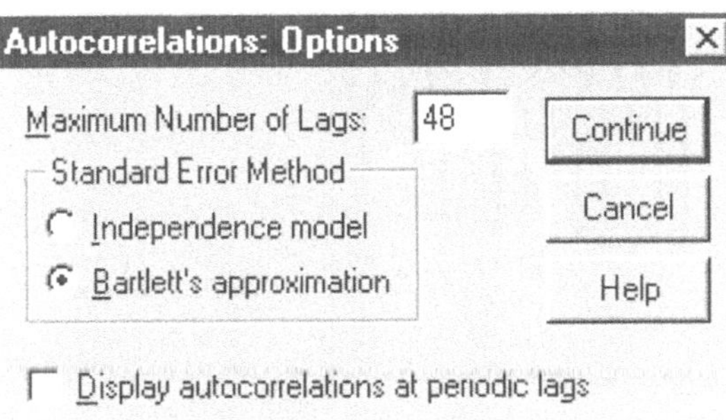

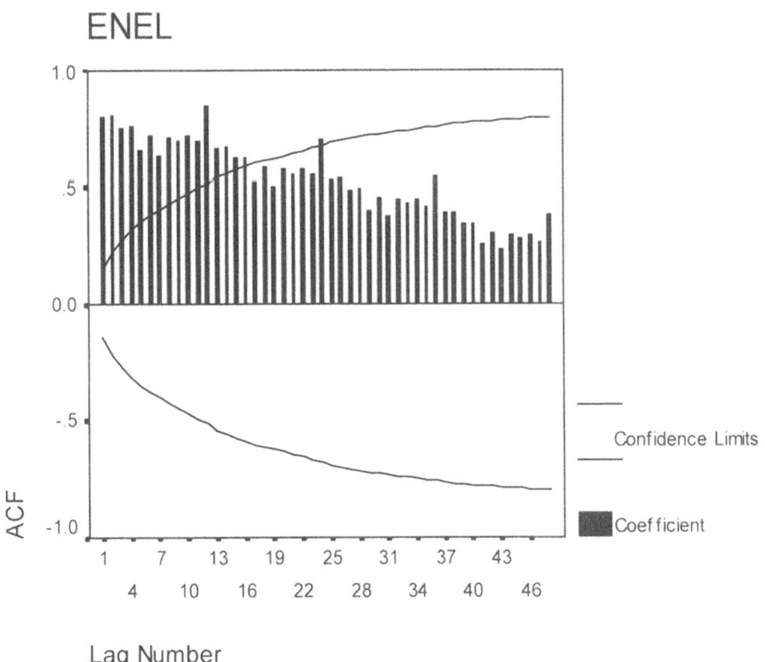

La non stazionarietà in media della serie originale è confermata dalla funzione di autocorrelazione globale, che mostra un decadimento verso lo zero estremamente lento.

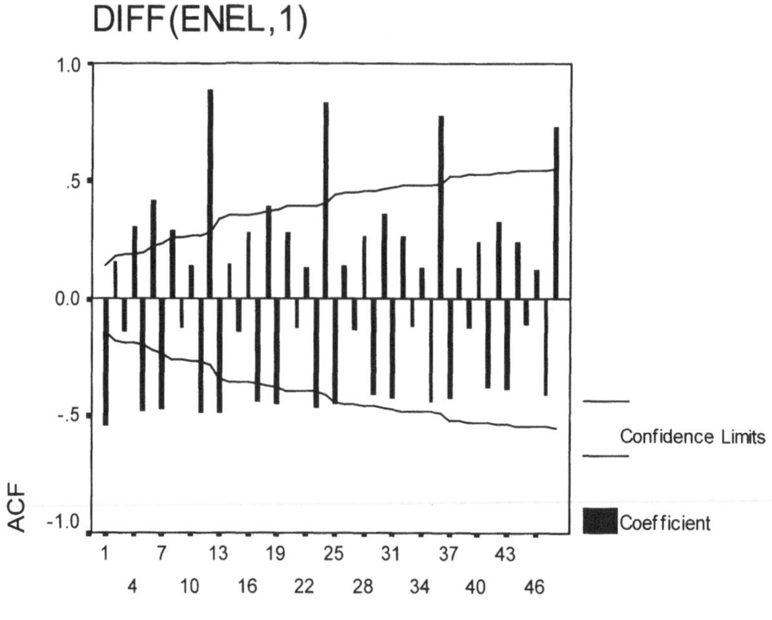

La funzione di autocorrelazione globale della serie delle differenze prime regolari si annulla lentamente ai ritardi stagionali, sottolineando la presenza di una non stazionarietà in media determinata dalla stagionalità e, di conseguenza, la necessità di ricorrere anche alle differenze stagionali per rendere la serie stazionaria in media.

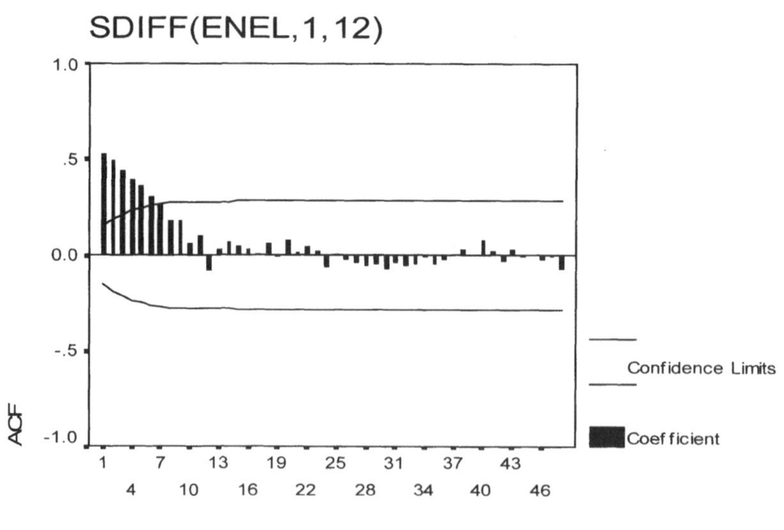

La funzione di autocorrelazione globale della serie delle differenze prime stagionali si annulla lentamente ai ritardi regolari, sottolineando la necessità di ricorrere anche alle differenze regolari per rendere la serie stazionaria in media.

Per procedere all'analisi delle funzioni di autocorrelazione globale e parziale ai fini dell'identificazione è necessario rendere la serie stazionaria in media attraverso l'uso delle differenze prime regolari e stagionali.

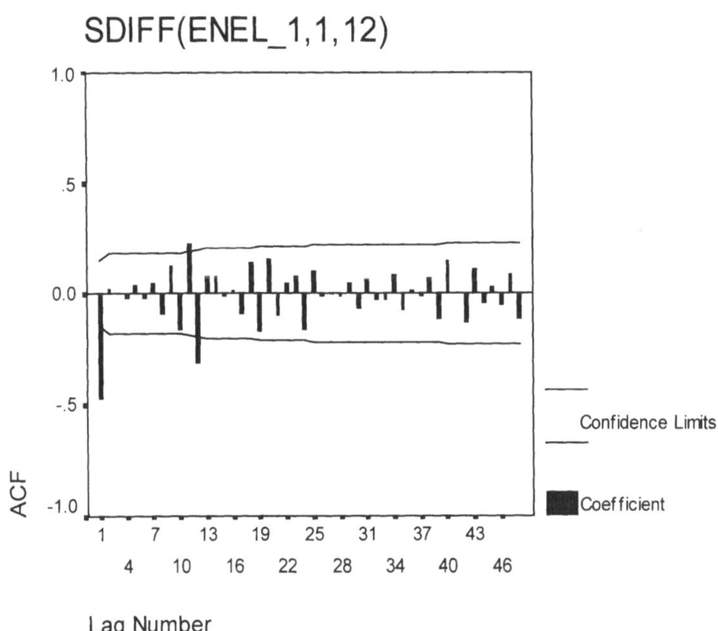

La stazionarietà in media della serie delle differenze prime regolari e stagionali è confermata dall'andamento della funzione di autocorrelazione globale, che decade velocemente verso lo zero sia ai ritardi regolari sia ai ritardi stagionali. Su tale serie è, quindi, effettuata l'identificazione del modello *ARIMA*. A tale fine è necessario esaminare anche la funzione di autocorrelazione parziale. Per costruire quest'ultima funzione, selezionare dal menu **Graphs, Time Series, Autocorrelations**. Spostare **enel_2_1** in **Variables** e selezionare **Partial autocorrelations** in **Display** (lo stesso grafico può essere ottenuto spostando **enel** in **Variables** e specificando le opzioni **Difference** (ordine 1) e **Seasonal difference** (ordine 1) in **Transform** nella finestra di dialogo **Autocorrelations**).

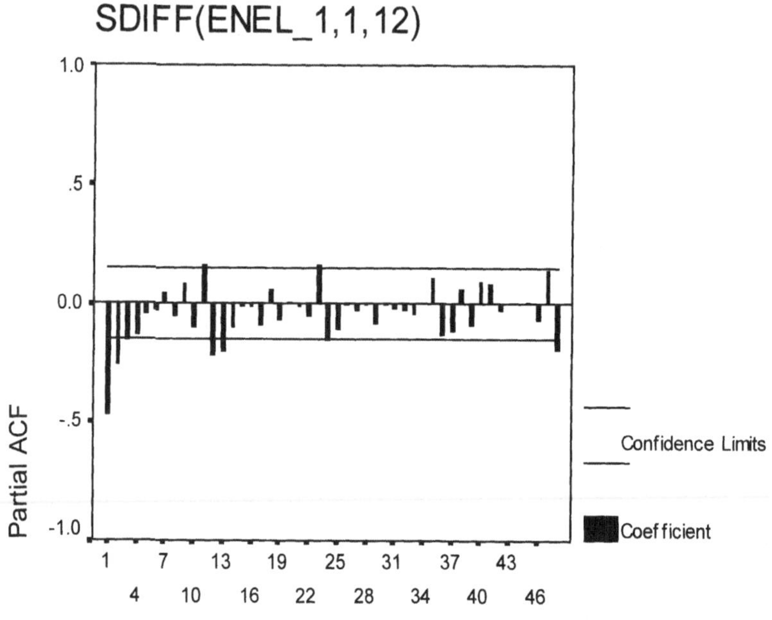

L'analisi delle funzioni di autocorrelazione globale e parziale della serie delle differenze prime regolari e stagionali suggerisce il modello $ARIMA(0,1,1)(0,1,1)_{12}$.

Per stimare tale modello selezionare **Statistics**, **Time Series**, **ARIMA**.

Nella finestra di dialogo **ARIMA** Spostare **enel** in **Dependent** e specificare gli ordini p, d, q delle componenti regolari e P, D, Q delle componenti stagionali.

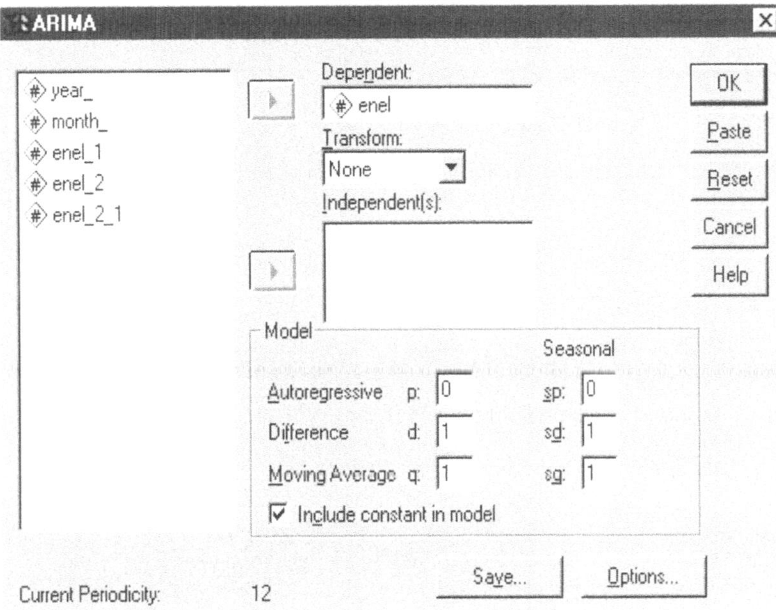

Di seguito è riportato l'output della fase di stima del modello.

```
MODEL:  MOD_6

Model Description:

Variable:   ENEL
Regressors: NONE

Non-seasonal differencing: 1
    Seasonal differencing: 1
Length of Seasonal Cycle: 12

Parameters:
MA1          ________    < value originating from estimation >
SMA1         ________    < value originating from estimation >
CONSTANT     ________    < value originating from estimation >

95.00 percent confidence intervals will be generated.

Split group number: 1  Series length: 192
No missing data.
Melard's algorithm will be used for estimation.

Termination criteria:
Parameter epsilon: .001
Maximum Marquardt constant: 1.00E+09
SSQ Percentage: .001
```

```
Maximum number of iterations: 10

Initial values:

MA1         .61247
SMA1        .36853
CONSTANT    .00420

Marquardt constant = .001
Adjusted sum of squares = 21.971025

            Iteration History:

  Iteration    Adj. Sum of Squares      Marquardt Constant

          1            20.522241                .00100000
          2            20.380769                .00010000
          3            20.377507                .00001000
_


Conclusion of estimation phase.
Estimation terminated at iteration number 4 because:
   Sum of squares decreased by less than .001 percent.

FINAL PARAMETERS:

Number of residuals  179
Standard error       .33293913
Log likelihood       -59.542316
AIC                  125.08463
SBC                  134.64679

          Analysis of Variance:

          DF  Adj. Sum of Squares      Residual Variance
Residuals     176            20.377436                .11084846

          Variables in the Model:

                B           SEB       T-RATIO     APPROX.  PROB.
MA1        .64872556    .05647797    11.486347        .00000000
SMA1       .67303801    .06597379    10.201597        .00000000
CONSTANT   .00323960    .00340443      .951583        .34261323
```

Il modello stimato è quindi:

$$(1-B)(1-B^{12})Z_t = (1-0.649B)(1-0.673B^{12})a_t.$$

I coefficienti media mobile stagionale e non stagionale stimati soddisfano
le condizioni di invertibilità (sono entrambi in modulo inferiori a 1). Il
test t su tali coefficienti risulta significativo sia al 5% sia all'1%
(APPROX. PROB. < 0.01), mentre la costante è non significativamente
diversa da zero.

```
Covariance Matrix:

            MA1              SMA1
```

```
MA1        .00318976    -.00004939
SMA1      -.00004939     .00435254

Correlation Matrix:

              MA1           SMA1

MA1        1.0000000    -.0132549
SMA1      -.0132549     1.0000000
```

La correlazione tra i coefficienti può ritenersi sufficientemente bassa essendo in modulo inferiore a 0.8.

```
Regressor Covariance Matrix:

            CONSTANT

CONSTANT    .00001159

Regressor Correlation Matrix:

            CONSTANT

CONSTANT   1.0000000
-


The following new variables are being created:

  Name        Label
```

Il programma crea automaticamente le seguenti nuove variabili:

```
  FIT_1       Fit for ENEL from ARIMA, MOD_6 CON
```

(contiene la serie stimata)

```
  ERR_1       Error for ENEL from ARIMA, MOD_6 CON
```

(contiene la serie dei residui stimati)

Si noti che se alla serie originale è stata applicata la trasformata logaritmica, i residui stimati sono espressi in scala logaritmica, mentre la serie stimata è sempre espressa nella scala di misura della serie originale.

```
  LCL_1       95% LCL for ENEL from ARIMA, MOD_6 CON
```

(contiene gli estremi inferiori degli intervalli di confidenza)

```
  UCL_1       95% UCL for ENEL from ARIMA, MOD_6 CON
```

(contiene gli estremi superiori degli intervalli di confidenza)

```
SEP_1        SE of fit for ENEL from ARIMA, MOD_6 CON
```

(contiene gli errori standard delle stime)

	enel_2_1	fit_1	err_1	lcl_1	ucl_1	sep_1
1						
2						
3						
4						
5						
6						
7						
8						
9						
10						
11						
12						
13						
14	-.30	15.60324	-.30324	14.65913	16.54735	.47839
15	.00	15.94169	-.14169	15.10169	16.78169	.42563
16	.00	14.48497	-.08497	13.67459	15.29535	.41062

Requisito indispensabile all'accettazione di un modello *ARIMA* è che i residui siano non autocorrelati. Si procede così alla costruzione della funzione di autocorrelazione globale dei residui del modello stimato (**err_1**).

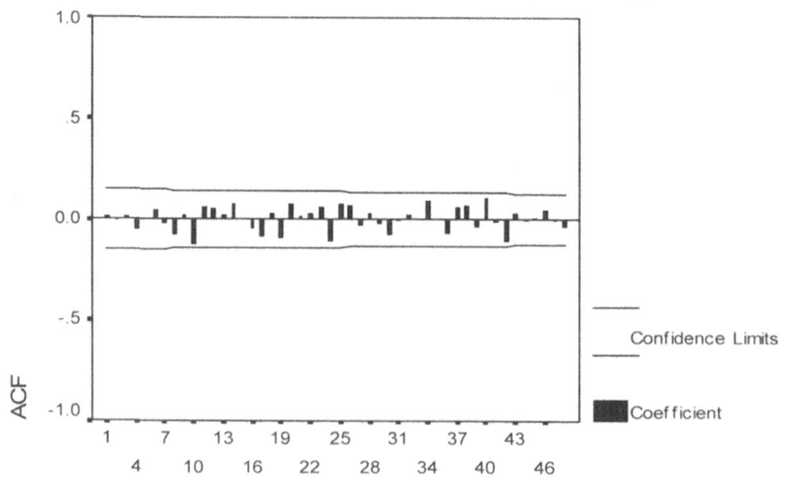

Dall'esame del correlogramma appare che i coefficienti di autocorrelazione sono non significativamente diversi da zero ad ogni lag, mantenendosi al di sotto delle bande posizionate in corrispondenza di $\pm 2s[r_k(\hat{a})]$, $k = 1,2,...$ Il modello stimato è, quindi, riuscito a spiegare la dipendenza tra le osservazioni.

Nella finestra di output è riprodotto il correlogramma e sono riportati i risultati del test Ljung-Box.

```
MODEL:  MOD_7.
Variable: ERR_1      Missing cases:  13     Valid cases:  179
Autocorrelations:   ERR_1   Error for ENEL from ARIMA, MOD_6 CON

       Auto- Stand.
Lag    Corr.  Err.  -1 -.75 -.5 -.25  0  .25  .5  .75  1  Box-Ljung  Prob.
                    +----+----+----+----+----+----+----+----+
  1   .014   .074                    .    *  .              .035    .851
  2  -.008   .074                    .    *  .              .047    .977
  3   .016   .074                    .    *  .              .093    .993
  4  -.056   .073                    . *I   .               .665    .956
  5   .003   .073                    .    *  .              .667    .985
  6   .044   .073                    .   I*  .             1.024    .985
  7  -.020   .073                    .    *  .             1.098    .993
  8  -.082   .073                    .**I   .              2.370    .968
  9   .026   .072                    .   I*  .             2.495    .981
 10  -.125   .072                    .**I   .              5.488    .856
 11   .060   .072                    .   I*  .             6.174    .862
 12   .058   .072                    .   I*  .             6.819    .869
 13   .025   .072                    .   I*  .             6.943    .905
 14   .077   .071                    .   I**.              8.113    .883
 15   .000   .071                    .    *  .             8.113    .919
 16  -.047   .071                    . *I   .              8.549    .931
 17  -.084   .071                    .**I   .              9.959    .905
 18   .035   .070                    .   I*  .            10.207    .925
 19  -.096   .070                    .**I   .             12.093    .882
 20   .078   .070                    .   I**.             13.320    .863
 21   .013   .070                    .    *  .             13.357    .896
 22   .032   .070                    .   I*  .             13.572    .916
 23   .064   .069                    .   I*  .             14.426    .914
 24  -.112   .069                    .**I   .             17.041    .847
 25   .083   .069                    .   I**.             18.477    .821
 26   .070   .069                    .   I*  .             19.525    .814
 27  -.033   .068                    . *I   .             19.762    .841
 28   .030   .068                    .   I*  .             19.950    .866
 29  -.023   .068                    .    *  .             20.063    .891
 30  -.081   .068                    .**I   .             21.491    .872
 31  -.011   .068                    .    *  .             21.516    .898
 32   .024   .067                    .    *  .             21.642    .917
 33   .000   .067                    .    *  .             21.642    .935
 34   .094   .067                    .   I**.             23.597    .909
 35  -.001   .067                    .    *  .             23.597    .929
 36  -.073   .066                    . *I   .             24.790    .921
 37   .065   .066                    .   I*  .             25.750    .918
 38   .072   .066                    .   I*  .             26.933    .910
 39  -.041   .066                    . *I   .             27.330    .920
 40   .114   .066                    .   I**.             30.368    .865
 41  -.019   .065                    .    *  .             30.449    .886
 42  -.113   .065                    .**I   .             33.482    .823
 43   .034   .065                    .   I*  .             33.763    .842
 44  -.008   .065                    .    *  .             33.777    .868
 45   .005   .064                    .    *  .             33.782    .890
 46   .046   .064                    .   I*  .             34.300    .898
 47  -.007   .064                    .    *  .             34.314    .916
 48  -.036   .064                    . *I   .             34.640    .926

Plot Symbols:      Autocorrelations *    Two Standard Error Limits .
Total cases:  192     Computable first lags:  178
```

Il test Ljung-Box per il controllo dell'ipotesi nulla $H_0 : \rho_1 = \rho_2 = ... = \rho_K = 0$ è sempre non significativo sia al livello $\alpha = 0.05$ sia al livello $\alpha = 0.01$, ossia non si rifiuta l'ipotesi che i primi

K, $K=1,2,...,48$, coefficienti di autocorrelazione siano nel loro insieme nulli.

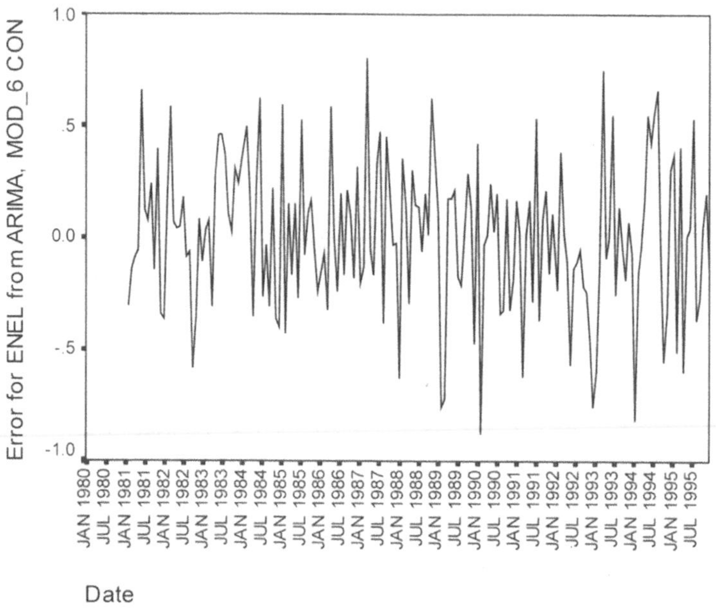

Il grafico dei residui non mostra nessun pattern apparente e permette di pensare alla serie dei residui come ad una realizzazione di un processo a media nulla e stazionario in varianza. Non si notano, inoltre, valori anomali di particolare rilievo.

Per verificare la normalità dei residui, selezionare dal menu **Statistics**, **Summarize**, **Explore**.

Inserire **err_1** in **Dependent List** e selezionare **Plots** in **Display**.

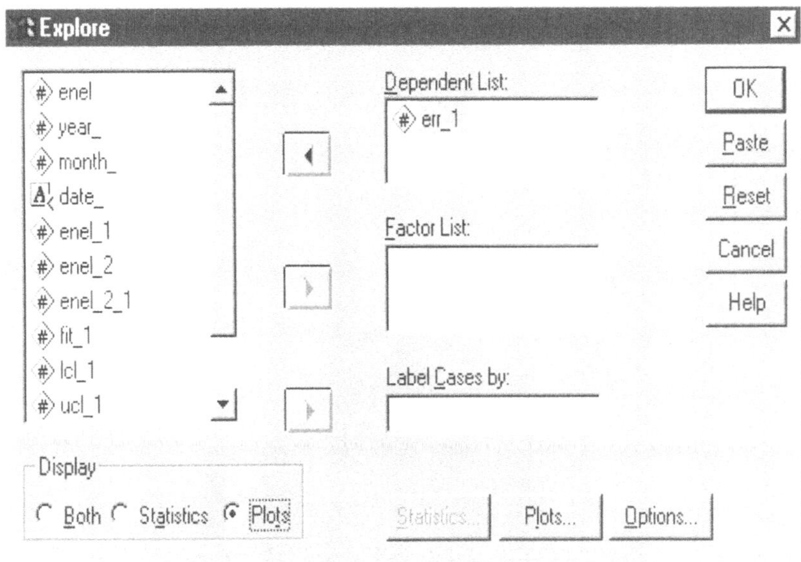

Nella finestra di dialogo **Explore: Plots** selezionare **None** in **Boxplots**, **Histogram** in **Descriptive** e scegliere l'opzione **Normality plots with tests**.

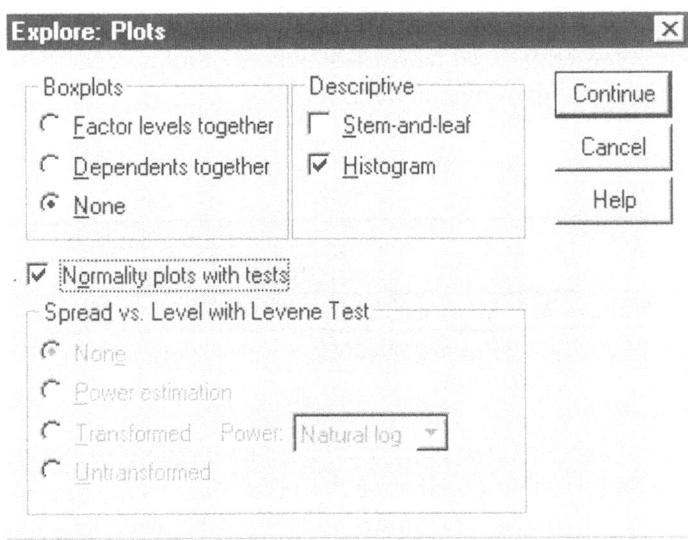

SPSS produce in output l'istogramma dei residui, il test di normalità basato sulla statistica di Kolmogorov-Smirnov con la correzione di Lilliefors e il cosiddetto QQ plot.

Histogram

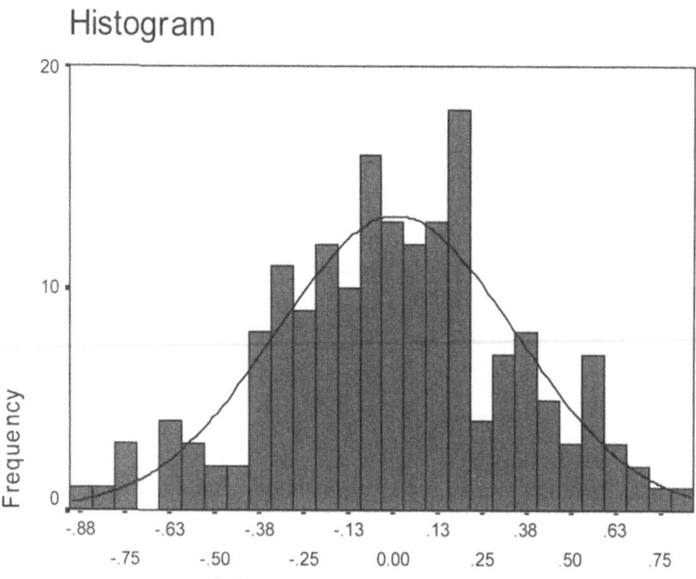

Error for ENEL from ARIMA, MOD_6 CON

La distribuzione dei residui appare unimodale e conforme alla legge gaussiana, come è confermato dal test di Kolmogorov-Smirnov che porta al non rifiuto dell'ipotesi di normalità (**Sig.** > 0,05).

Tests of Normality

	Kolmogorov-Smirnov[a]		
	Statistic	df	Sig.
Error for ENEL from ARIMA, MOD_6 CON	.038	179	.200

* This is a lower bound of the true significance.
a Lilliefors Significance Correction

Il grafico Quantile-Quantile (Q-Q plot) costituisce un ulteriore strumento per la verifica della normalità distributiva dei residui in quanto fornisce una misura della bontà di adattamento della distribuzione gaussiana alla distribuzione dei residui. La costruzione del Q-Q plot avviene nel modo seguente: i residui vengono ordinati in modo crescente e corretti (si veda

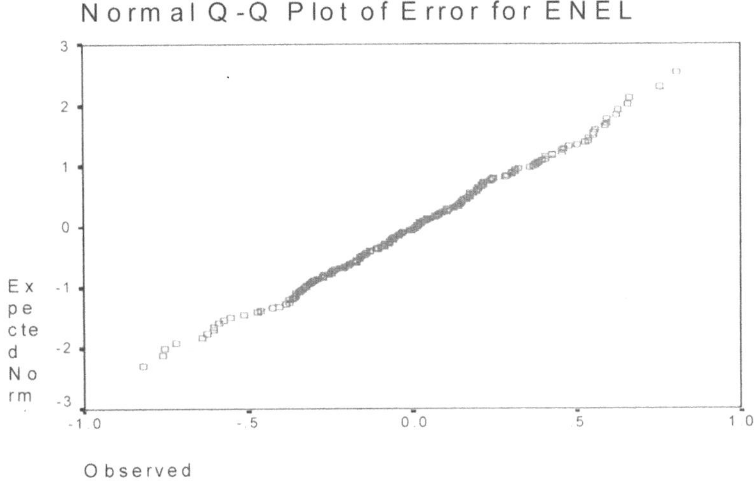

Hahn e Shapiro, 1967) e in corrispondenza di ciascun residuo, si calcolano i valori corrispondenti dell'**inversa** della funzione di ripartizione empirica dei residui e dell'**inversa** della funzione di ripartizione della normale standard, ponendo i primi in in ascissa e i secondi in ordinata. Si adatta quindi una retta di regressione allo scatterplot ottenuto e chiaramente quanto più i valori ottenuti cadono sulla retta di regressione tanto più gaussiana sarà la distribuzione dei residui.

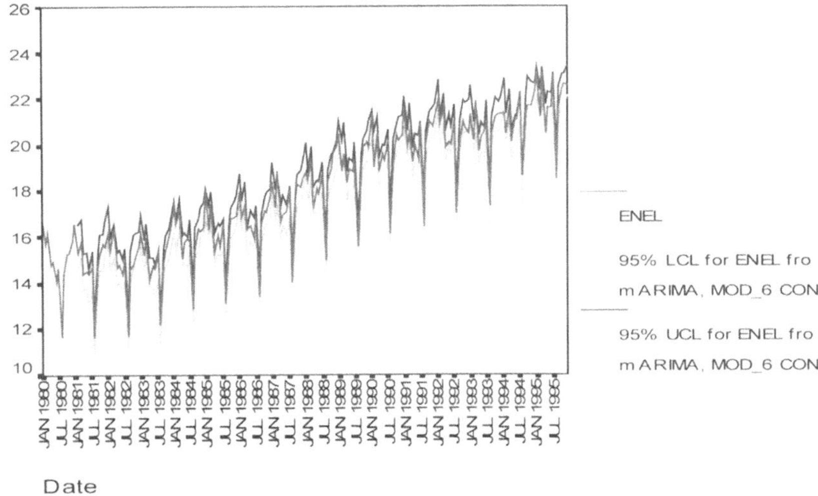

Il grafico mostra la serie originale e le relative bande di confidenza al 95%. Si osservi che la serie si mantiene sempre all'interno di tali bande. Per costruire tale grafico nella finestra di dialogo **Sequence Charts** si specificano in **Variables enel, ucl_1** e **lcl_1** che contengono rispettivamente la serie originale, i limiti superiori e inferiori di confidenza.

Rimane da valutare la capacità previsiva del modello stimato. A tal fine si suddivide il periodo di osservazione in due intervalli temporali. Le osservazioni relative al primo intervallo, che costituisce il cosiddetto periodo di stima, sono usate per stimare il modello identificato. Tale modello è quindi impiegato per produrre le previsioni relative al secondo intervallo temporale.

Nella nostra serie si è scelto l'intervallo gennaio 1980 – dicembre 1994 come periodo di stima e l'anno 1995 come periodo di previsione.

Per selezionare i dati relativi al periodo di stima selezionare **Data, Select Cases**.

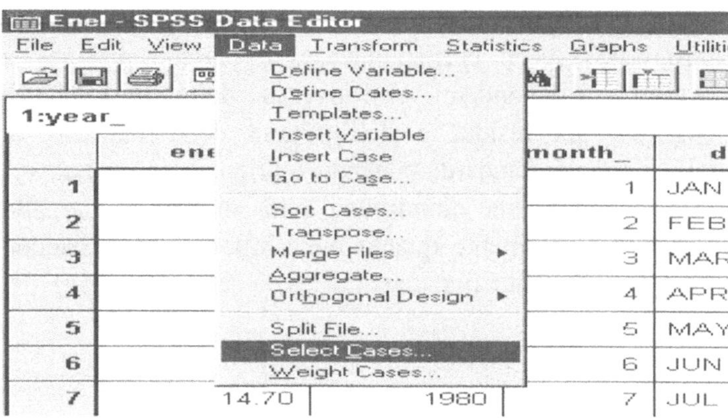

Scegliere l'opzione **Based on time or case range** ed entrare nella finestra di dialogo **Select Cases: Range**.

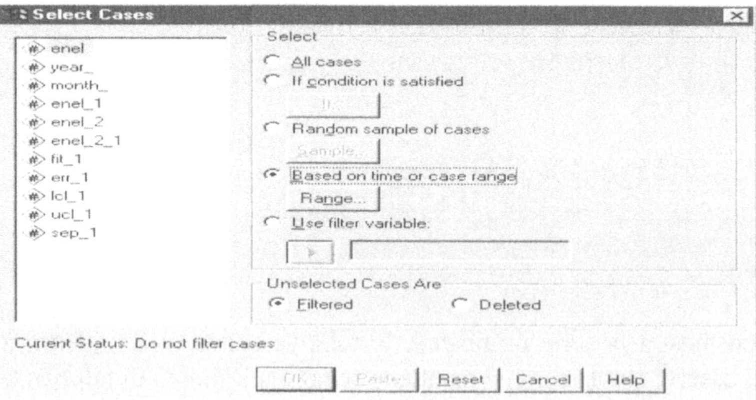

Specificare come primo caso gennaio 1980 e come ultimo caso dicembre 1994. Le successive elaborazioni di SPSS useranno solo i casi relativi al periodo selezionato.

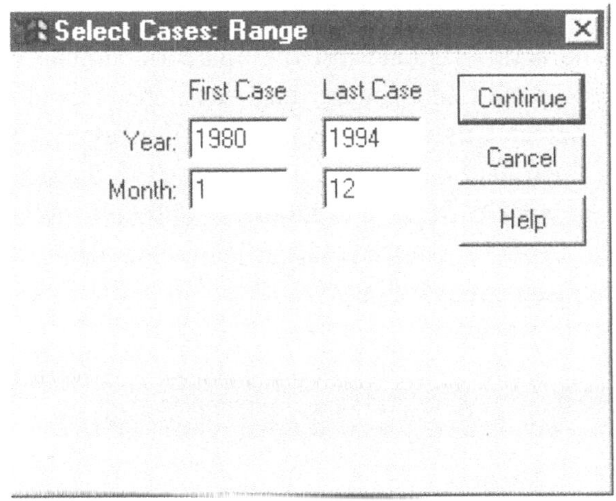

Procedere alla stima del modello identificato. Si osservi che nella finestra di dialogo **ARIMA: Save** è evidenziato il periodo di stima e lasciando specificata l'opzione di default **Predict from estimation period through last case** si producono le previsioni fino all'ultima osservazione presente nel data set, ossia dicembre 1995. E' possibile specificare altrimenti un'altra data.

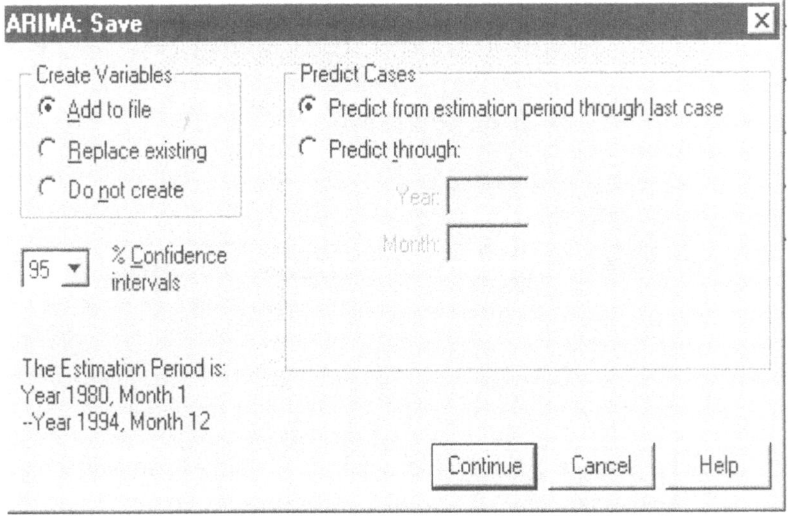

Verificare che le stime dei parametri ottenute con il sottoinsieme di dati selezionato non si allontanino troppo da quelle calcolate sull'intero insieme.

La nuova variabile creata **fit_2** contiene in corrispondenza del periodo di stima la serie stimata, mentre al di fuori di tale periodo la serie prevista.

Per costruire il grafico della serie originale insieme alla serie stimata e alle previsioni è necessario prima riselezionare tutti i dati specificando nella finestra di dialogo **Select Cases** del menu **Data**, l'opzione **All Cases**. Selezionare quindi **Graphs, Sequence** e, nella finestra di dialogo **Sequence Charts**, spostare **enel** e **fit_2** in **Variables**. Entrando nella finestra di dialogo **Time Lines** è possibile specificare una data in corrispondenza della quale disegnare una linea.

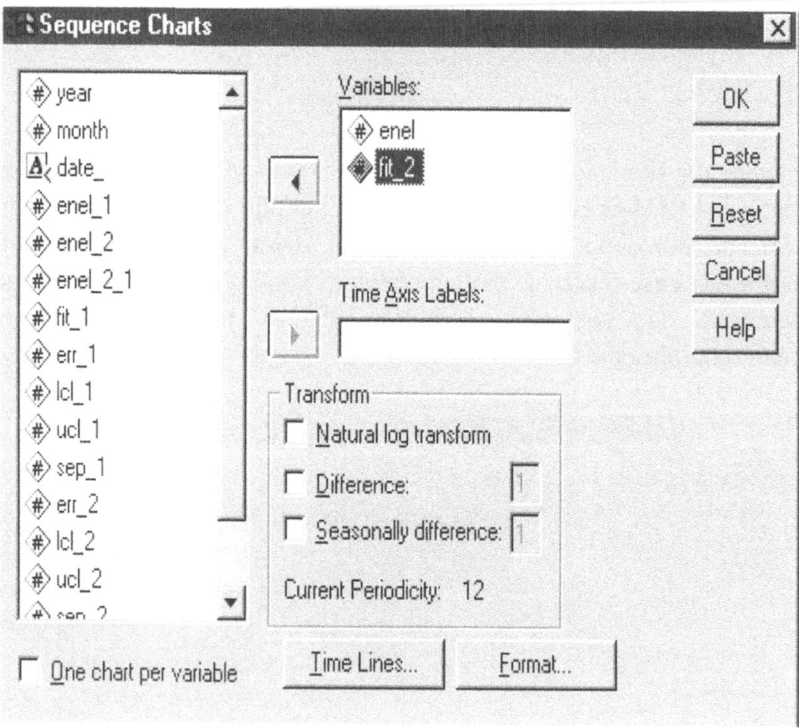

Nell'analisi della serie è interessante separare il periodo di stima dal periodo di previsione. Si è quindi specificata come data in corrispondenza della quale tracciare la linea di demarcazione il dicembre 1994.

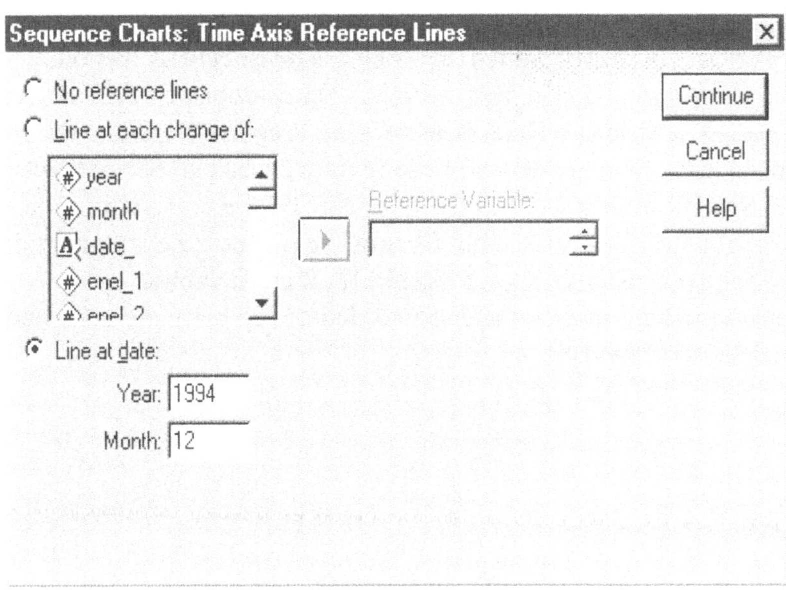

Dal grafico risulta che sia le stime, sia le previsioni riproducono in maniera soddisfacente l'andamento della serie osservata.

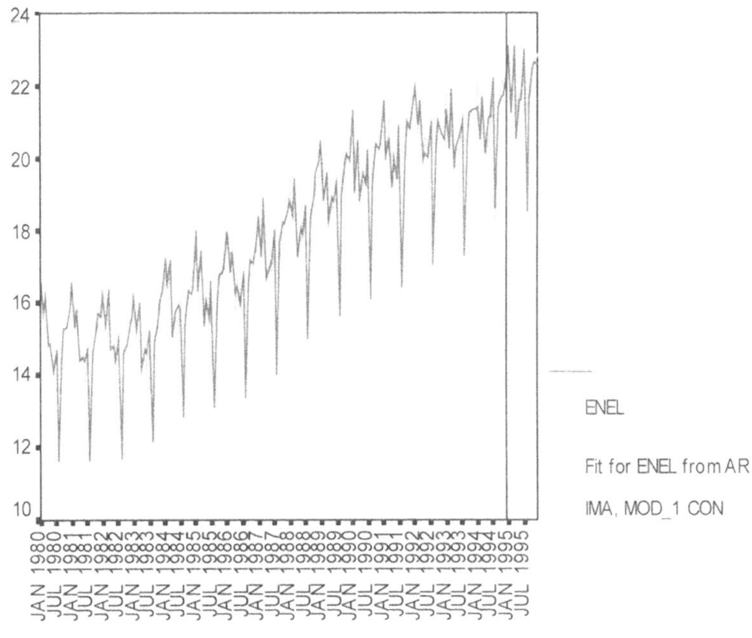

Per evidenziare la capacità previsiva del modello *ARIMA* identificato, si può costruire lo stesso grafico ma solo relativamente al periodo di previsione, ovvero ai dodici mesi del 1995. Per selezionare i dati relativi a tale periodo selezionare **Data, Select Cases**; scegliere l'opzione **Based on time or case range** ed entrare nella finestra di dialogo **Select Cases: Range**. Specificare come primo caso gennaio 1995 e come ultimo caso dicembre 1995. Selezionare quindi **Graphs, Sequence** e, nella finestra di dialogo **Sequence Charts**, spostare **enel** e **fit_2** in **Variables**.
Il grafico risultante mostra l'andamento della serie originale nell'anno 1995 e della serie prevista.

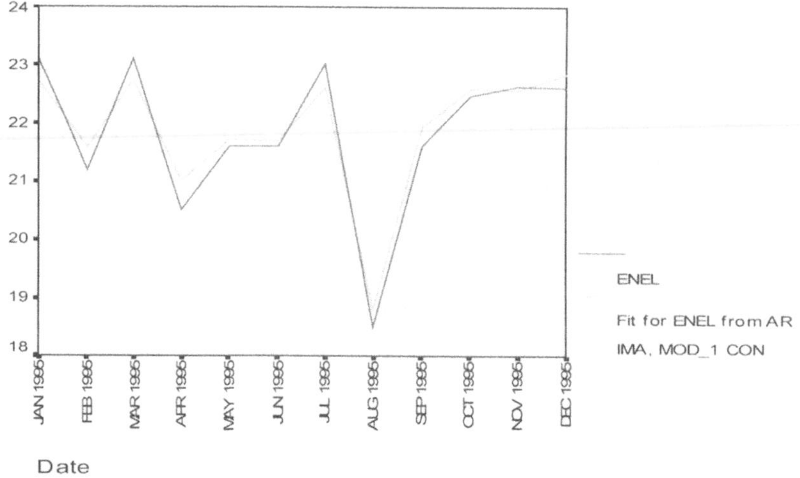

Per calcolare il *MAPE*, misura sintetica della capacità previsiva del modello, si costruisce in primo luogo la variabile che contiene gli errori relativi percentuali in valore assoluto e quindi se ne calcola la media sul periodo di previsione. Selezionare **Transform, Compute**.

Nominare la nuova variabile (**Target Variable**) *APE* (absolute percent error) e specificare in **Numeric Expression** la sua formula calcolatoria.

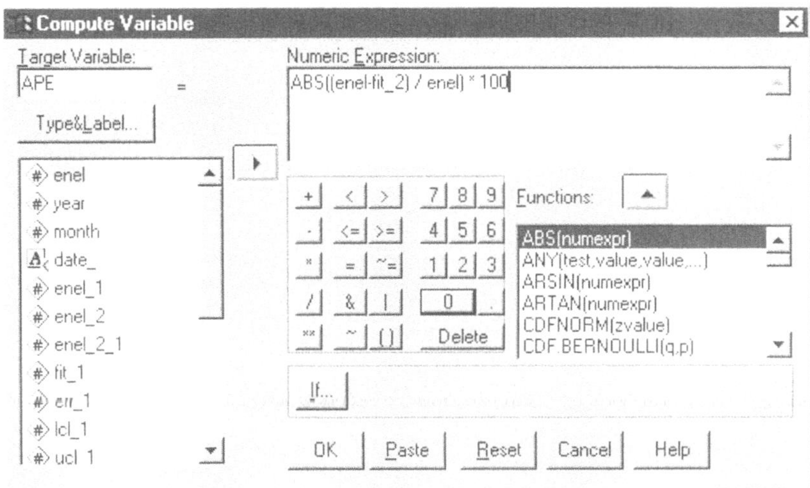

Per calcolare la media solo sul periodo di previsione lasciare selezionato solo il sottoinsieme di dati relativi a tale periodo. Procedere al calcolo della media dei valori della variabile *APE* cliccando su **Statistics**, **Summarize**, **Descriptives**. Nella finestra di dialogo **Descriptives** spostare *APE* in **Variables** e nella successiva finestra **Descriptives: Options** selezionare **Mean**.

Descriptive Statistics

	N	Mean
APE	12	1.2658
Valid N (listwise)	12	

Essendo il *MAPE* pari a 1.2658%, e quindi inferiore al 12-15%, anche la capacità previsiva del modello stimato può essere giudicata soddisfacente.

Capitolo 10
Scomposizione delle serie storiche

La scomposizione di una serie storica in diversi processi evolutivi è di fondamentale importanza per lo studio del ciclo d'affari e la crescita economica e anche per la stagionalità.

Si riconosce Persons (1919) come il primo ad aver distinto quattro tipi di variazioni nell'analisi delle serie storiche economiche, ovvero 1) tendenza, 2) ciclo, 3) stagionalità, 4) componente irregolare.

Statisticamente la possibilità di effettuare la scomposizione lineare di un processo stanzionario in senso debole fu dimostrata nel teorema di Wold (1938) visto nel capitolo 1. Tale teorema afferma che se una serie storica è stazionaria in senso debole (cioè la sua media e la sua varianza sono costanti e la funzione di autocovarianza dipende soltanto dal ritardo temporale), allora può essere univocamente rappresentata mediante la somma di due processi mutuamente non correlati, uno dato da una media mobile infinita e l'altro da un processo deterministico dove l'evoluzione futura della realizzazione può essere determinata senza errore a condizione che i valori passati siano conosciuti. Sia questi due processi sia le quattro componenti sopra elencate non sono **direttamente** osservabili (sono variabili latenti) e, di conseguenza, si devono fare ipotesi concernenti il loro comportamento temporale. Il tipo di comportamento ipotizzato per ciascuna componente determina il modello e il metodo di stima più appropriato per la serie oggetto di studio.

In questo capitolo sono presentate alcune delle definizioni più comuni per ciascuna componente e le relative procedure di stima.

10.1 Componenti delle serie storiche: concetti e definizioni

Si analizzano ora le assunzioni più comuni relative ai tipi di fluttuazioni che possono essere identificate a partire da una serie storica e i corrispondenti modelli.

10.1.1 La tendenza

Il concetto di tendenza è stato utilizzato nell'economia e in altre scienze per rappresentare principalmente variazioni smooth (lisce) di lungo termine. Le cause di questo movimento sono essenzialmente attribuite a cambiamenti strutturali, come la crescita della popolazione, il progresso tecnologico, l'accumulazione del capitale e nuovi modi di organizzazione. Per la maggior parte delle serie economiche, l'evoluzione della componente di tendenza tende a essere liscia e graduale, e può essere di natura sia stocastica sia deterministica. Ci possono essere comunque situazioni in cui questa evoluzione presenta un cambiamento repentino di livello o di pendenza e in questo caso si dice che la serie ha avuto un cambiamento strutturale. Si deve notare però che più alto è il livello di aggregazione del fenomeno oggetto di studio, più difficile è osservare un cambiamento strutturale o una rottura nella tendenza. Infatti, ad esempio, la sostituzione di alcune aziende con altre nuove che utilizzano una tecnologia molto più avanzata raramente mostrerà cambiamenti strutturali al livello aggregato dell'industria. Invece un cambiamento tecnologico in un'azienda particolare introdurrà una discontinuità nella tendenza della sua produzione. Quanto più lungo è il periodo di osservazione di una serie storica, tanto più alta è la probabilità di riscontrare cambiamenti strutturali che influiscono sulla tendenza.

La misura della tendenza si basa sull'assunzione che il processo generatore abbia una stabilità strutturale e che i dati siano omogenei nel tempo.

L'identificazione e la stima della tendenza sono sempre state un problema molto serio per gli statistici. Tale problema non è di natura matematica o statistica, ma concettuale e deriva dal fatto che la tendenza come tutte le altre componenti di una serie storica è una variabile latente (quindi non osservabile) e la sua definizione come movimento liscio di lungo periodo è statisticamente vaga. Il concetto di "lungo periodo" è relativo, in quanto ciò che si identifica come trend per una serie data, può rivelarsi parte di un ciclo di lungo periodo quando l'intervallo di osservazione della serie è aumentato considerabilmente. Per evitare questo problema, gli statistici hanno fatto ricorso a due soluzioni molto semplici: una consiste nello stimare la tendenza e il ciclo insieme, chiamando trend-ciclo il movimento combinato risultante, l'altra consiste nel definire la tendenza in termini della lunghezza della serie, indicandola come il movimento non-periodico più lungo.

All'interno della vasta classe dei modelli identificati per la componente tendenza, si possono distinguere due gruppi principali, i modelli deterministici e stocastici.

I modelli deterministici per la tendenza si basano sull'assunzione che la tendenza di una serie storica possa essere approssimata accuratamente con funzioni matematiche del tempo definite sull'intero intervallo di osservazione della serie.

La rappresentazione più comune di una tendenza di natura deterministica si basa su funzioni polinomiali o trascendenti.

La serie storica di cui si vuole identificare la componente di tendenza si assume generata da un processo non stazionario dove la non stazionarietà è di natura deterministica. Il modello classico è il modello di regressione:

$$Z_t = Y_t + u_t, \qquad (10.1.1.1)$$

dove Z_t è la serie osservata, Y_t un processo deterministico non stazionario che ne rappresenta la tendenza e u_t è un processo puramente casuale o white noise, tali che $E(Y_t u_t) = 0$. Se si assume che la tendenza sia un polinomio di grado n generalmente piccolo (minore o uguale a 3), allora il modello è:

$$Y_t = \alpha_0 + \alpha_1 t + \alpha_2 t^2 + ... + \alpha_n t^n, \qquad (10.1.1.2)$$

La tendenza si dice deterministica nel senso di essere una realizzazione di un processo deterministico i cui valori futuri non sono influenzati dalla componente casuale.

Oltre alle funzioni polinomiali del tempo, altre funzioni matematiche sono usate per rappresentare tendenze deterministiche, come le funzioni esponenziali modificate, la funzione Gompertz e la funzione logistica (si veda Dagum e Dagum, 1988).

La seconda categoria di modelli per la tendenza è quella che assume che tale componente sia generata da un processo stocastico non stazionario, usualmente lineare omogeneo. Questi modelli stocastici per la tendenza si basano sull'ipotesi che i disturbi aleatori sono autocorrelati e che il tempo influisca sulla parte sistematica e non sistematica del processo (si veda Harvey, 1985, e Maravall, 1993).

Una classe importante dei modelli stocastici per la tendenza è quella dei modelli *ARIMA* che possono essere scritti in generale come:

$$\phi_p(B)(1-B)^d Y_t = \theta_q(B)a_t \qquad (10.1.1.3)$$

dove $a_t \sim NID(0, \sigma_a^2)$.

Nella maggior parte delle applicazioni si ha *p=0* o 1, *d=1* o 2 e *q=1* o 2, da cui risulta che i modelli di tendenza sono prevalentemente di tipo *ARIMA(1,1,0)*; *ARIMA(0,1,1)*; *ARIMA(0,1,2)*; *ARIMA(0,2,2)* .

10.1.2 Il ciclo

Il ciclo è una oscillazione quasi-periodica caratterizzata dall'alternanza di periodi di espansione e di contrazione. Esso è generalmente associato allo stato corrente dell'economia, viene indicato come il ciclo d'affari e dura in media fra i tre e i cinque anni. Negli studi di carattere analitico le variazioni tendenziali e cicliche sono stimate generalmente insieme in quanto la maggior parte delle serie è relativamente corta e quindi il significato della componente tendenza perde di importanza.

L'identificazione di cicli specifici nelle serie storiche economiche richiede precise definizioni dei concetti di "contrazione" e di "espansione". Il ciclo d'affari, secondo una definizione che ha portato alla costruzione di una cronologia dei cicli largamente accettata, è un tipo di fluttuazione che si riscontra nell'attività economica **aggregata** dei paesi che organizzano il loro lavoro principalmente in forma capitalistica. Un ciclo consiste di fasi di espansione che si verificano circa allo stesso tempo in molte attività economiche, seguite da fasi di recessione, di contrazione e di ripresa che si incorporano nella fase di espansione del ciclo successivo. Una tale sequenza è ricorrente ma non periodica; i cicli economici presentano durate che variano da più di un anno a dieci anni, essi inoltre non sono divisibili in cicli più corti.

Le fasi del ciclo si inferiscono in primo luogo dal livello dell'attività economica. I **punti di svolta** sono chiamati picchi, quando si riferiscono al periodo immediatamente precedente un declino dell'attività reale, ovvero una recessione, e avvallamenti, quando si riferiscono al periodo immediatamente precedente una ripresa, ovvero una espansione. Nella definizione vista, quindi, non è richiamata nessuna misura singola dell'attività economica aggregata, in quanto molte di queste misure sono rilevanti per il problema, come ad esempio le misure della produzione, dell'occupazione, del reddito e del commercio, e nessuna singola misura è o disponibile per un lungo periodo o possiede gli attributi desiderati. Per esempio, nella determinazione delle date dei picchi e degli avvallamenti relativi alla recessione verificatasi negli Stati Uniti fra il 1973 e il 1975 furono usate diciannove serie mensili e trimestrali.

Nella scomposizione delle serie storiche il problema della identificazione del comportamento ciclico si rivela molto importante alla fine del periodo di osservazione per la necessità di prevedere il verificarsi di un punto di svolta.

Come visto relativamente alla modellistica della componente tendenza, i modelli per le variazioni cicliche possono essere sia deterministici sia stocastici. I modelli deterministici consistono spesso di funzioni seno e coseno di ampiezze e periodicità fissate, mentre i modelli stocastici di funzioni seno e coseno di ampiezze e periodicità aleatorie. Per esempio, indicando con C_t la componente ciclica al tempo t, si può scrivere,

$$C_t = \sum_{j=1}^{2} \left[\alpha_j \cos(\omega_j t) + \beta_j \, sen(\omega_j t) \right], \tag{10.1.2.1}$$

dove $\omega_1 = \dfrac{2\pi}{60} = \dfrac{\pi}{30}$ e $\omega_2 = \dfrac{2\pi}{40} = \dfrac{\pi}{20}$.

Il modello (10.1.2.1) prende in considerazione due cicli dominanti, quello di 5 anni trovato spesso nell'economia europea e quello di 40 mesi che si riscontra nell'economia americana. Se si fa l'ipotesi che gli α_j e β_j siano fissi, si ha un modello deterministico, mentre se si ipotizza che essi siano aleatori si ha un modello stocastico.

Nella modellistica *ARIMA* un modello *AR(2)* con radici complesse permette anche la rappresentazione di una componente ciclica stocastica. Per esempio:

$$Z_t = \phi_1 Z_{t-1} + \phi_2 Z_{t-2} + a_t , \qquad (10.1.2.2)$$

dove $\{a_t\}$ è un processo white-noise, $\phi_1 = 0.7$ e $\phi_2 = -0.5$.

Lo spettro corrispondente alla funzione di autocorrelazione come dato nella (3.2.21), diventa

$$g(\omega) - \frac{\sigma_a^2}{2\pi \left| 1 - \phi_1 e^{-i\omega} - \phi_2 e^{-i2\omega} \right|^2}, \quad 0 < \omega < \pi . \qquad (10.1.2.3)$$

Esprimendo la (10.1.2.3) in termini di funzioni seno e coseno, possiamo determinare il punto di massimo della funzione calcolando la derivata prima e ponendola uguale a zero. Essa ammette un massimo diverso da 0 e da π se $\left| -\phi_1 (1 - \phi_2) \right| < \left| 4\phi_2 \right|$ La soluzione dell'equazione risultante è:

$$\omega_0 = \arccos\left[\phi_1 (1 - \phi_2) / 4\phi_2 \right] = \arccos(0.5250) = 1.018 \qquad (10.1.2.4)$$

che corrisponde ad un periodo di $\dfrac{2\pi}{\omega_0} = 6.172$.

10.1.3 La stagionalità

I dati di serie storiche relativi a periodi di durata minore ad un anno, ad esempio mensili o trimestrali, sono spesso caratterizzati da variazioni stagionali. La presenza di tali variazioni è stata riconosciuta da molto tempo. Sia le stagioni climatiche sia quelle convenzionali hanno fortemente influenzato l'organizzazione della società, i mezzi di produzione e di comunicazione, così come gli eventi sociali e religiosi. Le variazioni stagionali della produzione agricola, il basso livello dell'edilizia in inverno e le alte vendite al dettaglio pre-natalizie, sono fenomeni ben noti.

Le quattro cause principali della stagionalità nelle serie temporali socio-economiche sono il clima, la composizione del calendario, le scadenze imposte e le aspettative.

Le cause della stagionalità sono prevalentemente esogene al sistema economico, anche se l'intervento dell'uomo ne può modificare il livello e la natura. Per esempio, le variazioni stagionali relative all'industria automobilistica sono influenzate dalle decisioni dei produttori concernenti il grado di rinnovamento dei modelli prodotti in ogni anno; le variazioni stagionali dell'offerta di denaro e delle serie ad essa collegate possono essere controllate dalle decisioni delle banche centrali concernenti il tasso di interesse.

Le variazioni stagionali sono inoltre caratterizzate dal ripetersi ogni anno con una certa regolarità sebbene possano presentare una **evoluzione**. Molte sono le cause che possono produrre cambiamenti nella componente stagionale. Ad esempio un declino dell'importanza del settore primario nel prodotto nazionale lordo modifica il comportamento stagionale dell'economia nel suo complesso, così come la distribuzione geografica dell'industria in una nazione che si estende su diverse zone climatiche. I cambiamenti della tecnologia alterano l'importanza dei fattori climatici. Gli usi e i costumi cambiano con una diversa distribuzione del reddito modificando, di conseguenza, la domanda di certi beni e il relativo comportamento stagionale. Per molte serie storiche economiche e sociali, una stagionalità evolutiva è la norma piuttosto che un'eccezione. L'assunzione di una stagionalità stabile, ovvero di una stagionalità che si ripete quasi esattamente ogni anno, è valida solo per poche serie e solo per periodi di tempo limitati.

A seconda delle cause, il comportamento delle variazioni stagionali può variare lentamente o rapidamente, in maniera deterministica o stocastica.

Una terza importante caratteristica consiste nella possibilità di identificare le variazioni stagionali al fine di separare i loro effetti da quelli delle altre componenti (tendenza, ciclo e componente irregolare).

La stagionalità si distingue dalla tendenza in quanto ha carattere oscillatorio, dal ciclo in quanto ha periodicità annuale e dalla componente irregolare in quanto ha natura sistematica.

Il modello stagionale più semplice e spesso studiato assume che il processo generatore della stagionalità possa essere rappresentato da funzioni strettamente periodiche di periodicità s (ad esempio, $s=12$ per serie mensili, $s=4$ per serie trimestrali). Il problema consiste nella stima di s parametri sotto il vincolo che la loro somma sia zero.

Per esempio, per una serie mensile un modello stagionale deterministico può essere scritto come (Dagum, 1988a):

$$S_t = \sum_{j=1}^{12} \alpha_j x_{jt} + u_t \qquad (10.1.3.1)$$

sotto il vincolo $\sum_{j=1}^{12} \alpha_j = 0$,

con

$$x_{jt} = \begin{cases} 1 & se \quad j = t \pm 12k; \quad k = 0,1,2,... \\ 0 & altrimenti \end{cases}$$

e u_t white-noise. Gli α_j sono i coefficienti stagionali e le x_{jt} sono variabili dummy stagionali.

Il modello (10.1.3.1) può essere mostrato anche nella forma equivalente espressa sul dominio delle frequenze,

$$S_t = \sum_{j=1}^{6} \left[\alpha_j \cos(\omega_j t) + \beta_j \, sen(\omega_j t) \right], \tag{10.1.3.2}$$

dove $\omega_j = \dfrac{\pi \times j}{6}$, $\quad j=1, 2, 3,..., 6$ e $\beta_6 = 0$.

Le ω_j sono, al variare di j, le frequenze stagionali corrispondenti a cicli di periodicità pari a 12, 6, 4, 3, 2.4 e 2 mesi rispettivamente.

Il modello stagionale (10.1.3.2) è deterministico non-stazionario (come il modello (10.1.3.1)) se i coefficienti α_j e β_j sono assunti costanti. Se invece si definiscono α_j e β_j come variabili aleatorie tali che,

$$E(\alpha_j) = E(\beta_j) = 0 \quad \forall j$$

$$E(\alpha_j \alpha_k) = E(\beta_j \beta_k) = \begin{cases} \sigma_j^2 & se \quad j = k \\ 0 & altrimenti \end{cases}$$

$$E(\alpha_j \beta_k) = 0 \quad \forall j, k$$

allora (10.1.3.2) diventa un modello deterministico stazionario come visto nel teorema di scomposizione di Wold. Lo spettro è quindi caratterizzato da sei linee spettrali di altezza pari a σ_j^2 in corrispondenza di ogni ω_j.

Tutto il potere spettrale è concentrato in corrispondenza delle frequenze stagionali. Sebbene ciò non accada mai con dati reali, serie con picchi stagionali molto stretti possono essere approssimate bene da un modello di questo tipo.

Per la maggior parte delle serie storiche socio-economiche, però, la stagionalità cambia gradualmente e un modello stagionale più generale può essere espresso come:

$$S_t = \sum_{j=1}^{6} \left[\alpha_{jt} \cos(\omega_j t) + \beta_{jt} \, sen(\omega_j t) \right], \tag{10.1.3.3}$$

dove $\omega_j = \dfrac{\pi \times j}{6}, j=1, 2, 3,..., 6$ e $\beta_{6t} = 0$, si noti che α_{jt} e β_{jt} sono parametri non fissi ma variabili nel tempo. Questi parametri possono seguire un modello deterministico o stocastico.

Se nel modello (10.1.3.3) i parametri seguono un processo stocastico stazionario, lo spettro è dominato dai picchi alle bande di frequenza stagionale di ampiezza δ, $\omega_k(\delta)$, dove il valore di δ dipende dal tasso di cambiamento di α_{jt} e β_{jt}. Queste bande sono tanto più larghe quanto meno regolari sono le variazioni stagionali e l'insieme delle bande stagionali può essere definito come:

$$\omega_k(\delta) = \left\{ \begin{array}{l} \omega_k \mid \omega_k \in \left(\omega_j - \delta, \omega_j + \delta\right), \\ j = 1,2,3,4,5,6 \ e \ \omega_6 + \delta = \pi \end{array} \right\}. \tag{10.1.3.4}$$

Un altro modo per rappresentare la stagionalità stocastica, frequentemente adottato nel contesto dei modelli per la scomposizione delle serie storiche basati sulla ipotesi di stagionalità stocastica, consiste nel considerare gli α_j del modello di regressione (10.1.3.1) alla stregua di variabili aleatorie anziché costanti (Dagum, 2001). In tal modo, la relazione può essere scritta come

$$S_t = S_{t-s} + w_t \tag{10.1.3.5}$$

$\forall t$, dove $w_t \sim WN\left(0, \sigma_w^2\right)$ e $E\left(w_t u_t\right) = 0$. Il vincolo di equilibrio nella stagionalità stocastica è dato da $\sum_{j=0}^{s-1} S_{t-j} = w_t$, cioè non zero, ma con *valore atteso* nullo.

Il modello (10.1.3.5) assume che la stagionalità sia generata da un processo stocastico non stazionario. Infatti la (10.1.3.5) è un random walk che può essere reso stazionario attraverso l'operatore differenza stagionale $\nabla_s = \left(1 - B^s\right)$ dove B è l'operatore ritardo. In forma ridotta, il corrispondente modello di regressione è una combinazione lineare di processi white noise di ritardo massimo s. Poiché $\left(1 - B^s\right) = \left(1 - B\right)\left(1 + B + ... + B^{s-1}\right)$, i metodi per la destagionalizzazione basati su modelli *ARIMA* attribuiscono alla componente stagionale solo $S(B) = \sum_{j=0}^{s-1} B^j$, lasciando $\left(1 - B\right)$ come parte di un trend stocastico. Segue che il corrispondente modello di stagionalità stocastica può essere espresso nella forma

$$S(B)S_t = w_t \tag{10.1.3.6}$$

che rappresenta una stagionalità che evolve in modo volatile e il cui spettro è caratterizzato da ampie bande alle frequenze stagionali alte (ad esempio 3,4,5 e 6 cicli all'anno in serie mensili). Questo modello è stato usato per rappresentare una stagionalità stocastica nei modelli strutturali per la destagionalizzazione (Harvey, 1981, Kitagawa e Gersch, 1984).

Un'importante variante del modello (10.1.3.6) proposta da Hillmer e Tiao (1982) ed ampiamente discussa in Bell e Hillmer (1984) è

$$S(B)S_t = \eta_s(B)b_t \qquad (10.1.3.7)$$

dove il membro a sinistra dell'uguaglianza segue un processo media mobile invertibile di ordine massimo s-1, denotato con $MA(s$-$1)$.

Il modello (10.1.3.7) rappresenta un processo stagionale che evolve in modo graduale in quanto la presenza della componente a media mobile assicura la presenza di un valore nullo centrato rispetto alle bande delle frequenze stagionali, proprietà, questa, che non compare nel modello (10.1.3.6).

Altri modelli stagionali impiegati in metodi di regressione dove le componenti si assume siano polinomi locali nella variabile tempo, sono basati su criteri di smothness. Ad esempio, dato $Y_t = S_t + \varepsilon_t$, $t=1,...,T$, si impongono dei vincoli su S_t in modo che $\sum_t (S_t - S_{t-s})^2$ e

$\sum_t \left[S(B)S_t \right]^2$ siano minimi. La soluzione si ottiene minimizzando la seguente combinazione lineare ponderata di entrambi i vincoli

$$\sum_{t=1}^{T} (Y_t - S_t')^2 + \alpha^2 \sum_t (S_t - S_{t-s})^2 + \beta^2 \sum_t \left[S(B)S_t \right]^2$$

dove il problema della scelta dei parametri α e β fu risolto da Akaike (1980) sulla base di un modello Bayesiano.

Modelli stagionali misti con componenti sia deterministiche che stocastiche si trovano in Pierce (1979).

10.1.4 Effetti di calendario

10.1.4.1 Variazioni dovute ai giorni lavorativi

Nelle serie storiche relative a fenomeni rilevati con periodicità inferiore all'anno, sia di stock sia di flusso, ad esempio le vendite, la produzione, le spedizioni, le scorte di magazzino, solitamente sono presenti variazioni legate alla composizione del calendario. Le più importanti sono chiamate variazioni per i giorni lavorativi. Esse rappresentano gli effetti interni al mese dovuti al numero di volte che ciascun giorno della settimana si presenta in un mese di calendario.

Queste variazioni sono sistematiche e possono influenzare pesantemente i confronti fra i diversi mesi, di conseguenza tali variazioni devono essere rimosse insieme alle variazioni stagionali per produrre la serie destagionalizzata.

Le variazioni per i giorni lavorativi sono dovute al fatto che la terra impiega 365 giorni più 6 ore circa per completare una rivoluzione intorno al sole. Per tener conto di queste sei ore aggiuntive, il nostro calendario consiste di 365 giorni per tre anni su quattro, mentre il quarto anno, chiamato anno bisestile, ha un giorno aggiuntivo in febbraio. Febbraio ha 29 giorni se l'anno è divisibile per 4, ma se l'anno è anche divisibile per 100 non è un anno bisestile salvo che sia divisibile anche per 400. Perché ogni anno si perdono esattamente 6 ore e 3,6 minuti. Pertanto aggiungendo solo un giorno ogni 4 anni si perdono 3,6 minuti per anno la cui somma in 400 anni risulta in un giorno in più. Per esempio 1800 è divisibile per 4 e anche per 100, ma non è bisestile perché non è divisibile per 400. Lo stesso vale per 1900 e invece il 2000 sarà un anno bisestile perché soddisfa tutte le condizioni. Quindi fra il 1901 e il 2099 è sufficiente soddisfare la condizione di divisibilità per 4.

La presenza di un anno bisestile introduce un ritardo temporale tale che, per esempio se il primo gennaio cade di lunedì in un anno non bisestile, l'anno successivo cadrà di martedì a meno che il prossimo anno non sia bisestile, nel cui caso cadrà di mercoledì. Infatti dobbiamo aspettare 28 anni (4x7) per avere una struttura di calendario uguale.

Il modello più frequentemente applicato per cogliere l'effetto della componente giorni lavorativi è un modello deterministico di regressione sviluppato da Young (1965). Tale modello è usato fra gli altri dai metodi *Census X11*, sviluppato da Shiskin, Young e Musgrave (1967), *X11ARIMA*, sviluppato da Dagum (1978b) e nel software *X11ARIMA* (Dagum 1980 e 1988) e *X12ARIMA*, sviluppato da Findley et al. (1998).

Il modello di regressione può essere scritto come segue:

$$Y_t = D_t + u_t, \quad t = 1, \ldots, n \qquad (10.1.4.1.1)$$

dove u_t è white noise e

$$D_t = \sum_{j=1}^{7} \alpha_j N_{jt}. \qquad (10.1.4.1.2)$$

Gli α_j ($j=1,\ldots,7$) rappresentano gli effetti dei 7 giorni della settimana, α_1 per il lunedì, α_2 per il martedì,..., e α_7 per la domenica. Per esempio, α_j può rappresentare la vendita media del giorno j entro un mese dato. N_{jt} è il numero di volte che il giorno j si presenta nel mese t.

La lunghezza del mese è data da $N_t = \sum_{j=1}^{7} N_{jt}$ e l'effetto mensile cumulato è espresso dal modello (10.1.4.1.2).

Il calendario mensile si ripete ogni 28 anni, pertanto N_{jt} è variabile periodica con periodicità $p=336$ mesi e frequenza $1/336=0,00297$.

La media degli effetti giornalieri è $\overline{\alpha} = \dfrac{1}{7}\sum_{j=1}^{7}\alpha_j$ e aggiungendo e sottraendo $\overline{\alpha}$ alla (10.1.4.1.2) si ottiene:

$$D_t = \sum_{j=1}^{7}\left(\alpha_j - \overline{\alpha} + \overline{\alpha}\right)N_{jt} = \overline{\alpha}N_t + \sum_{j=1}^{7}\left(\alpha_j - \overline{\alpha}\right)N_{jt}\,. \qquad (10.1.4.1.3)$$

L'effetto cumulato può quindi essere scomposto in due componenti: l'effetto legato alla lunghezza del mese più l'effetto **netto** di ogni giorno della settimana.

Poiché $\sum_{j=1}^{7}\left(\alpha_j - \overline{\alpha}\right) = 0$ per costruzione, il modello (10.1.4.1.3) tiene conto dell'effetto netto dei giorni della settimana che si presentano 5 volte nel mese t, mentre l'effetto dei giorni che si presentano solo 4 volte si cancella.

Il modello (10.1.4.1.3) può allora essere scritto come:

$$D_t = \overline{\alpha}N_t + \sum_{j=1}^{6}\left(\alpha_j - \overline{\alpha}\right)\left(N_{jt} - N_{7t}\right), \qquad (10.1.4.1.4)$$

dove l'effetto giornaliero per la domenica è dato da:

$$\alpha_7 = -\sum_{j=1}^{6}\alpha_j\,.$$

Poiché $\overline{\alpha}N_t$ può contenere effetti stagionali o di tendenza-ciclo dovuti alle diverse lunghezze dei mesi e al fatto che N_t ha una periodicità di 48 mesi o di 4 anni (la terra impiega 365 giorni più 6 ore per completare una rivoluzione intorno al sole) questi effetti sono eliminati se si utilizza il modello (10.1.4.1.4) per stimare le variazioni giorni lavorativi. Tali effetti si possono sintetizzare in $\overline{\alpha}N_t^*$, dove N_t^* è la lunghezza media del mese t calcolata in un periodo di 4 anni, che sarà uguale a 30 o a 31 per tutti i mesi eccetto febbraio per cui sarà 28.25. Cioè, $\overline{\alpha}N_t = \overline{\alpha}N_t^* + \overline{\alpha}\left(N_t - N_t^*\right)$ dove il secondo termine del membro di destro è nullo salvo per febbraio.

Il modello di Young (1965) usato nel software *X11ARIMA* si riduce a:

$$D_t = \sum_{j=1}^{6}\delta_j X_{jt}\,, \qquad (10.1.4.1.5)$$

dove

$\delta_j = \alpha_j - \overline{\alpha}$ ($j=1,\ldots,6$) e $X_{jt} = N_{jt} - N_{7t}$ è una variabile indicatrice che prende valori -1, 0, 1. Se ci sono 4 domeniche nel mese $\left(N_{7t} = 4\right)$ allora $X_{jt} = 1$ per quei giorni che si presentano 5 volte, $X_{jt} = 0$ per quei giorni che si presentano 4 volte. Se ci sono 5 domeniche nel mese $\left(N_{7t} = 5\right)$ allora $X_{jt} = -1$ per quei giorni che si presentano 5 volte, $X_{jt} = 0$ per quei giorni che si presentano 5 volte.

L'effetto giorni lavorativi è sempre la somma dei coefficienti giorni lavorativi relativi ai giorni che si presentano 5 volte nel mese.

Il modello deterministico assume che i coefficienti giorni lavorativi rimangano costanti per tutta la lunghezza fissata della serie.

Per un modello di scomposizione moltiplicativo, gli effetti stagionali o di tendenza-ciclo presenti in N_t risultano eliminati dalla divisione della (10.1.4.1.4) per $\overline{\alpha}N_t^*$. Quindi si ottiene:

$$D_t = \frac{N_t}{N_t^*} + \sum_{j=1}^{6} \frac{\left(\alpha_j - \overline{\alpha}\right)\left(N_{jt} - N_{7t}\right)}{\overline{\alpha}} \frac{}{N_t^*}.$$

Di conseguenza il modello per Y_t dato dalla (10.1.4.1.1) diventa

$$N_t^* Y_t - N_t = \sum_{j=1}^{6} \delta_j X_{jt} + u_t,$$

dove adesso $\delta_j = \left(\alpha_j / \overline{\alpha}\right) - 1$.

Questa assunzione potrebbe essere troppo restrittiva per alcune serie, ad esempio i comportamenti di acquisto dei consumatori possono cambiare nel tempo in modo stocastico.

Per tenere conto di tali cambiamenti Dagum, Quenneville e Sutradhar (1992) hanno sviluppato un modello stocastico della forma:

$$Y_t = D_t + u_t, \qquad t=1,\ldots,n \qquad\qquad (10.1.4.1.6)$$

$$D_t = \sum_{j=1}^{6} \delta_{jt} X_{jt},$$

dove $u_t \sim NID\left(0, \sigma^2\right)$ e n è il numero delle osservazioni che compongono la serie storica.

I δ_{jt} sono coefficienti che variano nel tempo nel seguente modo:

$$\left(1 - B\right)^k \delta_t = \eta_t, \qquad\qquad (10.1.4.1.7)$$

dove $\delta_t = \left(\delta_{1t}, \ldots, \delta_{6t}\right)'$ è il vettore dei coefficienti giorni lavorativi e

$$\eta_t = \left(\eta_{1t}, \ldots, \eta_{6t}\right)$$

è un vettore di variabili rumore bianco, $\eta_t \sim NID(\mathbf{0}_6, \sigma^2 \mathbf{I}_6)$, con $\mathbf{I}_6$ la matrice identità di ordine 6, e dove B è l'operatore ritardo.

L'idea alla base del modello (10.1.4.1.7) è di adattare localmente un polinomio di grado k alle variazioni giorni lavorativi. Per $k=1$ il modello è un random walk.

10.1.4.2 Feste mobili

L'effetto feste mobili rappresenta un altro tipo di variazioni di calendario associato alle feste che non cadono nello stesso mese nei diversi anni.

Nel mondo occidentale il più importante esempio di variazioni legate alle feste mobili è la Pasqua che si può presentare nel periodo tra il 22 marzo e il 25 aprile. Per una serie di flusso, quando la Pasqua cade in marzo può causare sia un aumento sia un decremento nel livello corrispondente nel mese di marzo piuttosto che nel mese di aprile. Così, per esempio, la Pasqua che cade in marzo generalmente causa una diminuzione dei dati relativi al commercio internazionale, in modo particolare delle importazioni. Tale decremento è seguito da un aumento in aprile, dovuto alla registrazione delle fatture di fine marzo soltanto nel mese di aprile a causa della chiusura degli uffici doganali durante le feste di Pasqua. Allo stesso modo, solitamente si registrano basse vendite di nuove auto in marzo, per la chiusura durante la Pasqua. L'effetto opposto può essere osservato in altre attività per le quali la presenza di Pasqua ne aumenta il livello, per esempio le prenotazioni alberghiere dei turisti.

Comunque sia l'effetto, positivo o negativo, l'impatto può essere **immediato**, nel senso che soltanto il periodo della festa mostra un cambiamento nel livello delle attività, o **graduale** nel senso che si manifesta anche durante i giorni o le settimane che lo precedono. Questo tipo di effetto graduale si presenta per esempio nelle vendite dei capi di abbigliamento femminile e per l'infanzia, della cioccolata, dei fiori, ecc. In questi casi, l'effetto delle feste mobili non dipenderà solo dal mese in cui cade la Pasqua, marzo o aprile, ma anche dal giorno di aprile in cui cade, cioè se cade nei primi giorni di aprile, l'effetto Pasqua influenzerà in qualche misura anche i dati relativi al mese di marzo (tanto prima la Pasqua si presenterà in aprile, tanto più alto sarà l'impatto su marzo), se il periodo di preparazione alla Pasqua interessa anche tale mese.

I modelli per l'effetto Pasqua più frequentemente applicati sono di tipo deterministico. Essi consistono in modelli di regressione applicati o ai dati originali o ai dati in cui le variazioni stagionali, tendenza-ciclo e giorni lavorativi sono state rimosse.

Quando si usano i dati originali, il modello include variabili dummy per marzo e aprile Y_{it}, variabili dummy per l'effetto giorni lavorativi X_{jt}, se presente, e un modello *ARIMA* per i residui non stazionari, cioè:

$$Z_t - \left(\sum_{j=1}^{6} \alpha_j X_{jt} + \sum_{i=1}^{2} \beta_i Y_{it} \right) = \frac{\theta(B)}{\varphi(B)} a_t \qquad (10.1.4.2.1)$$

dove solitamente $\dfrac{\theta(B)}{\varphi(B)}$ è un semplice modello *ARIMA*(0,1,1)(0,1,1) e

$a_t \sim NID(0, \sigma_a^2)$.

Nell'*X11ARIMA/88* i modelli per l'effetto Pasqua si applicano ai dati depurati di tutte le altre variazioni sistematiche. Questi modelli sono:

(1) Modello per un effetto immediato della Pasqua.

Sia I_{ij} la componente residua per il mese j e l'anno i dopo aver rimosso dalla serie storica la variazione giorni lavorativi, la stagionalità e la componente tendenza-ciclo. L'assunzione è che questi residui possano essere scomposti nell'effetto Pasqua più una componente irregolare rumore bianco, ossia:

$$I_{ij} = E_i + e_{ij}, \qquad\qquad i=1,\ldots,n. \qquad (10.1.4.2.2)$$

Poiché Pasqua influenza solo marzo e aprile questi sono i mesi presi in considerazione. Quindi, indicando con I_{im} la componente residua relativa al mese di marzo e con I_{ia} quella relativa al mese di aprile, il modello è:

$$E_i = \frac{1}{2} f(Z_i) \left[\sum_{i \in m} \frac{(I_{ia} - I_{im})}{n_m} - \sum_{i \in a} \frac{(I_{ia} - I_{im})}{n_a} \right], \qquad (10.1.4.2.3)$$

dove n_m (n_a) è il numero di volte che Pasqua cade in marzo (aprile) e Z_i è il numero di giorni tra la domenica di Pasqua nell'anno i e il 22 marzo, la prima data in cui si può presentare Pasqua e

$$f(Z_i) = \begin{cases} 1 & se \quad Z_i \leq 9 \quad (Pasqua\ cade\ in\ marzo) \\ 0 & se \quad Z_i > 9 \quad (Pasqua\ cade\ in\ aprile) \end{cases}$$

Il primo termine dentro la parentesi nella (10.1.4.2.3) è la media delle differenze tra gli irregolari di aprile e marzo fatta per gli anni in cui Pasqua cade in marzo. Il secondo termine è la media delle differenze tra gli irregolari di aprile e marzo fatta per gli anni in cui Pasqua cade in aprile. Questa media solitamente è molto vicina a 0 perché quando Pasqua cade in aprile (ossia la maggior parte delle volte) l'effetto Pasqua è già preso in considerazione dalla componente stagionale relativa al mese di aprile. In altre parole non ci si aspettano grandi differenze tra I_{ia} e I_{im} quando Pasqua cade in aprile.

Quindi quando l'impatto è immediato l'effetto Pasqua può essere rappresentato da una funzione a gradini e poiché l'effetto Pasqua si cancella in un periodo di due mesi possiamo scrivere la (10.1.4.2.1) come:

$$I_{im} = -E_i + e_{im}$$
$$I_{ia} = E_i + e_{ia}.$$

Per modelli moltiplicativi risulta:

$$I_{im} = (1 - E_i)e_{im}$$
$$I_{ia} = (1 + E_i)e_{ia}.$$

(2) Modello per un effetto graduale della Pasqua.

Per questo modello è necessario definire che cosa si intende per Pasqua che cade presto in aprile, ossia dobbiamo definire una data di Pasqua in aprile tale che durante i k giorni precedenti ci sia un'attività generata dall'avvicinarsi della festa. Corrispondentemente, se Pasqua cade il k-esimo giorno di aprile o in un giorno successivo, si parlerà di Pasqua che cade tardi in aprile. Nella pratica, k varia tra 3 e 10 giorni a seconda della serie.

Il modello assume che l'attività aumenta (diminuisce) linearmente durante i k giorni precedenti la Pasqua. Il modello è:

$$E_i = \frac{1}{2} f(Z_i) \left[\sum_{i \in m} \frac{(I_{ia} - I_{im})}{n_m} - \sum_{i \in L_A} \frac{(I_{ia} - I_{im})}{n_{L_A}} \right], \qquad (10.1.4.2.4)$$

dove

$$f(Z_i) = \begin{cases} 1 & se & Z_i \leq 9 \\ \dfrac{k + 9 - Z_i}{k} & se & 9 < Z_i < k + 9 \\ 0 & se & Z_i \geq k + 9 \end{cases}$$

L_A è il sottoinsieme degli anni in cui la Pasqua cade tardi in aprile (il k-esimo giorno o un giorno successivo), e n_{L_A} è il numero di anni in cui la Pasqua cade tardi in aprile. Quindi l'effetto Pasqua segue una funzione a gradini (crescente o decrescente) con un segmento lineare al centro, il cui valore dipende dalla data in cui cade Pasqua. Per esempio se la domenica di Pasqua cade il 5 aprile e l'effetto sulla serie è $k=7$ giorni, l'effetto si sentirà anche negli ultimi due giorni di marzo.

10.1.5 La componente irregolare

Le fluttuazioni irregolari rappresentano movimenti non prevedibili legati ad eventi di tutti i tipi. Essi mostrano generalmente un comportamento aleatorio stabile, sebbene, in alcuni casi, si possa riscontrare la presenza di valori estremi o outlier. Tali valori estremi o outlier hanno cause ben identificate come scioperi, condizioni atmosferiche inusuali che possono causare inondazioni o periodi di siccità, e, di conseguenza, sono distinti dalle variazioni irregolari di minore entità.

La rappresentazione più comune delle fluttuazioni irregolari è data dal processo puramente aleatorio o white noise, discusso nel capitolo 1, ovvero $\{a_t\} \sim WN(0, \sigma_a^2)$ così definito:

$$E(a_t) = 0$$

$$Var(a_t) = E(a_t^2) = \sigma_a^2 < +\infty$$

$$Cov(a_t, a_{t-k}) = E(a_t a_{t-k}) = \gamma_k = 0, \quad \text{per} \quad \text{ogni} \quad k \neq 0.$$

Dato che la varianza è assunta sia finita sia costante (condizione di omoschedasticità), il processo è talvolta definito white noise in senso stretto. Nel caso invece si assuma che la varianza sia finita non costante (condizione di eteroschedasticità) il processo è definito white noise in senso debole.

A fini inferenziali, si assume spesso che il processo white noise che rappresenta le fluttuazioni irregolari sia normalmente distribuito e ciò fa sì che la condizione di autocorrelazione si traduca in quella più forte di indipendenza, cioè $\{a_t\} \sim NID(0, \sigma_a^2)$.

L'assunzione di fluttuazioni puramente aleatorie è raramente soddisfatta nella pratica in quanto la maggior parte dei metodi di stima delle componenti latenti di una serie storica sono basati su filtri lineari che producono residui autocorrelati. Sebbene piccola, l'autocorrelazione dei residui mostra spesso uno spettro simile a quello di un processo *MA* di ordine piccolo con avvallamenti in corrispondenza delle frequenze stagionali.

Infine, si assume generalmente che gli outlier siano di natura deterministica e, a seconda che il loro effetto sia additivo o moltiplicativo, modelli di intervento differenti (discussi nel capitolo 5) possono essere adottati per spiegarne l'impatto.

10.2 Modelli di scomposizione delle serie storiche

Le componenti latenti di una serie storica possono essere legate fra loro in modi differenti. I modelli di scomposizione più comuni sono:

$$O_t = TC_t + S_t + D_t + E_t + I_t \qquad\qquad (10.2.1)$$

e

$$O_t = TC_t \times S_t \times D_t \times E_t \times I_t \qquad\qquad (10.2.2)$$

dove

O_t = serie originale D_t = variazione dovuta ai giorni lavorativi
TC_t = tendenza ciclo E_t = effetto Pasqua
S_t = stagionalità I_t = componente irregolare

Il modello (10.2.1) assume una scomposizione **additiva** e quindi che le componenti siano fra loro ortogonali. Il modello (10.2.2) assume invece una scomposizione **moltiplicativa** e quindi che le componenti siano fra loro dipendenti. I metodi di stima basati su modelli espliciti assumono un modello di scomposizione additivo e, se la relazione è moltiplicativa, tale modello viene applicato alla trasformata logaritmica della scric. Al contrario, quando si impiega il metodo *X11ARIMA* o *Census X11*, e si adotta il modello moltiplicativo (10.2.2), le componenti si stimano direttamente a partire dai dati originali applicando filtri lineari di smoothing (medie aritmetiche ponderate, invece che medie geometriche) e pertanto il metodo non è lineare.

Altri modelli di scomposizione delle serie storiche, adottati più raramente, sono quelli di carattere misto (additivo e moltiplicativo), come, ad esempio, quelli che assumono che la relazione fra le componenti sistematiche sia moltiplicativa, mentre l'effetto della componente irregolare sia additivo.

10.3 Metodi di destagionalizzazione

La maggior parte dei metodi di destagionalizzazione e di stima delle componenti latenti delle serie storiche economiche è classificabile in due ampie categorie. La prima deriva dai metodi di stima basati su modelli di regressione o su modelli *ARIMA*, mentre la seconda si basa principalmente sull'applicazione di medie mobili o filtri di smoothing lineari. Rare eccezioni si discostano da questa classificazione generale, fra queste il metodo di destagionalizzazione *SABL* (seasonal adjustment-Bell Laboratories) (Cleveland et al., 1978), che impiega una combinazione di medie e mediane mobili ed altri metodi nonparametrici che applicano filtri lineari di smoothing costruiti sulla base di proprietà spettrali (si veda, ad esempio, Faliva, 1984 e 1994; e Zoia, 1996).

10.3.1 Metodi basati sulla regressione

Il metodo di regressione per la destagionalizzazione si basa sull'assunzione che la parte sistematica di una serie storica possa essere approssimata accuratamente attraverso semplici funzioni del tempo basate sull'intero intervallo di variazione della serie. In generale, si considerano due tipi di funzioni del tempo. Il primo tipo è polinomiale di grado piuttosto piccolo e risponde all'assunzione che fenomeni economici si evolvano lentamente, in maniera liscia, e progressivamente nel tempo (la tendenza). Il secondo consiste di una combinazione di funzioni periodiche rappresentanti le oscillazioni che influenzano la variazione totale della serie (il ciclo e la stagionalità). Per esempio, un semplice modello di regressione che si basa sull'assunzione di una tendenza cubica e di una stagionalità stabile di natura deterministica, è dato da:

$$O_t = TC_t + S_t + I_t \qquad (10.3.1)$$

dove

$$TC_t = \sum_{i=0}^{3} \beta_i t^i \qquad (10.3.2)$$

$$S_t = \sum_{j=1}^{12} \alpha_j x_{jt} , \qquad \sum_{j=1}^{12} \alpha_j = 0 \qquad (10.3.3)$$

I β_i e gli α_j sono parametri incogniti, mentre con x_{jt} si indicano variabili dummy stagionali che assumono valore 1 quando la t-esima osservazione si riferisce al j-esimo mese e 0 altrimenti. Se si assume che la componente irregolare I_t sia puramente aleatoria con media nulla e varianza finita, la stima dei parametri può essere ottenuta col metodo dei minimi quadrati.

I maggiori contributi allo sviluppo di modelli di regressione per la destagionalizzazione si devono particolarmente a Hannan (1960), Henshaw (1966), Jorgenson (1964) e Lovell (1963). Per superare i limiti derivanti dall'impiego di una rappresentazione globale della tendenza-ciclo, Duvall (1966) e Stephenson e Farr (1972) ricorrono a polinomi locali (funzioni spline) applicati a brevi segmenti successivi della serie. Questi modelli di regressione, comunque, assumono ancora un comportamento deterministico delle componenti della serie. Altri studi hanno valutato invece la possibilità che tale comportamento sia congiuntamente di natura stocastica e deterministica sviluppando modelli misti (Pierce, 1979) o modelli di regressione con parametri che variano nel tempo (Gersovitz e MacKinnon, 1978). Gli effetti delle procedure di destagionalizzazione sui modelli di regressione dinamici sono discussi ampiamente da Bunzel e Hylleberg (1982).

Per superare i maggiori limiti che derivano dall'uso di rappresentazioni *globali deterministiche* per stagionalità e trend-ciclo, i metodi di regressione sono stati estesi mediante rappresentazioni *stocastiche* delle componenti attraverso *polinomi locali* (funzioni "spline") su intervalli corti della serie. I valori stimati, soprattutto all'inizio e alla fine della serie, risentivano tuttavia della scelta delle funzioni per ogni componente. Un passo avanti determinante in questa direzione fu compiuto da Akaike (1980) che introdusse vincoli a priori sul grado di smoothness del trend-ciclo e della stagionalità e risolse il problema con modelli bayesiani. Un contributo altresì importante riguarda un metodo di regressione con modelli deterministici locali stimati attraverso il LOESS (locally weighted regression) smoother, sviluppato da Cleveland et al. (1990).

10.3.2 Metodi basati su modelli stocastici

In anni recenti sono stati sviluppati diversi metodi basati su modelli univariati. Questi metodi esplicitano essenzialmente modelli *ARIMA* gaussiani sia per tutta la serie originale sia per ogni componente assunta stocastica, come la tendenza-ciclo e la stagionalità. Per le altre componenti, come le variazioni giorni lavorativi, le feste mobili e la presenza di dati anomali, si assumono modelli deterministici. Fra questi, i più noti software sono *TRAMO-SEATS* sviluppato da Gomez e Maravall (1996), basato sul metodo *SIGEX* (Burman, 1980), e *STAMP* sviluppato da Koopman et al. (1998), basato sul metodo di Harvey (1981).

Il software di destagionalizzazione *TRAMO-SEATS* stima le diverse componenti assumendo un modello misto composto di: 1) variabili dummy esplicative l'effetto Pasqua, le variazioni di giorni lavorativi e i dati anomali, e 2) un modello *ARIMA* per la tendenza-ciclo e la stagionalità.

Una volta che gli effetti deterministici sono stati stimati con *TRAMO*, essi vengono rimossi e la serie risultante è passata a *SEATS* per l'adattamento del modello stocastico lineare. La stima delle componenti tendenza-ciclo e stagionalità è ottenuta, sotto l'assunzione di ortogonalità, dalla scomposizione della funzione di densità spettrale del modello globale stimato. Il programma usa, per la stima, il filtro Wiener-Kolmogorov e pone limiti sull'ordine del modello *ARIMA* da scomporre.

Fondamentalmente, nei metodi basati su modelli *ARIMA* usati da SEATS si assume che la serie temporale Z_t sia

$$Z_t = S_t + T_t + N_t$$

dove S_t, T_t e N_t sono le componenti, non osservabili, stagionale, tendenza e irregolare. Si assume che ogni componente segua un modello *ARIMA*, cioè,

$$\phi_S(B)S_t = \eta_S(B)b_t$$

$$\phi_T(B)T_t = \eta_T(B)c_t$$

$$\phi_N(B)N_t = \eta_N(B)d_t.$$

Ogni coppia di polinomi $\{\phi_S(B),\eta_S(B)\},\{\phi_T(B),\eta_T(B)\}$ e $\{\phi_N(B),\eta_N(B)\}$ hanno radici che giacciono sopra o fuori dal cerchio unitario e $\{b_t\},\{c_t\}$ e $\{d_t\}$ sono rumori bianchi gaussiani mutuamente indipendenti. Allora si può dimostrare che il modello generale per Z_t è un *ARIMA* dato da

$$\varphi(B)Z_t = \theta(B)a_t$$

dove $\varphi(B)$ è il maggiore fattore comune tra $\phi_S(B),\phi_T(B)$ e $\phi_N(B)$ e

$$\{a_t\} \approx NID(0,\sigma_a^2).$$

Poiché le componenti non sono note, per ottenere una *scomposizione unica* dal modello generale *ARIMA* adattato alla serie osservata, si utilizza una *scomposizione canonica* proposta da Hillmer e Tiao (1982). Tale scomposizione ha, tra le altre, la proprietà di massimizzare la varianza della componente rumore bianco e minimizzare la varianza del modello stocastico stagionale.

Un altro metodo di destagionalizzazione basato su modelli è il cosiddetto *metodo di scomposizione strutturale*. Esso usa un modello in forma stato-spazio, che consiste di una equazione osservazionale per le componenti latenti e di equazioni di stato per ognuna di esse. Il modello viene stimato attraverso il *filtro di Kalman* e procedure di smoothing.

Ad esempio, il noto *Basic Structural Model* (Harvey, 1981) è dato da

$$Y_t = \mu_t + \gamma_t + \varepsilon_t$$

$$\mu_t = \mu_{t-1} + \eta_t$$

$$\gamma_t = \sum_{j=1}^{s-1} \gamma_{t-1} + \omega_t.$$

I modelli per il trend μ_t e la componente stagionale γ_t sono random walk e $\{\eta_t\},\{\omega_t\}$ e $\{\varepsilon_t\}$ sono white noise gaussiani indipendenti. I rapporti segnale/rumore sono dati da $\sigma_\eta^2/\sigma_\varepsilon^2$ e $\sigma_\omega^2/\sigma_\varepsilon^2$ e sono chiamati *iperparametri*.

Koopmans et al. (1998) hanno sviluppato un software per la scomposizione con il modello strutturale, *STAMP*, che contempla una grande varietà di modelli.

Un modello strutturale per una serie di flusso può essere espresso come segue (si veda Dagum e Quenneville, 1993):

$$Y_t = \mu_t + \gamma_t + D_t + u_t; \quad u_t \sim NID\left(0, \sigma_u^2\right) \tag{10.3.2.1}$$

dove, il modello per la componente tendenza-ciclo μ_t è un'equazione alle differenze di secondo ordine stocasticamente perturbata, cioè:

$$(1 - B)^2 \mu_t = \eta_t; \qquad \eta_t \sim NID\left(0, \sigma_\eta^2\right) \tag{10.3.2.2}$$

che in forma estesa diventa: $\mu_t = 2\mu_{t-1} - \mu_{t-2} + \eta_t$.

Il modello per la componente stagionale γ_t assume che la stagionalità evolva secondo un processo che assicura che la somma dei fattori stagionali nell'arco di un anno abbia un valore atteso nullo e varianza costante nel tempo. Il modello è:

$$\gamma_t = -\sum_{j=1}^{11} \gamma_{t-j} + \omega_t; \qquad \omega_t \sim NID\left(0, \sigma_\omega^2\right). \tag{10.3.2.3}$$

Un modello per le variazioni giorni lavorativi nel mese t può essere costruito in modo che i pesi relativi ai giorni seguano un modello random walk, ovvero:

$$TD_t = \sum_{j=1}^{6} \alpha_{jt} \left(N_{jt} - N_{7t}\right) \tag{10.3.2.4}$$

$$\alpha_{jt} = \alpha_{j(t-1)} + v_t; \qquad v_t \sim NID\left(0, \sigma_v^2\right)$$

N_{jt} rappresenta il numero di giorni $j = 1, 2, \ldots, 7$ nel mese t, mentre gli α_{jt} sono i pesi attribuiti ai giorni.

I termini di disturbo u_t, η_t, w_t e v_t si assumono mutuamente indipendenti. L'assunzione di normalità distributiva si rende necessaria per ottenere stimatori di massima verosimiglianza e, in generale, per studi di tipo inferenziale. Se non si assume la normalità, si ottengono le stime dei minimi quadrati.

I metodi di destagionalizzazione basati su modelli espliciti raramente vengono utilizzati dalle agenzie statistiche. Un'importante ragione è che i modelli sono molto restrittivi e di conseguenza appropriati solo per una ristretta classe di serie, in particolare, per dati altamente aggregati. Inoltre, non è stata provata alcuna superiorità di tali metodi rispetto alla stabilità delle stime e alla assenza di stagionalità residua nei dati destagionalizzati. Queste due condizioni sono fondamentali perché la destagionalizzazione risulti appropriata.

10.3.3 Metodi basati su medie mobili

I più noti ed utilizzati metodi di destagionalizzazione sono basati su medie mobili o filtri lineari di smoothing invarianti nel tempo, applicati sequenzialmente aggiungendo (e togliendo) una osservazione alla volta. In questi metodi si assume che le variazioni nel tempo delle componenti le serie storiche siano di natura stocastica.

Data una serie storica x_t, $t=1,...,T$, per t sufficientemente lontano dagli estremi della serie, ossia ad esempio, $m+1 \leq t \leq T-m$ il valore destagionalizzato y_t è ottenuto dall'applicazione di una media mobile simmetrica (filtro di smoothing lineare) $h_m(B)$,

$$y_t = h_m(B) x_t = \sum_{j=-m}^{m} h_{m,j} x_{t-j}$$

dove i pesi $h_{m,j}$ sono simmetrici, ossia $h_{m,j} = h_{m,-j}$ e la lunghezza del filtro è uguale a $2m+1$. Per tutte le osservazioni che sono agli estremi della serie, in particolare per $T-m < t < T$, non si può applicare un filtro simmetrico per cui si usano filtri asimmetrici troncati. Ad esempio, il valore destagionalizzato corrispondente all'ultimo valore osservato, $y_T^{(0)}$, è

$$y_T^{(0)} = h_0(B) x_T = \sum_{j=0}^{m} h_{0,j} x_{T-j} \ .$$

I filtri asimmetrici variano al variare del tempo nel senso che ad ognuna delle ultime $m+1$ osservazioni è applicato un filtro diverso. Le stime finali sono aggiornate quando nuove osservazioni sono poi aggiunte alla serie. Le revisioni tra le stime alla fine della serie e le stesse quando le osservazioni diventano centrali sono dovute a (i) differenze tra i filtri simmetrici e asimmetrici e (ii) le innovazioni introdotte dalle nuove osservazioni.

Lo sviluppo dei calcolatori ha contribuito all'implementazione dei metodi di destagionalizzazione basati su medie mobili, facilitandone l'ampio utilizzo.

Nel 1954, Julius Shiskin del Bureau of the Census sviluppò un software, il *Method I*, basato essenzialmente sui lavori di Macaulay (1931), già applicato dall'U.S. Federal Reserve Board per la destagionalizzazione. Al Census *Method I* è seguito il Census *Method II*, ed undici altre versioni sperimentali (*X1, X2,...,X11*), la più nota ed utilizzata è la variante X11 (Shiskin, Young e Musgrave, 1967). Questo metodo produce però stime destagionalizzate povere per quanto riguarda le osservazioni più recenti che sono quelle di importanza cruciale per determinare l'andamento della tendenza di breve periodo e l'identificazione di punti di svolta ciclici nell'economia. Dagum (1978b) sviluppò il metodo *X11ARIMA* per far fronte alle suddette serie limitazioni.

Il metodo *X11ARIMA* consiste in: (i) modellare la serie originale con un modello autoregressivo integrato a media mobile (*ARIMA*) del tipo Box e Jenkins (1970), (ii) estendere la serie osservata con da uno a tre anni di valori estrapolati ottenuti da un modello *ARIMA* che si adatti bene e preveda bene i dati osservati secondo alcuni criteri di accettazione ben definiti, e (iii) stimare ogni componente mediante medie mobili che sono simmetriche per le osservazioni centrali e asimmetriche per quelle finali (e iniziali). Queste ultime sono ottenute per convoluzione dei filtri lineari di smoothing del Census *Method II* nella variante *X11* con quelli delle estrapolazioni *ARIMA*.

Per serie di flusso, componenti deterministiche quali variazioni di giorni lavorativi ed effetto Pasqua sono stimate con modelli di regressione con variabili dummy e rimosse dalla serie in modo che solo ciò che rimane sia soggetto ai passi (i)-(iii) sopra menzionati. La procedura sequenziale è seguita dai software *X11ARIMA/88* e *X11ARIMA/2000* sviluppati presso Statistics Canada; tali software sono oggi i più applicati dalle agenzie statistiche per la destagionalizzazione di dati ufficiali. Un altro recente software dell'U.S. Bureau of the Census, chiamato *X12ARIMA* e sviluppato da Findley et al. (1998), è dotato di una un'opzione, *RegARIMA*, che consente la stima delle componenti deterministiche contemporaneamente ai modelli *ARIMA* per le estrapolazioni utilizzando, per la stima, il metodo della massima verosimiglianza. Lo stesso software include anche una opzione per l'analisi delle revisioni delle stime più recenti e la possibilità di applicare tecniche spettrali per valutare la bontà della destagionalizzazione.

Una caratteristica comune a tutte le procedure di smoothing lineari consiste nel non poter perequare le osservazioni finali con gli stessi filtri simmetrici applicati alle osservazioni centrali. Ciò fa sì che le stime relative alle osservazioni recenti necessitino di revisioni quando nuovi dati sono aggiunti alla serie. Per quanto concerne i metodi *Census X11* e *X11ARIMA* ciò significa che i primi e gli ultimi tre anni e mezzo di una serie devono essere revisionati in quanto i relativi filtri simmetrici richiedono sette anni di osservazioni per produrre una stima centrale. Le revisioni dovute alle differenze nelle medie mobili applicate alla stessa osservazione quando questa cambia la sua posizione in relazione alla fine della serie sono state ampiamente studiate per entrambi i metodi di Dagum (1982a, 1982b e 1982c).

Capitolo 11
Fondamenti statistici del metodo *X11ARIMA*

Il metodo *X11ARIMA* sviluppato da Dagum (1978b) rappresenta una versione modificata del metodo *Census X11* sviluppato da Shiskin, Young e Musgrave (1967).

Il metodo *X11ARIMA* fondamentalmente consiste:

(1) nel modellare la serie originale con modelli *ARIMA* del tipo Box e Jenkins (1970). Se le serie sono influenzate da variazioni di giorni lavorativi o dall'effetto Pasqua, tali variazioni sono preliminarmente rimosse dalla serie originale prima della modellizzazione *ARIMA*.

(2) nell'estendere la serie originale con i valori estrapolati ottenuti da un modello *ARIMA* che si adatta bene e prevede bene i dati originali secondo criteri di accettazione ben definiti. Questa estensione è chiamata "previsione" quando è fatta alla fine della serie (il caso più frequente) e "backcast" (previsione all'indietro) quando è fatta all'inizio della serie (applicata solo a serie corte di lunghezza tra i 5 e i 7 anni). Automaticamente i dati sono estrapolati solo per un anno ma l'utente può richiedere che i dati vengano estrapolati per più anni.

(3) nell'identificare e stimare le componenti tendenza-ciclo e stagionale attraverso varie combinazioni di filtri di smoothing lineari (medie mobili) simmetrici per le osservazioni centrali e asimmetrici per le osservazioni iniziali e finali. I filtri simmetrici sono abbastanza simili a quelli del metodo *Census X11* mentre i filtri asimmetrici sono fortemente influenzati dal tipo di modello *ARIMA* usato per le estrapolazioni.

La modellizzazione *ARIMA* introdotta nel metodo *Census X11* gioca un ruolo molto importante per la stima dei coefficienti stagionali alla fine della serie, particolarmente quando la stagionalità cambia rapidamente in maniera stocastica. Grazie all'estensione *ARIMA*, i filtri asimmetrici applicati agli estremi sono più simili ai filtri simmetrici applicati alle osservazioni centrali e conseguentemente, le revisioni delle stime preliminari sono significativamente ridotte (si veda, tra gli altri, Kuiper, 1976; Dagum, 1978a; Bordignon, 1991; Fischer, 1995).

Pierce (1980) ha mostrato che le estrapolazioni *ARIMA* rendono il metodo *X11ARIMA* un metodo di destagionalizzazione a minimo errore quadratico medio nel senso che minimizza le revisioni in termini dell'errore quadratico medio.

Il modello di serie storiche di base implicito nel metodo *X11ARIMA* è un modello misto che consiste di (1) modelli deterministici di regressione, e (2) modelli stocastici non stazionari omogenei lineari. Quindi per discutere i fondamenti statistici del metodo *X11ARIMA* è necessario distinguere tra modelli di regressione deterministici per l'identificazione e la stima di componenti quali le variazioni di giorni lavorativi e l'effetto Pasqua che sono considerate deterministiche e modelli per la tendenza ciclo e la stagionalità che sono componenti assunte stocastiche e stimate con filtri di smoothing lineari applicati sequenzialmente.

Un altro importante aspetto che deve essere preso in considerazione è la non linearità principalmente introdotta dalle procedure di identificazione e sostituzione dei valori estremi o dati anomali. Il metodo *X11ARIMA* come il metodo *Census X11* è un metodo non lineare e le principali fonti di non linearità oltre all'identificazione e sostituzione dei valori estremi sono: (1) il modello di scomposizione moltiplicativo, (2) i filtri lineari variabili per la tendenza ciclo e la stagionalità (3) i modelli *ARIMA* usati per le estrapolazioni. Tutto questo significa che se una serie aggregata, X_t, è definita come:

$$X_t = Y_t + Z_t$$

la serie destagionalizzata X_t^d non è uguale alla somma delle serie destagionalizzate Y_t^d e Z_t^d.

11.1 Modelli di regressione per gli effetti di calendario

L'identificazione e la stima degli effetti di calendario, considerati di natura deterministica, è fatta con modelli di regressione. Per le variazioni di giorni lavorativi il modello è dato dalla (10.1.4.1.5), mentre per l'effetto Pasqua sono discussi due modelli nel paragrafo (10.1.4.2).

11.2 Filtri lineari di smoothing per la tendenza-ciclo e la stagionalità

Nell'*X11ARIMA* la tendenza-ciclo e la stagionalità sono assunte stocastiche e stimate con filtri simmetrici e non simmetrici. I primi lavori sullo studio delle combinazioni lineari dei filtri appartenenti all'opzione standard del *Census X11* (anche valide per la parte simmetrica dell'*X11ARIMA*) sono dovuti a Young (1968) e Wallis (1982). Questa **combinazione standard** dei filtri per la tendenza-ciclo e la stagionalità è stata successivamente approssimata da modelli *ARIMA*, prevalentemente del tipo *IMA*, negli studi di Cleveland e Tiao (1976) e Burridge e Wallis (1984). Più recentemente Cleveland et al. (1990) hanno sviluppato il metodo *STL* composto da modelli dinamici che approssimano i filtri del *Census X11* e *X11ARIMA*.

Nel seguito presentiamo la derivazione e le proprietà di **tutte** le possibili combinazioni di filtri oltre quella standard secondo un approccio frequenziale piuttosto che parametrico. Infatti i modelli sottostanti questi filtri sono impliciti, non espliciti. La derivazione nel dominio delle frequenze della parte lineare del metodo *X11ARIMA* (e *Census X11*) e la relativa analisi statistica sono ampiamente discusse da Dagum, Chhab e Chiu (1996).

Data in input una serie x_t, $t=1,\ldots,T$, per t sufficientemente lontano dalla fine della serie ($m+1 \leq t \leq T\text{-}m$) il valore y_t fornito in output dal metodo *X11ARIMA*, con o senza le estrapolazioni *ARIMA*, risulta dall'applicazione di un filtro simmetrico $h_m(B)$, cioè

$$y_t = h_m(B)x_t = \sum_{j=-m}^{m} h_{m,j} x_{t-j} \tag{11.2.1}$$

dove B è l'operatore di ritardo e $h_{m,j} = h_{m,-j}$. La lunghezza del filtro è $2m+1$.

Per i dati più recenti ($T\text{-}m < t \leq T$) non può essere applicato un filtro simmetrico e, di conseguenza, sono usati filtri asimmetrici troncati, $h_k(B)$, $k = 0,1,\ldots,m$. Per esempio,

$$y_{T-k}^{(k)} = h_k(B)x_{T-k} = \sum_{j=-k}^{m} h_{k,j} x_{T-k-j}$$

$$y_T^{(0)} = h_0(B)x_T = \sum_{j=0}^{m} h_{0,j} x_{T-j} \tag{11.2.2}$$

$$y_{T-m}^{(m)} = h_m(B)x_{T-m} = \sum_{j=-m}^{m} h_{m,j} x_{T-m-j}$$

Per il filtro $h_k(B)$, il pedice k indica il numero di valori di x_t che entrano nel filtro oltre all'osservazione x_T ovvero il limite inferiore (cambiato di segno) della sommatoria $\sum h_{k,j} x_{t-j}$. I filtri variano nel tempo, nel senso che applicando l'*X11ARIMA* al tempo t ai dati originali $x_1,\ldots,x_T$, ciascuno dei primi e degli ultimi $m+1$ valori perequati risulta da $m+1$ filtri differenti applicati all'input.

Quando si usano estrapolazioni *ARIMA*, i filtri asimmetrici risultano dalla combinazione dei filtri di smoothing propri del metodo *X11ARIMA* e dei filtri di estrapolazione *ARIMA*.

Le previsioni *ARIMA*, $x_T(k)$, possono essere scritte come una combinazione lineare dei valori passati, ovvero:

$$x_T(k) = \sum_{j=0}^{p} \pi_{k,j} x_{T-j}, \qquad k=1,2,\ldots,n \qquad (11.2.3)$$

dove con $\pi_{k,j}$ si indicano i coefficienti che devono essere applicati ai valori precedenti a x_T per ottenere una previsione con un orizzonte di k istanti temporali, e n indica il numero di previsioni in avanti, solitamente uguale a 4 o 12 per serie trimestrali e mensili, rispettivamente. Quindi, il filtro asimmetrico combinato applicato all'ultima osservazione di una serie che è stata estesa con 12 previsioni è (Dagum, 1983)

$$h_o^*(B)x_t = \sum_{j=0}^{max(m,p)} \left(h_{12,j} + \sum_{k=1}^{12} \pi_{k,j} h_{12,-k} \right) x_{T-j} \qquad (11.2.4)$$

Gli output del metodo *X11ARIMA* risultano dall'applicazione sequenziale di diversi filtri lineari singoli usati per stimare le componenti tendenza-ciclo e stagionale. Questi filtri lineari singoli sono discussi nei due successivi paragrafi con riferimento ai soli dati mensili. L'estensione a serie trimestrali è immediata.

11.2.1 Filtri lineari singoli per la tendenza-ciclo

La stima della componente tendenza-ciclo effettuata dal metodo *X11ARIMA* consiste nell'applicazione di due diversi filtri lineari singoli, ovvero una media mobile (*MM*) centrata a 12 termini e uno dei tre filtri di Henderson per la tendenza-ciclo disponibili nel software (Dagum, 1980 e 1988).

Una *MM* centrata a 12 termini è applicata nella prima iterazione per ottenere una stima preliminare della tendenza, è indicata con $D(B)$ ed è definita come:

$$D(B) = (1/24)B^{-6}(1 + B)(1 + B + B^2 + \ldots + B^{11}) \qquad (11.2.1.1)$$

Il metodo *X11ARIMA* genera le sei stime mancanti per la tendenza-ciclo a ciascun estremo della serie replicando per sei volte la prima e l'ultima stima disponibili.

La stima finale della tendenza-ciclo è ottenuta dall'applicazione di uno dei tre filtri di Henderson, a 9, 13 e 23 termini, disponibili nel software. Questi filtri, sviluppati da Henderson nel 1916, si basano su formule di sommatoria principalmente usate dagli attuari. Tali formule si fondano principalmente sulla combinazione di operazioni di differenza e di somma in modo tale che quando siano ignorate le differenze oltre un certo ordine, i filtri riproducano le funzioni a cui sono applicate. Questa procedura ha il merito di produrre valori smooth che sono funzione di un numero elevato di valori osservati i cui errori, fino a un livello considerevole, si cancellano. I filtri di Henderson presentano le proprietà che quando applicati a polinomi di secondo o terzo grado, l'output risultante riprodurrà esattamente il comportamento polinomiale, mentre quando applicati a dati stocastici, produrranno stime più lisce di quelle ottenute dai pesi che adattano a ciascuna osservazione centrale un polinomio di secondo grado attraverso il metodo dei minimi quadrati.

Il fatto che il grado di perequazione risultante dall'applicazione di un filtro dipende dal grado di perequazione del diagramma dei pesi ha portato Henderson (1916) a sviluppare una formula che minimizza la somma dei quadrati delle differenze di terzo ordine della serie smooth, per ciascun numero di termini. In altre parole, $\sum \left(\nabla^3 y_t\right)^2$ (dove $\nabla = 1 - B$ è l'operatore differenza, e y_t è l'output, ovvero la serie smooth) è minimizzata se e solo se è minimizzata $\sum \left(\nabla^3 h_k\right)^2$ (dove con h_k si indicano i pesi) (Dagum, 1978a,b e 1985).

Henderson ha mostrato che, se la media ha una lunghezza pari a $2m$-3, l'espressione generale per l'n-esimo termine del filtro che minimizza $\sum \left(\nabla^3 h_k\right)^2$ è:

$$\frac{315\left\{\left[(m-1)^2 - n^2\right]\left[m^2 - n^2\right]\left[(m+1)^2 - n^2\right]\left[(3m-16)-11n^2\right]\right\}}{8m\left(m^2 - 1\right)\left(4m^2 - 1\right)\left(4m^2 - 9\right)\left(4m^2 - 25\right)} \qquad (11.2.1.2)$$

Per derivare un insieme di 13 pesi da questa formula, si sostituisce 8 a m e si ottengono i valori per ciascun n intero che varia da –6 a 6. Il filtro simmetrico di Henderson per la tendenza-ciclo a 13 termini è, quindi:

$$\begin{aligned} H_{13}(B) = \ & -.019B^{-6} \quad -.028B^{-5} \quad +.00B^{-4} \quad +.066B^{-3} \\ & +.147B^{-2} \quad +.214B^{-1} \quad +.24B^0 \quad +.214B \quad +.147B^2 \\ & +.066B^3 \quad +.00B^4 \quad -.028B^5 \quad -.019B^6 \end{aligned}$$

$$(11.2.1.3)$$

Il filtro simmetrico di Henderson a 9 termini si ottiene dalla (11.2.1.2) ponendo m=6 ed è dato da:

$$\begin{aligned} H_9(B) = \ & -.041B^{-4} \quad -.010B^{-3} \quad +.119B^{-2} \quad +.267B^{-1} \\ & +.330B^0 \quad +.267B \quad +.119B^2 \quad -.010B^3 \quad -.041B^4 \end{aligned}$$

$$(11.2.1.4)$$

Infine, il filtro simmetrico di Henderson a 23 termini si ottiene dalla (11.2.1.2) ponendo $m=13$ ed è dato da:

$$
\begin{aligned}
H_{23}(B)= \quad & -.004B^{-11} \quad -.011B^{-10} \quad -.016B^{-9} \quad -.015B^{-8} \quad -.005B^{-7} \\
& +.013B^{-6} \quad +.039B^{-5} \quad +.068B^{-4} \quad +.097B^{-3} \quad +.122B^{-2} \quad +0138B^{-1} \\
& +.144B^{0} \quad +.138B^{1} \quad +.122B^{2} \quad +.097B^{3} \quad +.068B^{4} \quad +.039B^{5} \\
& +.013B^{6} \quad -.005B^{7} \quad -.015B^{8} \quad -.016B^{9} \quad -.011B^{10} \quad -.004B^{11}
\end{aligned}
$$

$$(11.2.1.5)$$

Il calcolo dei pesi del filtro asimmetrico di Henderson nel metodo *X11ARIMA* si basa sulla minimizzazione dell'errore quadratico medio (*MSE*) tra le stime finali (ottenute dall'applicazione del filtro simmetrico) e le stime preliminari (ottenute dall'applicazione di un filtro asimmetrico) sotto il vincolo che la somma dei pesi sia pari a 1 (Laniel, 1985; Dagum, 1988). Tale procedura assume che alla fine della serie, i valori destagionalizzati siano uguali ad una tendenza-ciclo lineare più un termine irregolare puramente aleatorio a media zero e varianza costante σ_a^2.

L'equazione usata nell'*X11ARIMA/88* è:

$$
E\left[r_t^{(k,m)}\right]^2 = c_1^2 \left[t - \sum_{j=-i}^{m} h_{kj}(t-j)\right]^2 + \sigma_a^2 \sum_{j=-m}^{m} \left(h_{mj} - h_{kj}\right)^2 \qquad (11.2.1.6)
$$

dove r_t è l'errore (revisione), h_{mj} e h_{kj} sono i pesi del filtro simmetrico centrato e dei filtri asimmetrici, rispettivamente; $h_{kj} = 0$ per $j = -m,\ldots,-k-1$, c_1 è la pendenza della retta e σ_a^2 indica la varianza del termine irregolare (rumore).

c_1 e σ_a^2 permettono di esprimere il rapporto tra il rumore e il segnale, *I/C*, nel seguente modo:

$$
I/C = \left(4\sigma_a^2/\pi\right)^{1/2} \Big/ |c_1| \qquad (11.2.1.7)
$$

Il valore del rapporto *I/C* (11.2.1.7) determina la lunghezza del filtro di Henderson per la tendenza-ciclo che deve essere applicato. Così, ponendo $t = 0$ e $m = 6$, per i pesi finali della Henderson a 13 termini, si ottiene:

$$
\frac{E\left[r_0^{(k,6)}\right]^2}{\sigma_a^2} = \frac{4}{\pi\,(I/C)^2}\left(\sum_{j=-i}^{6} h_{kj}\right)^2 + \sum_{j=-6}^{6} \left(h_{6j} - h_{kj}\right)^2 \qquad (1.2.1.8)
$$

assumendo *I/C* = 3.5 (tale valore indica la situazione con più rumore in cui il filtro di Henderson a 13 termini viene applicato).

Dall'equazione (11.2.1.6) si ottiene lo stesso insieme di pesi finali usati dal metodo *X11*. I pesi finali per i rimanenti filtri di Henderson mensili si calcolano ponendo $I/C = .99$ per il filtro a 9 termini e $I/C = 4.5$ per il filtro a 23 termini.

Le funzioni di guadagno dei filtri di Henderson per il trend-ciclo sono in Ladiray e Quenneville (2001).

11.2.2 Filtri singoli per la stagionalità

I filtri stagionali, il cui scopo consiste nello stimare la componente stagionale, sono applicati ai rapporti (o differenze) fra il fattore stagionale e il fattore irregolare relativi a ciascun mese, separatamente, ed hanno una lunghezza variabile fra i 3 e gli 11 anni. I pesi sono tutti positivi e, di conseguenza, i filtri simmetrici riproducono esattamente, all'interno del loro intervallo di applicazione, il valore centrale di una linea retta. Questa proprietà rende i metodi *X11ARIMA* e *Census X11* in grado di stimare una stagionalità che evolve linearmente in un arco temporale variabile fra i 3 e gli 11 anni. Questi filtri possono, di conseguenza, approssimare, in maniera sufficientemente adeguata, cambiamenti stagionali graduali che presentano un comportamento non lincarc sull'intero intervallo di variazione della serie.

I filtri stagionali dai metodi *X11ARIMA* e *Census X11* permettono, quindi, la stima di comportamenti stagionali diversi: maggiore è l'evoluzione della componente stagionale, più corto sarà il filtro selezionato dal programma. Se la componente stagionale è molto stabile, la stima più accurata risulterà da una media mobile non pesata dei rapporti stagionale-irregolare sull'intero intervallo di variazione della serie.

I filtri stagionali disponibili nel software sono: 1) una media mobile ponderata a 3 termini, *MM* (3x1); 2) una media mobile ponderata a 5 termini *MM* (3x3); 3) una media mobile ponderata a 7 termini *MM* (3x5); 4) una media mobile pesata a 11 termini *MM* (3x9); e 5) la media non ponderata. Si noti che una media mobile del tipo *MM* (3x5) risulta dalla combinazione di una media mobile a cinque termini con una media mobile a tre termini: il risultato è una media mobile a sette termini.

I filtri stagionali lineari applicati ai valori centrali sono simmetrici e sono calcolati come segue:

$$S_{3\times k}(B) = (3k)^{-1} B^{-12[1+(k-1)/2]}\left(1+B^{12}+B^{24}\right)\left(1+...+B^{(k-1)12}\right); \ k=1,3,5,9 \quad (11.2.2.1)$$

e

$$S_N(B) = (1/N)(1 + B^{12} + B^{24} + B^{36} + \ldots + B^{12N})$$
(11.2.2.2)

dove $S_N(B)$ è la media non ponderata e N è il numero di anni che compongono la serie osservata.

I software *X11ARIMA* e *Census X11* permettono anche l'applicazione di filtri stagionali differenti per ciascun mese, per esempio una *MM* (3x3) per i mesi di giugno, luglio, agosto e una *MM* (3x5) per i rimanenti mesi. Si riportano nel seguito i filtri asimmetrici applicati ai valori non centrali.

Filtro asimmetrico della *MM* (3x1)

$$S_{3x1}^0(B) = (.61 + .39B^{12})$$
(11.2.2.3)

Filtri asimmetrici della *MM* (3x3)

$$S_{3x3}^0(B) = .407(1 + B^{12}) + .185B^{24}$$

(11.2.2.4)

$$S_{3x3}^1(B) = .259(B^{-12} + B^{12}) + .370 + .111B^{24}$$

Filtri asimmetrici della *MM* (3x5)

$$S_{3x5}^0(B) = .283(1 + B^{12} + B^{24}) + .150B^{36}$$

$$S_{3x5}^1(B) = .250(B^{-12} + 1 + B^{12}) + .183B^{24} + .067B^{36}$$
(11.2.2.5)

$$S_{3x5}^2(B) = .150B^{-24} + .217(B^{-12} + 1 + B^{12}) + .133B^{24} + .067B^{36}$$

Filtri asimmetrici della *MM* (3x9)

$$S_{3x9}^0(B) = .246 + .221B^{12} + .197B^{24} + .173B^{36} + .112B^{48} + .051B^{60}$$

$$S_{3x9}^1(B) = .208B^{-12} + .192 + .176B^{12} +$$

$$+.160B^{24} + .144B^{36} + .092B^{48} + .028B^{60}$$

$$S_{3x9}^2(B) = .173B^{-24} + .163B^{-12} + .154 +$$

$$+.143B^{12} + .133B^{24} + .123B^{36} + .079B^{48} +$$
(11.2.2.6)

$$+.032B^{60}$$

$$S_{3x9}^3(B) = .141B^{-36} + .137B^{-24} + .132B^{-12} + .128 + .123B^{12}$$
$$+.117B^{24} + .113B^{36} + 0.75B^{48} + .034B^{60}$$

$$S_{3x9}^4(B) = .084B^{-48} + .120B^{-36} + .118B^{-24} + .117B^{-12} + .116 + .114B^{12}$$
$$+.113B^{24} + .111B^{36} + .073B^{48} + .034B^{60}$$

Le funzioni di guadagno dei singoli filtri stagionali sono date da Ladiray e Quenneville (2001).

11.2.3 Filtri lineari a cascata[*]

Le stime finali di ciascuna componente e la serie destagionalizzata mediante i software *X11ARIMA* (Dagum, 1980 e 1988) e *Census X11* (Shiskin, Young and Musgrave, 1967) sono ottenute attraverso filtri a cascata dati dalla convoluzione dei vari filtri lineari singoli discussi nei paragrafi precedenti e applicati in maniera sequenziale. Infatti, se l'output di un filtro H è l'input di un altro filtro Q, i coefficienti del "filtro a cascata" C risultano dal prodotto di HxQ. Per filtri simmetrici HxQ equivale a QxH, mentre ciò non vale per filtri asimmetrici.

Il **filtro stagionale a cascata** più frequentemente usato dai programmi *X11ARIMA* e *Census X11* risulta dal prodotto di: i) *MM* centrata a 12 termini; ii) *MM* 3x3; iii) *MM* 3x5; e iv) *MM* di Henderson a 13 termini. Ciò si può esprimere formalmente come:

$$S = D^c S_{3\times5} \left[H_{13} \left(D^c S_{3\times3} D^c \right)^c \right]^c \qquad (11.2.3.1)$$

Dove c indica il complemento del filtro corrispondente. Per le osservazioni centrali, D, H_{13}, $S_{3\times3}$ e $S_{3\times5}$ sono definiti dalle equazioni (11.2.1.1), (11.2.1.3), (11.2.2.1), rispettivamente; mentre per i valori finali, D, H_{13}, $S_{3\times3}$ e $S_{3\times5}$ sono definiti dalle equazioni (11.2.1.1), (1.2.1.8), (11.2.2.4), (11.2.2.5), rispettivamente.

Il complemento della (11.2.3.1) definisce il corrispondente **filtro di destagionalizzazione a cascata**, dato da $S^c = I - S$, dove I indica il filtro identità.

Il **filtro a cascata per la tendenza-ciclo** più frequentemente applicato è:

$$TC = H_{13} \left\{ I - D^c S_{3\times5} \left[H_{13} \left(D^c S_{3\times3} D^c \right)^c \right]^c \right\} \qquad (11.2.3.2)$$

mentre il **filtro a cascata per la componente irregolare**, qui indicata con *IR*, è dato da

$$IR = I - S - TC = S^c - TC \qquad (11.2.3.3)$$

11.2.4 Proprietà dei filtri lineari a cascata[*]

Le proprietà dei filtri a cascata possono essere studiate analizzando le loro corrispondenti funzioni di risposta, qui definita come:

$$H(\omega) = \sum_{j=-m}^{m} h_j e^{-i2\pi\omega j}, \qquad 0 \leq \omega \leq 1/2 \qquad (11.2.4.1)$$

dove h_j sono i pesi del filtro e ω è la frequenza in cicli per unità di tempo.

La funzione di risposta può essere espressa in forma polare come segue:

$$H(\omega) = A(\omega) + iB(\omega) = G(\omega)e^{i\phi(\omega)} \qquad (11.2.4.2)$$

dove $G(\omega) = \{A^2(\omega) + B^2(\omega)\}^{1/2}$ è chiamata funzione di guadagno del filtro e $\phi(\omega) = \arctan\{B(\omega)/A(\omega)\}$ è chiamata funzione fase del filtro ed è generalmente espressa in radianti. La (11.2.4.2) mostra che se la variabile input è sinusoidale di ampiezza unitaria e sfasamento costante $\psi(\omega)$, la variabile output sarà anch'essa sinusoidale ma di ampiezza $G(\omega)$ e sfasamento $\psi(\omega) + \phi(\omega)$. Il guadagno e lo sfasamento variano con ω. Per filtri simmetrici lo sfasamento è 0 o $\pm\pi$, e per filtri asimmetrici prende valori tra $\pm\pi$ in corrispondenza delle frequenze per le quali la funzione di guadagno è non nulla. Per una migliore interpretazione, lo sfasamento sarà dato qui in mesi invece che in radianti (lo sfasamento in mesi è definito come $\phi(\omega)/(2\pi\omega)$ per $\omega \neq 0$).

Le funzioni di guadagno mostrate devono essere viste come il legame tra lo spettro della serie originale e lo spettro dell'output ottenuto attraverso un filtro lineare invariante nel tempo. Per esempio, sia $Y_t^{(0)}$ l'osservazione destagionalizzata stimata relativa al periodo corrente basata sui dati x_t, $t=1,\ldots,n$, allora la serie storica $\{y_t^{(0)}\}$ è ottenuta da $\{x_t\}$ attraverso l'applicazione del filtro lineare invariante nel tempo $h^0(B)$. Le funzioni di guadagno sopra discusse legano lo spettro di $\{x_t\}$ allo spettro di $\{y_t^{(0)}\}$, non allo spettro della serie destagionalizzata completa prodotta al tempo t (che comprende $y_t^{(0)}$, una prima revisione del tempo t-1, una seconda revisione del tempo t-2, e così via).

11.2.4.1 Proprietà dei filtri simmetrici[*]

Le funzioni di guadagno di tre differenti filtri a cascata per la destagionalizzazione sono mostrati in figura 1. La funzione di guadagno del filtro a cascata che risulta dalla convoluzione di medie mobili corte, cioè $(3\times3)(3\times3)[H9]$, ha ampi avvallamenti intorno alla frequenza stagionale fondamentale $\omega = 0.083$ e alle sue cinque armoniche 0.167, 0.250, 0.330, 0.417 e 0.50. Quindi, questa combinazione è più appropriata per serie influenzate da una stagionalità stocastica che cambia assai velocemente.

D'altra parte, la funzione di guadagno del filtro a cascata corrispondente alla convoluzione di filtri lunghi, cioè $(3\times3)(3\times9)[H23]$ mostra avvallamenti stagionali più stretti, ed è quindi più appropriata per serie con un comportamento stagionale più regolare o stabile. Il guadagno del filtro a cascata per la combinazione standard $(3\times3)(3\times5)[H13]$ cade tra il guadagno dei filtri corti e di quelli lunghi. Si vedrà che questo filtro a cascata standard occuperà sempre la posizione centrale a prescindere dal tipo di singoli filtri sequenzialmente combinati.

La figura 2 mostra i guadagni dei filtri a cascata per la tendenza-ciclo per le stesse convoluzioni discusse sopra. I filtri a cascata standard e corti modificano leggermente le varianze delle componenti di bassa frequenza, cioè $0 < \omega \le 0.055$, che corrispondono a cicli di periodicità uguale o superiore ai 18 mesi. Mentre, il filtro a cascata lungo riflette il comportamento del filtro di Henderson lungo [$H23$] con una funzione di guadagno che converge velocemente a zero alla frequenza stagionale fondamentale e oscilla attorno allo zero alle rimanenti frequenze più alte.

La varianza delle stime del trend-ciclo date dal filtro a cascata corrisponde all'area sottesa dalla funzione di guadagno. Essa è chiaramente più piccola per filtri lunghi e allora questa convoluzione è adeguata per serie con una tendenza-ciclo stabile (più rigida).

Il filtro a cascata corto passa circa il 75% della varianza associata con la banda di frequenze $0.08 < \omega < 0.16$ e il 25% per $0.16 < \omega < 0.25$. Questo filtro è quindi più appropriato per serie influenzate da una tendenza-ciclo stocastica che cambia velocemente.

Infine, la figura 3 mostra la funzione di guadagno di filtri a cascata per la componente irregolare. Come evidenziato, l'area per il filtro a cascata lungo è più grande, indicando che la varianza dei residui stimati è più grande rispetto a quella data dagli altri due filtri a cascata. Infatti, assumendo che gli irregolari sono rumore bianco con $\sigma_I^2 = 1$, la varianza dei residui è data da $\sigma_R^2 = \sigma_I^2 \sum_{j=-m}^{m} h_j^2$ dove h_j sono i pesi del filtro a cascata.

Per il filtro a cascata lungo si ha $\sigma_R^2 = 0.73$, mentre per il filtro a cascata corto e per quello standard si hanno rispettivamente $\sigma_R^2 = 0.36$ e $\sigma_R^2 = 0.55$ (Dagum, Chhab e Solomon 1991). Dalla forma della funzione di guadagno si può anche inferire la presenza di autocorrelazioni negative, particolarmente ai primi ritardi e ai ritardi stagionali. Più ampi sono gli avvallamenti stagionali, più grandi sono le autocorrelazioni negative. Assumendo nella (11.2.1) che l'input x_t sia rumore bianco, la funzione di autocorrelazione dell'output y_t è data da:

$$\rho_y(k) = \frac{\sum\limits_{j=-m}^{m} h_j h_{j-k}}{\sum\limits_{j=-m}^{m} h_j^2}$$

Per l'opzione standard, le autocorrelazioni dei residui sono le seguenti:

$\rho_1 = -0.34$ $\rho_2 = -0.21$ $\rho_3 = -0.06$ $\rho_4 = 0.05$ $\rho_5 = 0.08$ $\rho_6 = 0.02$ $\rho_7 = -0.05$

$\rho_8 = -0.03$ $\rho_9 = 0.02$ $\rho_{10} = 0.07$ $\rho_{11} = 0.11$ $\rho_{12} = -0.32$ $\rho_{13} = 0.11$

Per il filtro a cascata lungo le autocorrelazioni dei residui mostrano un comportamento simile ma sono più alte ai lag 1 e 12:

$\rho_1 = -0.47$ $\rho_2 = -0.17$ $\rho_3 = 0.08$ $\rho_4 = 0.10$ $\rho_5 = -0.03$ $\rho_6 = -0.01$ $\rho_7 = 001$

$\rho_8 = -0.04$ $\rho_9 = -0.04$ $\rho_{10} = 0.07$ $\rho_{11} = 0.20$ $\rho_{12} = -0.43$ $\rho_{13} = 0.21$

Per il filtro a cascata corto, le autocorrelazioni dei residui sono più piccole ai lag 1 e 12 rispetto a quelle delle combinazioni precedenti. Le autocorrelazioni sono le seguenti:

$\rho_1 = -0.19$ $\rho_2 = -0.17$ $\rho_3 = -0.13$ $\rho_4 = -0.08$ $\rho_5 = -0.04$ $\rho_6 = 0.00$ $\rho_7 = 0.03$

$\rho_8 = 0.05$ $\rho_9 = 0.05$ $\rho_{10} = 0.04$ $\rho_{11} = 0.03$ $\rho_{12} = -0.15$ $\rho_{13} = 0.02.$

Fig. 1. Funzioni di guadagno di filtri a cascata simmetrici per la destagionalizzazione

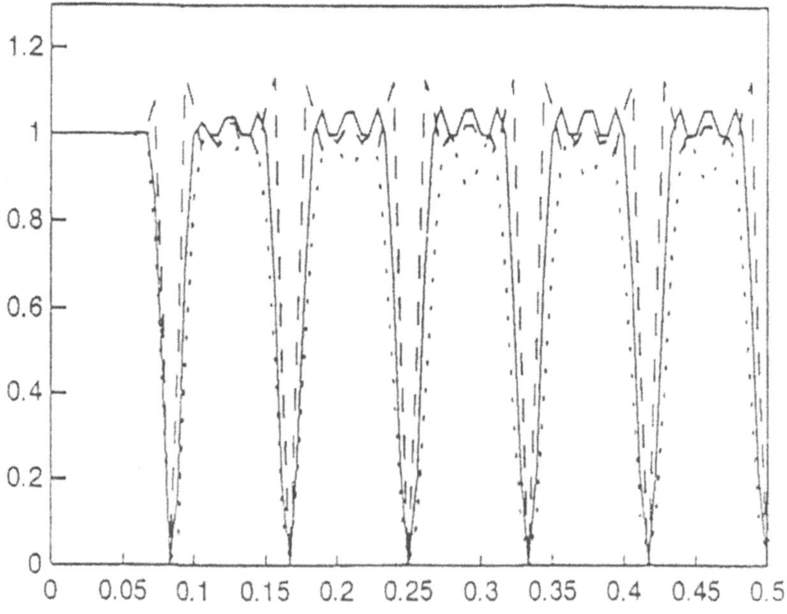

Fig. 2. Funzioni di guadagno di filtri a cascata simmetrici per la tendenza ciclo

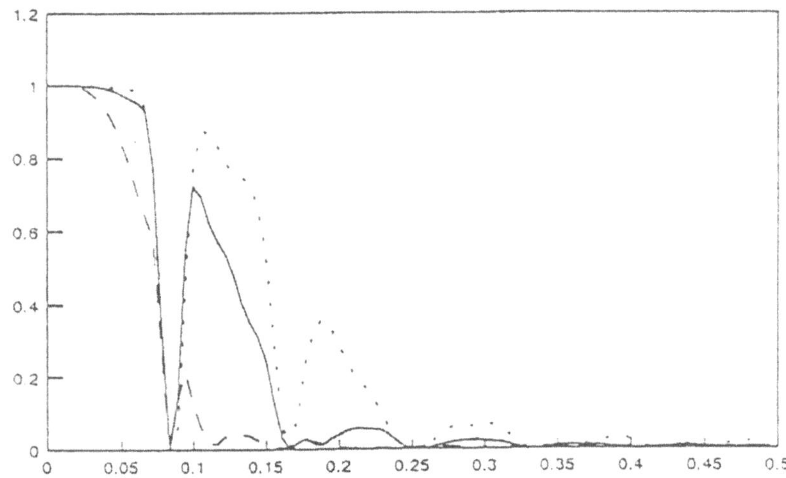

Fig. 3. Funzioni di guadagno di filtri a cascata simmetrici per la componente irregolare

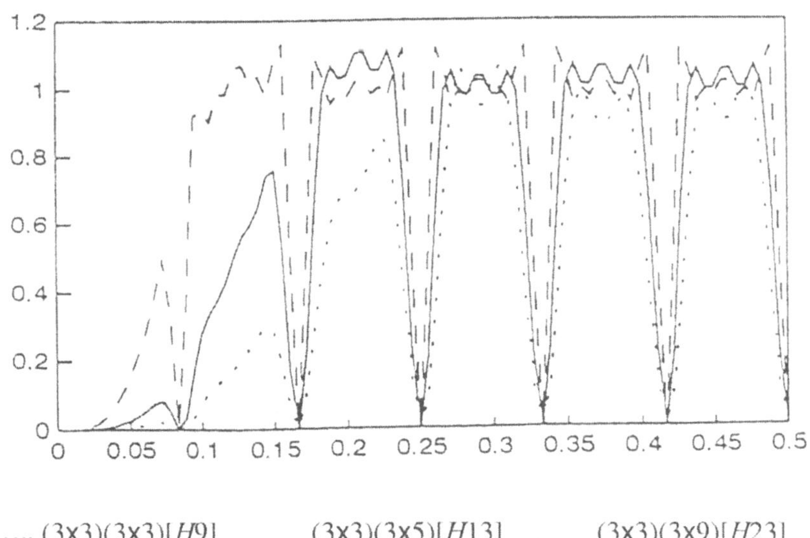

11.2.4.2 Proprietà dei filtri a cascata asimmetrici*

Fra i filtri a cascata asimmetrici quello corrispondente all'ultima osservazione, chiamato filtro concorrente, è quello più soggetto alle revisioni ed è di grande importanza per la presa di decisioni. Di seguito discutiamo i comportamenti di vari filtri a cascata concorrenti senza o con le estrapolazioni *ARIMA*.

11.2.4.2.1 Filtri a cascata concorrenti senza le estrapolazioni *ARIMA*[*]

Per analizzare i filtri a cascata **asimmetrici concorrenti** per la destagionalizzazione quando non vengono usate le estrapolazioni *ARIMA*, si mostrano le seguenti tre convoluzioni:

(1.a) Media mobile stagionale corta combinata con ognuno dei tre filtri di Henderson; ossia, $(3\times3)(3\times3)[H9]$, $(3\times3)(3\times3)[H13]$ e $(3\times3)(3\times3)[H23]$;

(2.a) Media mobile stagionale standard combinata con ognuno dei tre filtri di Henderson; ossia, $(3\times3)(3\times5)[H9]$, $(3\times3)(3\times5)[H13]$ e $(3\times3)(3\times5)[H23]$;

(3.a) Media mobile stagionale lunga combinata con ognuno dei tre filtri di Henderson; ossia, $(3\times3)(3\times9)[H9]$, $(3\times3)(3\times9)[H13]$ e $(3\times3)(3\times9)[H23]$.

Le figure 4, 5 e 6 mostrano le corrispondenti funzioni di guadagno e fase per ogni caso. Si può vedere che se i filtri stagionali sono corti (figura 4), il filtro di Henderson corto amplifica molto la varianza alle frequenze vicine alla frequenza stagionale fondamentale così come alle frequenze tra la frequenza stagionale fondamentale e le sue cinque armoniche. Mentre, i filtri stagionali corti combinati con il filtro di Henderson lungo non amplificano il guadagno ma aumentano lo sfasamento.

All'aumentare della lunghezza dei filtri stagionali da (3×3) a (3×5) a (3×9), l'influenza dei filtri di Henderson diminuisce. Infatti, come mostrato in figura 6 la combinazione $(3\times3)(3\times9)[H9]$ ha ridotto molto l'amplificazione osservata nel filtro a cascata corto. Inoltre, ha anche migliorato i risultati rispetto alle altre due combinazioni, cioè [H13] e [H23], riducendo l'amplificazione della varianza e anche lo sfasamento per la combinazione con [H23].

Queste considerazioni sembrano indicare che se non si usano le estrapolazioni *ARIMA*, le medie mobili stagionali più lunghe sono da preferirsi per la destagionalizzazione, almeno dal punto di vista delle proprietà lineari del metodo X11*ARIMA*.

Funzioni di guadagno e fasi di filtri a cascata concorrenti per la destagionalizzazione

Fig. 4. Funzioni di guadagno e fasi di una media mobile stagionale corta combinata con i tre filtri di Henderson

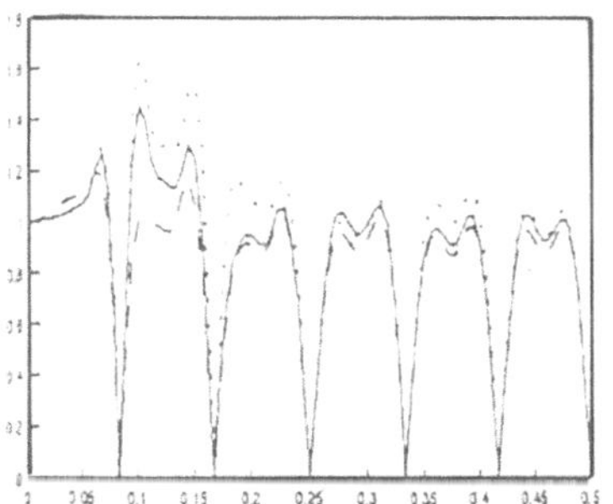
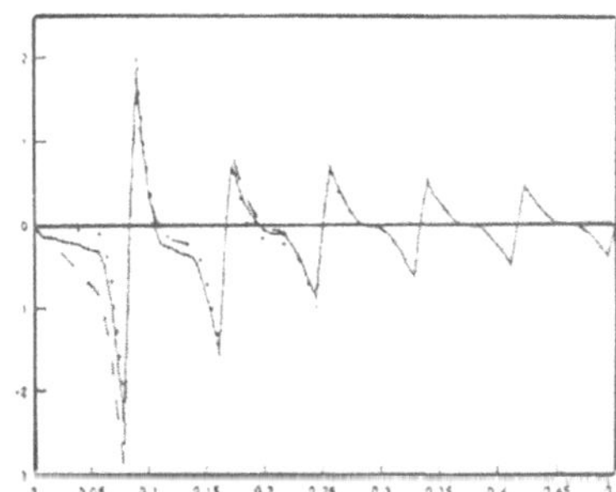

Fig. 5. Funzioni di guadagno e fasi di una media mobile stagionale standard combinata con i tre filtri di Henderson

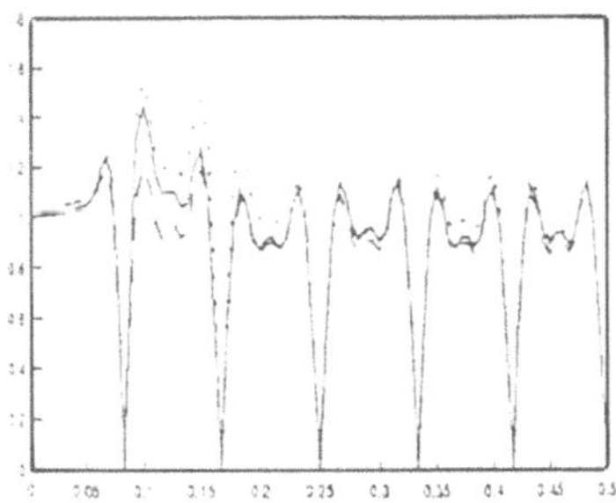
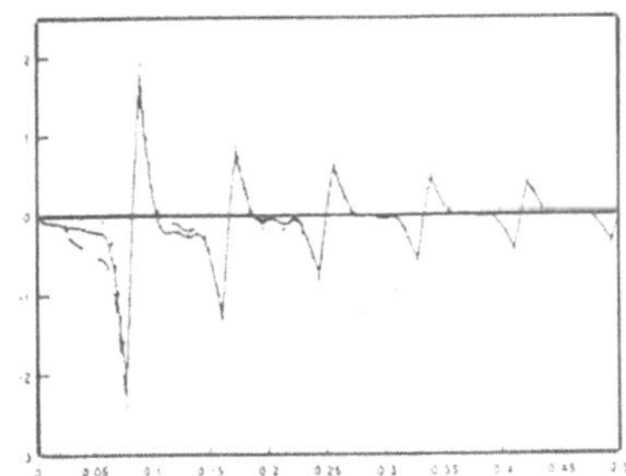

Fig. 6. Funzioni di guadagno e fasi di una media mobile stagionale lunga combinata con i tre filtri di Henderson

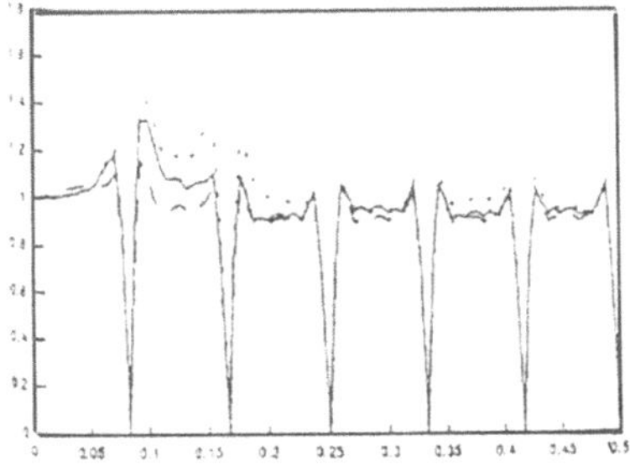
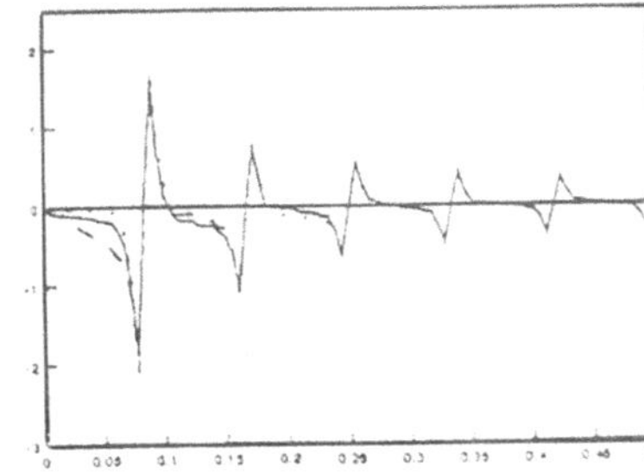

..... $(3\times3)(3\times3)[H9]$ _____ $(3\times3)(3\times5)[H13]$ _ _ _ $(3\times3)(3\times9)[H23]$

11.2.4.2.2 Filtri a cascata concorrenti con le estrapolazioni *ARIMA*[*]

Per discutere l'effetto delle estrapolazioni *ARIMA* sui filtri a cascata analizzati nel precedente paragrafo sono prese in considerazione le seguenti convoluzioni:

(1) Filtro a cascata standard $(3\times3)(3\times5)[H13]$ esteso con previsioni *ARIMA* dal modello $(0,1,1)(0,1,1)$ con parametri $\theta = 0.40$ e $\Theta = 0.60$.

(2) Filtro a cascata corto $(3\times3)(3\times3)[H9]$ esteso con lo stesso modello *ARIMA* usato in (1) ma con $\theta = 0.30$ e $\Theta = 0.30$.

(3) Filtro a cascata lungo $(3\times3)(3\times5)[H23]$ esteso con lo stesso modello *ARIMA* usato in (1) ma con $\theta = 0.80$ e $\Theta = 0.80$.

Il modello *ARIMA* $(0,1,1)(0,1,1)_{12}$ può essere espresso come:

$$(1-B)(1-B^{12})Z_t = (1-\theta B)(1-\Theta B^{12})a_t \qquad (11.2.4.2.2.1)$$

con condizioni di invertibilità $\theta < 1$ e $\Theta < 1$ (Box e Jenkins, 1970).

Il filtro del modello *ARIMA* $(0,1,1)(0,1,1)$ assume un comportamento locale lineare del trend e locale costante a somma zero della stagionalità. Esso implica che sia la tendenza che la stagionalità cambiano il loro livello e la loro pendenza in maniera stocastica, proporzionalmente al valore dell'innovazione a_t.

I parametri θ e Θ possono essere visti come il modo in cui il livello della tendenza e il comportamento stagionale rispondono alle nuove innovazioni. Un basso valore di θ corrisponde a una tendenza stocastica che cambia velocemente, mentre un valore alto corrisponde a una tendenza stocastica più stabile. Allo stesso modo, un basso valore di Θ corrisponde a una stagionalità stocastica che cambia velocemente, mentre un valore alto corrisponde a un comportamento stocastico stagionale stabile.

L'insieme dei valori dei parametri scelti sono quelli discussi da Dagum (1983) e sono stati osservati in studi empirici. I valori dei parametri per la convoluzione (1) corrispondono alla serie classica dei passeggeri aerei internazionali discussa da Box e Jenkins (1970), quelli della convoluzione (2) sono spesso incontrati in serie di vendite al dettaglio mentre la convoluzione (3) può essere trovata in dati relativi all'occupazione industriale.

Per le convoluzioni (1), (2) e (3) i valori dei parametri *ARIMA* si conformano alle assunzioni implicate dai filtri simmetrici corrispondenti. Per esempio, la convoluzione corta è appropriata per una tendenza-ciclo e una stagionalità stocastiche che cambiano velocemente, che è in accordo con i valori bassi dei parametri del modello *ARIMA*. Allo stesso modo, la convoluzione (3) è appropriata per una tendenza ciclo e una stagionalità più stabile. Ma per il caso di $\Theta > 0.80$ è preferibile l'uso del filtro stagionale (3×9).

Le figure 7, 8 e 9 mostrano le funzioni di guadagno e fase delle tre componenti, con e senza le estrapolazioni, per la convoluzione (1). Si può vedere che gli effetti delle estrapolazioni *ARIMA* sulle funzioni di guadagno sono: (a) una significativa riduzione dell'amplificazione della varianza alle basse frequenze e fra la frequenza stagionale fondamentale e le sue prime armoniche; e (b) avvallamenti stagionali più ampi.

Come conseguenza, le funzioni di guadagno dei filtri per la destagionalizzazione e per la tendenza ciclo assomigliano più a quelli dei corrispondenti filtri a cascata simmetrici. Poiché il filtro concorrente per la tendenza-ciclo passa ancora un significativo ammontare di rumore, il guadagno del filtro concorrente per la componente irregolare ha varianza più piccola rispetto al corrispondente filtro simmetrico. Per lo sfasamento, c'è un sistematico aumento di circa un mese alle basse frequenze.

Tutte le precedenti osservazioni sono valide anche per le convoluzioni (2) e (3) e, in generale, quando i valori dei parametri *ARIMA* sono consistenti con le assunzioni implicite dei filtri a cascata simmetrici corrispondenti.

Funzioni di guadagno e fasi di filtri a cascata standard concorrenti con e senza le estrapolazioni *ARIMA*.

Fig. 7. Destagionalizzazione

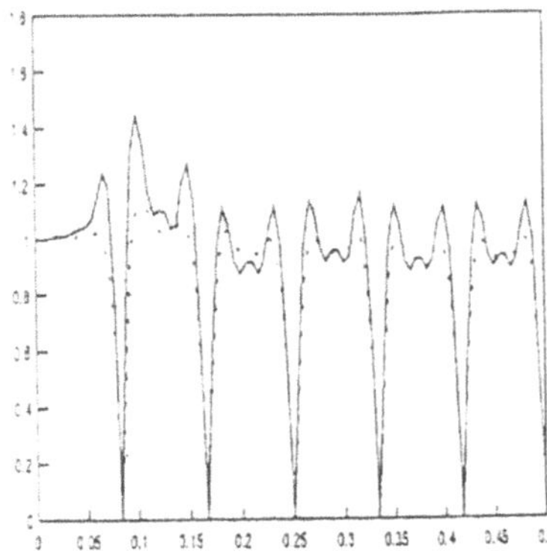
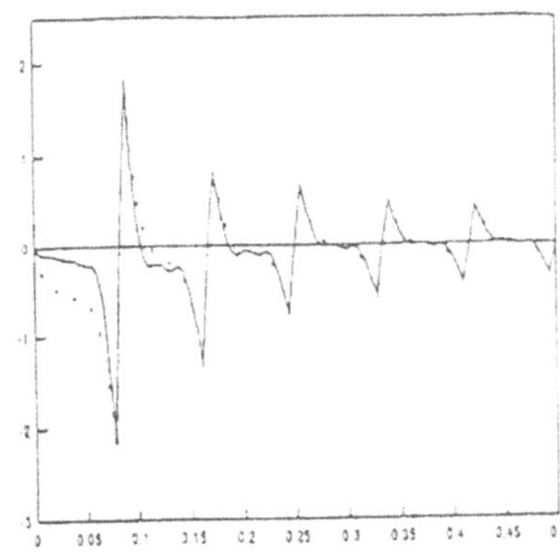

Fig. 8. Tendenza-ciclo

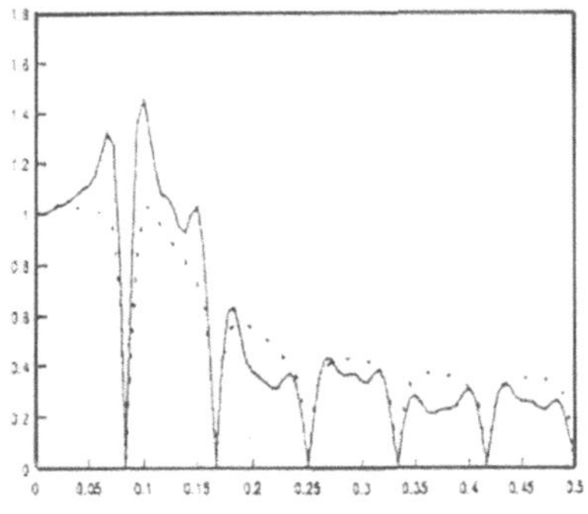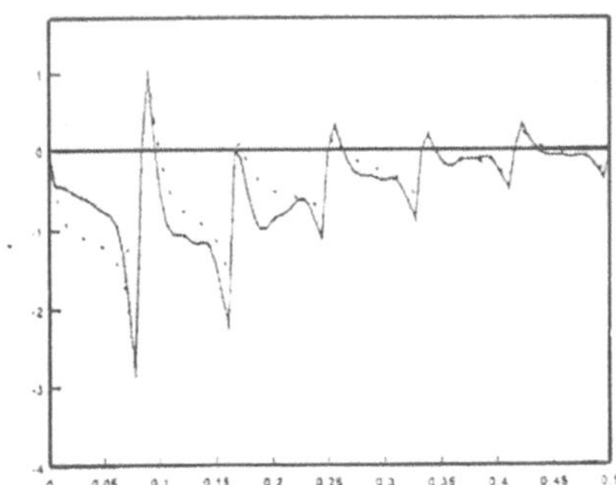

Fig. 9. Componente irregolare

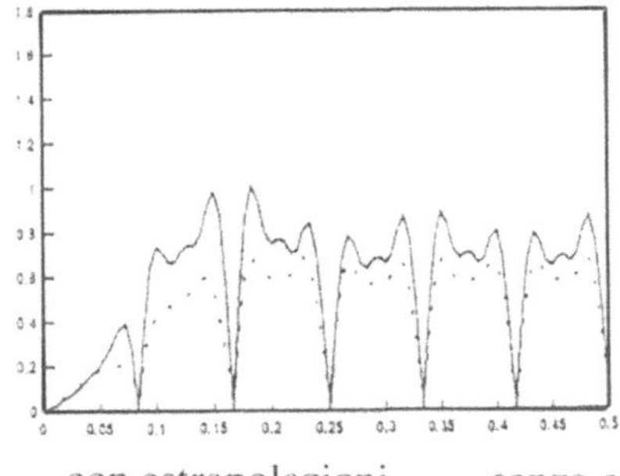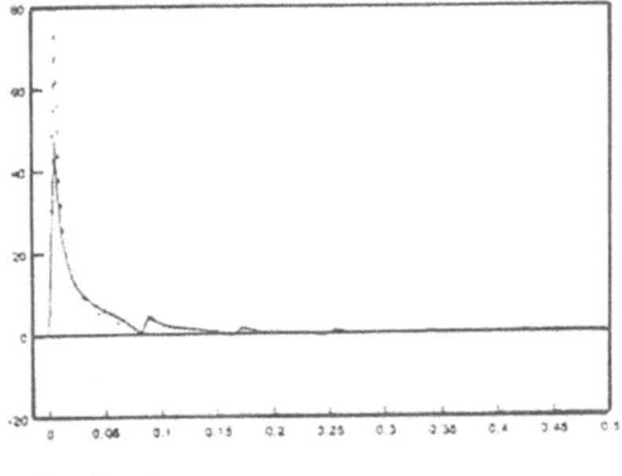

.... con estrapolazioni _____ senza estrapolazioni

11.3 Stima delle componenti latenti col software *X11ARIMA/88*

Il software *X11ARIMA/88*, così come la versione *X11ARIMA/2000*, offre tre modelli di scomposizione: moltiplicativo (il più frequentemente utilizzato), additivo, e log-additivo (raramente usato).

A differenza dell' *X11ARIMA/80*, in una prima fase indicata con A, si possono fare un insieme di aggiustamenti a priori alla serie originale, inclusa la modellistica *ARIMA* automatica per previsioni alla fine e all'inizio della serie.

Analogamente al *Census X11*, il software *X11ARIMA* usa una procedura iterativa per stimare le diverse componenti e produrre una serie destagionalizzata che si compone soltanto delle componenti tendenza-ciclo e irregolare (inclusi gli outlier). Questa procedura iterativa è ripetuta all'interno di tre fasi applicate sequenzialmente e indicate con B,

C e D. Quest'ultima fase dà le stime finali delle diverse componenti. Per valutare la bontà dell'identificazione e stima delle componenti congiuntamente con la destagionalizzazione si utilizzano diverse misure statistiche fornite dalla fase F.

11.3.1 Aggiustamenti a priori

Gli aggiustamenti a priori sono fatti nella fase A del programma al fine di:

(1) correggere temporaneamente e/o permanentemente i valori anomali o i valori estremi. In questo caso gli aggiustamenti a priori devono essere forniti dall'utente.

(2) stimare i modelli per le variazioni legate all'effetto giorni lavorativi e/o all'effetto Pasqua. Questi aggiustamenti sono fatti automaticamente dal programma, se richiesti. L'utente può anche specificare pesi giornalieri per stimare la componente giorni lavorativi.

(3) identificare e stimare i modelli *ARIMA* per le estrapolazioni. Il programma sceglie automaticamente tra 4 modelli *ARIMA* predefiniti. L'utente può altrimenti specificare un suo modello. Si noti che perché i modelli *ARIMA* producano buone previsioni è essenziale che le componenti deterministiche, come le variazioni di giorni lavorativi e effetto Pasqua, se presenti, siano precedentemente rimosse dalla serie. Nella vecchia versione *X11ARIMA/80*, queste variazioni deterministiche non erano rimosse a priori e, conseguentemente, i modelli *ARIMA* selezionati automaticamente soddisfavano i criteri di accettazione solo per un numero esiguo di serie.

Se la scomposizione è moltiplicativa il programma sceglie automaticamente tra i seguenti 4 modelli:

$\log(0,1,1)(0,1,1)$

$\log(0,1,2)(0,1,1)$

$\log(2,1,0)(0,1,1)$

$\log(0,2,2)(0,1,1)$

Se la scomposizione è additiva il programma sceglie automaticamente tra i seguenti 4 modelli:

$(0,1,1)(0,1,1)$

$(0,1,2)(0,1,1)$

$(2,1,0)(0,1,1)$

$(0,2,2)(0,1,1)$

Se non diversamente specificato, il programma, sulla base del modello scelto, produce le previsioni per i 12 mesi successivi all'ultima osservazione.

Per la **identificazione automatica** dei modelli *ARIMA* si richiede che siano soddisfatti certi criteri di bontà dell'adattamento e della capacità previsiva. Questi criteri sono:

1) Criteri di bontà dell'adattamento dei modelli *ARIMA*

Questi criteri riguardano la non autocorrelazione dei residui e la sovraddifferenziazione. Per controllare l'aleatorietà dei residui, il programma usa il test Portmanteau sviluppato da Box e Pierce (1970) e modificato per piccoli campioni da Ljung e Box (1978).

La statistica test modificata

$$Q = n(n+2)\sum_{k=1}^{m}(n-k)^{-1}\hat{\rho}_k^2$$

è calcolata dal programma *X11ARIMA/88* per controllare la casualità dei residui (l'ipotesi nulla è $H_0 : \rho_1 = ... = \rho_m = 0$). La statistica Q si distribuisce asintoticamente come un χ^2 con (m-(p+P+q+Q)) gradi di libertà con n=N-(d+D), dove N è il numero delle osservazioni della serie originale. I coefficienti $\hat{\rho}_k$ sono le autocorrelazioni stimate dei residui.

Il livello di significatività è fissato al 5%. Quindi se il livello di probabilità associato al valore ottenuto della statistica test è minore del 5%, il test risulta significativo quindi si rifiuta l'ipotesi di casualità dei residui e il modello in esame è scartato dal programma.

L'altro elemento importante da controllare è la sovraddifferenziazione. L'applicazione eccessiva dell'operatore differenza per generare un processo stazionario nelle differenze induce un processo media mobile non invertibile per i residui. La sovradifferenziazione può essere presente anche se il test Portmanteau è non significativo.

L'approccio corretto per identificare la presenza di sovradifferenziazione consiste nel controllare che le radici associate al polinomio media mobile siano significativamente diverse da 1, ma la distribuzione di processi media mobile non invertibili non è nota e l'impiego di test parametrici come il test *t* può portare a risultati fuorvianti, come hanno mostrato, tra gli altri, Plosser e Schwert (1977) attraverso simulazioni Monte Carlo.

Nell'*X11ARIMA/88* si rifiuta automaticamente un modello per evidenza di sovradifferenziazione se la somma dei parametri media mobile ordinari oppure la somma dei parametri media mobile stagionali è maggiore di 0.90.

Ad esempio il modello (0,1,1)(0,1,1) è rifiutato se θ>0.90 o Θ>0.90.

Il modello *ARIMA* (0,1,1)(0,1,1) può essere scritto come:

$$(1-B)(1-B^{12})Z_t = (1-\theta B)(1-\Theta B^{12})a_t\,.$$

Se θ=0.95 allora il modello diventa:

$$(1-B)(1-B^{12})Z_t = (1-0.95B)(1-\Theta B^{12})a_t$$

e la differenza ordinaria di ordine 1 può essere cancellata.

Allo stesso modo per ogni Θ>0.90 la differenza stagionale di ordine 1 può essere cancellata.

Il modello *ARIMA* (0,2,2)(0,1,1) può essere scritto come:

$$(1-B)(1-B^{12})Z_t = (1-\theta_1 B - \theta_2 B^2)(1-\Theta B^{12})a_t\,.$$

Ponendo $\theta_2 = \lambda$ e $\theta_1 = 1+\lambda$ si ottiene

$$1-\theta_1 B - \theta_2 B^2 = 1-(1+\lambda)B + \lambda B^2 = (1-B)(1-\lambda B)\,.$$

Ponendo $\theta_2 = -\lambda$ e $\theta_1 = 1-\lambda$ si ottiene

$$1-\theta_1 B - \theta_2 B^2 = 1-(1-\lambda)B - \lambda B^2 = (1-B)(1+\lambda B)\,.$$

Nel primo caso se $\theta_2 = 0.95$ allora

$$(1-B)(1-0.95B) \cong (1-B)^2\,.$$

Nel secondo caso se $\theta_2 = -0.95$ allora

$$(1-B)(1+0.95B) \cong 1-B^2\,.$$

Il modello *ARIMA (2,1,2) (0,1,1)* può essere scritto come:

$$(1-\phi_1 B - \phi_2 B^2)(1-B)(1-B^{12})Z_t = (1-\theta_1 B - \theta_2 B^2)(1-\Theta B)a_t\,.$$

Il polinomio autoregressivo di ordine 2 può essere fattorizzato come:

$$1-\phi_1 B - \phi_2 B^2 \cong (1-B)(1-\lambda B)$$

oppure come

$$1-\phi_1 B - \phi_2 B^2 \cong (1-B)(1+\lambda B)\,.$$

In questo caso la presenza di (1-*B*) nel polinomio *AR(2)* indica:

(1) la necessità di un'altra differenza ordinaria

(2) sovraparametrizzazione se può essere cancellato con un altro fattore (1-*B*) del polinomio *MA(2)*

2) Criterio di bontà delle previsioni

Il principale obiettivo della modellistica *ARIMA* nel contesto del metodo *X11ARIMA* è quello di produrre previsioni al fine di allungare la serie originale. Il criterio di bontà delle previsioni gioca, di conseguenza, un ruolo decisamente più importante rispetto alle misure di bontà dell'adattamento.

Il criterio applicato dall'*X11ARIMA* per valutare la capacità previsiva di modelli predefiniti è rappresentato dall'errore medio assoluto percentuale (MAPE) stimato da:

$$\frac{1}{L}\sum_{l=1}^{L}\left|\frac{Z_{t+l}-\hat{Z}_{t}(l)}{Z_{t+l}}\right|\cdot 100 .$$

Questa funzione di costo lineare fornisce un'approssimazione migliore rispetto all'errore quadratico medio delle funzioni di costo non simmetriche comunemente adottate nei metodi di destagionalizzazione di serie storiche economiche.

Per la maggior parte delle serie storiche economiche, generare previsioni che sovrastimino o sottostimino un punto di svolta ciclico che segnala una recessione non ha lo stesso costo per coloro che devono prendere le decisioni di politica economica.

Inoltre, la posizione dell'errore di previsione nel tempo è di notevole importanza nel definire il peso che devono avere le previsioni nel processo di destagionalizzazione della serie. Infine, si noti che, sotto l'ipotesi di normalità implicita nella modellistica *ARIMA*, le estrapolazioni $\hat{Z}_{t}(l)$ sono ottime nel senso dell'errore quadratico medio.

Il MAPE è espresso come percentuale del livello della serie non aggiustata per permettere l'inclusione nell'opzione di selezione automatica del modello, di un limite superiore di accettazione valido per una grande classe di serie storiche.

Il limite superiore fissato dall'*X11ARIMA* per il MAPE relativo agli ultimi 3 anni della serie è il 15%.

Si noti che i limiti di accettazione relativi ai criteri 1) e 2) possono sempre essere modificati richiedendo, per l'estrapolazione ARIMA, l'opzione che consente all'utente di impostare un modello prescelto.

11.3.2 Procedura iterativa per la stima delle componenti

Per un modello di scomposizione moltiplicativo utilizzando l'opzione di default, la procedura iterativa consiste fondamentalmente dei seguenti 13 passi:

1) Applicare una media mobile centrata di 12 termini $(2\times12)MM$ alla serie originale O al fine di ottenere una stima preliminare della tendenza-ciclo, qui indicata come $\hat{C}$, cioè

$$(2\times12)O=\hat{C} .$$

2) Calcolare il rapporto tra la serie originale e la stima preliminare della tendenza-ciclo $\hat{C}$ per ottenere un residuo composto dalla componente stagionale e irregolare, $\hat{SI}$, ossia

$$O/\hat{C} = \hat{SI} \ .$$

3) Applicare una media mobile pesata a 5 termini $(3\times3)MM$ al rapporto stagionali-irregolari $\hat{SI}$ per ogni mese separatamente, per ottenere una stima preliminare dei fattori stagionali, ossia:

$$(3\times3)\hat{SI} = \hat{S} \ .$$

4) Calcolare una media mobile centrata a 12 termini dei fattori preliminari trovati al passo 3 per l'intera serie. Per ottenere i 6 valori mancanti in ciascun estremo di questa media, ripetere il valore della prima (dell'ultima) media mobile disponibile 6 volte. Aggiustare i fattori perché sommino a 12 (approssimativamente) su un periodo di 12 mesi dividendo i fattori per la media mobile centrata a 12 termini per ottenere una stima preliminare della componente stagionale, ossia:

$$\hat{S}/(2\times12)\hat{S} = \hat{\hat{S}} \ .$$

5) Dividere i rapporti $\hat{SI}$ per la stima dei fattori stagionali per ottenere una stima preliminare della componente irregolare, cioè

$$\hat{SI}/\hat{\hat{S}} = \hat{I} \ .$$

6) Identificazione di valori estremi nella componente irregolare attraverso il calcolo di deviazioni standard mobili su 5 anni. Ai valori irregolari maggiori in modulo di 2.5σ viene assegnato peso 0, ai valori irregolari minori in modulo di 1.5σ viene assegnato peso 1. Ai valori irregolari in modulo compresi tra 1.5σ e 2.5σ vengono assegnati pesi graduati linearmente tra 1 e 0. I valori degli ultimi due anni sono confrontati con i valori di σ relativi ai tre anni precedenti.

7) Sostituzione dei valori estremi di *SI*. I valori che ricevono un peso inferiore a 1 sono considerati estremi e vengono sostituiti con una media pesata di 5 valori: (1) del valore stesso moltiplicato per il suo peso, (2) dei due valori precedenti relativi allo stesso mese a cui è stato assegnato peso 1, (3) dei due valori seguenti relativi allo stesso mese a cui è stato assegnato peso 1.

8) Per sostituire un valore *SI* estremo nei primi due anni o negli ultimi due anni si calcola la media del valore moltiplicato per il suo peso e dei 4 valori con peso 1 più vicini relativi a quel mese.

9) Applicare una media mobile pesata di 7 termini ai rapporti *SI* con i

valori estremi sostituiti, per ogni mese separatamente, per stimare preliminarmente i fattori stagionali, cioè:

$$(3 \times 5) S\hat{I}^{W} = \hat{S} \, .$$

10) Ripetere il passo 4 applicato alle nuove stime dei fattori stagionali ottenute nel passo 9.

11) Dividere la serie originale per la serie ottenuta al passo 10 per ottenere una stima preliminare della serie destagionalizzata $C\hat{I}$, cioè:

$$O / \hat{\hat{S}} = C\hat{I} \, .$$

12) Applicare una media mobile di Henderson (a 9, 13 o 23 termini) alla serie destagionalizzata a cui sono stati sostituiti i valori estremi, per ottenere una nuova stima della componente tendenza-ciclo (nelle due fasi B e C il programma sceglie automaticamente la media mobile di Henderson a 13 termini), cioè:

$$[H] C\hat{I}^{W} = \hat{C} \, .$$

13) Dividere la serie destagionalizzata ottenuta al passo 11 per la stima della tendenza ciclo ottenuta al passo 12 al fine di ottenere la componente irregolare, cioè:

$$C\hat{I} / \hat{C} = \hat{I} \, .$$

Nelle serie di flusso, per stimare le variazioni giorni lavorativi, gli irregolari del passo 13 sono modificati per i valori estremi e si applica quindi a questi il modello di regressione (10.1.4.1.5) per ottenere le stima dei coefficienti giornalieri.

Se la serie è anche influenzata dall'effetto Pasqua, allora l'insieme di irregolari del passo 13 (quando sono già state rimosse la componente tendenza-ciclo, la stagionalità e le variazioni giorni lavorativi, se presenti) sono usati per adattare il modello di impatto immediato o graduale discusso in (10.1.4.2).

11.3.3 Aspetti non lineari dell'*X11ARIMA/88*

Gli aspetti non lineari dell'*X11ARIMA* sono principalmente dovuti a: a) sostituzione automatica dei valori estremi, b) modello di scomposizione moltiplicativo, c) estrapolazioni *ARIMA*, d) selezione automatica dei filtri per la tendenza-ciclo e la stagionalità, eventualmente adattati alle caratteristiche delle serie.

a) Sostituzione automatica dei valori estremi

Il programma *X11ARIMA/88* effettua l'identificazione automatica e la sostituzione dei valori estremi. I limiti di default per identificare un irregolare come valore "completamente" estremo sono $\pm 2.5\sigma$. **L'utente può cambiare tale valore soglia sulla base di conoscenze a priori della serie in esame**.

Se lo scarto assoluto dalla media di un irregolare ($|I - \mu|$) cade al di fuori dell'intervallo $\pm 2.5\sigma$ viene assegnato peso 0, mentre ai valori interni all'intervallo $\pm 1.5\sigma$ viene assegnato peso 1. Questi valori della componente irregolare non sono modificati. Ai valori che cadono tra $+1.5\sigma$ e $+2.5\sigma$ e tra -2.5σ e -1.5σ, vengono assegnati pesi che variano linearmente da 1 a 0 (si veda figura 10).

Fig. 10. Distribuzione dei pesi assegnati agli irregolari

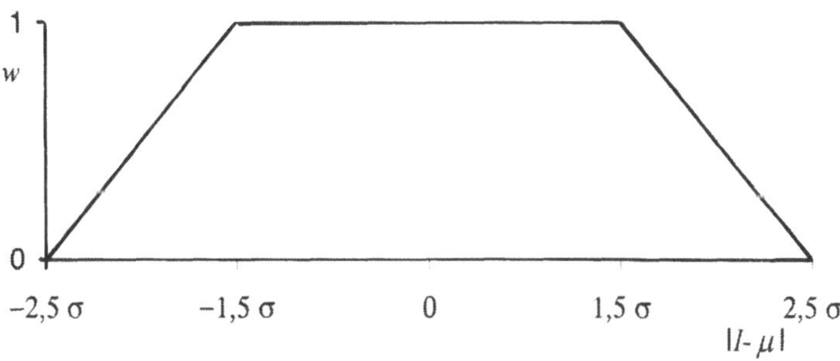

Il valore modificato è dato da:

$I' = I(1 - w)$ nel modello additivo e da

$I' = I/[1 + w(I - 1)]$ nel modello moltiplicativo.

I valori estremi non vengono sostituiti se i limiti scelti sono $\pm 9.9\sigma$.

Nella prima fase, i valori estremi sono soltanto identificati ma non sostituiti. Questo è un aspetto importante che differenzia il metodo *X11ARIMA* dal *Census X11*, dove gli outlier sono sostituiti in questa prima fase e, di conseguenza, la deviazione standard diventa sempre più piccola man mano che ci si sposta verso la fine della serie. Questo implica che le osservazioni alla fine della serie non sono trattate come quelle all'inizio e pertanto la destagionalizzazione della serie percorsa in direzione opposta dà dei risultati diversi.

L'X11ARIMA/88 calcola, nella seconda iterazione, le deviazioni standard mobili su 5 anni modificando i valori riconosciuti come estremi nella prima iterazione. In simboli:

$$\hat{\sigma}_I^2 = \frac{\sum\limits_{i=1}^{60} d(w_i)(I_i - \mu)^2}{\sum\limits_{i=1}^{60} d(w_i)}$$

dove $d(w_i) = 0$ se $w_i = 0$ cioè   se

$$\left| \frac{I_i - \mu}{\hat{\sigma}_I} \right| \geq z_U$$

$d(w_i) = 1$ se $w_i = 1$ cioè   se

$$\left| \frac{I_i - \mu}{\hat{\sigma}_I} \right| \leq z_L$$

$0 < d(w_i) < 1$ se $w_i = \dfrac{z_U - (I_i - \mu)/\hat{\sigma}_I}{z_U - z_L}$ cioè   se

$$z_L < \left| \frac{I_i - \mu}{\hat{\sigma}_I} \right| < z_U$$

dove $\mu=0$ nel modello additivo, $\mu=1$ nel modello moltiplicativo, z_L indica il limite inferiore della deviazione standard (pari a 1.5 nell'opzione di default) e z_U indica il limite superiore (2.5 nell'opzione di default)

b) Modello moltiplicativo

L'uso di un modello di scomposizione moltiplicativo introduce elementi di non linearità poiché sono applicate medie mobili aritmetiche invece che geometriche e con vincoli lineari di annullamento dell'effetto annuale delle variazioni stagionali del tipo $\sum\limits_{t=1}^{12} S_t \Big/ 12 = 1$, espressi cioè in termini di sommatoria invece che di prodotto.

Infatti la scomposizione moltiplicativa, per esempio $O=CSI$ col vincolo $\sum\limits_{t=1}^{12} S_t \Big/ 12 = 1$ non è equivalente alla sua trasformazione log-additiva $logO=logC+logS+logI$ col vincolo $\sum log S_t = 0$.

c) Estrapolazioni *ARIMA*

Sebbene le estrapolazioni *ARIMA* $\hat{Z}_t(l)$ siano combinazioni lineari dei valori passati, l'identificazione e la stima del modello per ogni serie componente la serie aggregata sono fatte indipendentemente. Dato l'aggregato $Z_t = Z_{1t} + Z_{2t}$, le corrispondenti estrapolazioni *ARIMA* non verificano la relazione di uguaglianza, cioè:

$$\hat{Z}_t(1) \neq \hat{Z}_{1,t}(1) + \hat{Z}_{2,t}(1)$$

d) selezione automatica dei filtri per la tendenza-ciclo e la stagionalità. Nonostante la linearità dei filtri, la selezione automatica dei filtri può essere diversa per ogni serie componente, e, di conseguenza, la serie destagionalizzata dell'aggregato non è uguale alla somma delle serie destagionalizzate componenti.

11.3.4 Test per la presenza delle variazioni stagionali, giorni lavorativi e effetto Pasqua

Per controllare la presenza di variazioni significative dovute alla stagionalità stabile il programma *X11ARIMA/88* usa il test F che si basa sull'ipotesi di normalità e indipendenza dei residui. L'allontanamento da queste assunzioni non influenza le conclusioni se queste sono fondate su valori relativamente grandi delle statistiche test F.

Questo test è basato sull'analisi della varianza a un fattore.

Il modello è:

$$y_i(t) = \mu + \alpha_i + e_i(t)$$

$$e_i(t) \sim N.I.D(0, \sigma_e^2)$$

$y_i(t)$ componente stagionale e irregolare relativa al mese i dell'anno t

μ costante

α_i effetti stagionali tali che $\sum_{i=1}^{k} \alpha_i = 0$ $k=12$ o 4 per serie mensili o trimestrali, rispettivamente.

La statistica test per controllare l'ipotesi $H_0 : \alpha_i = 0$ contro l'alternativa $H_1 : \alpha_i \neq 0$ è:

$$F_s = \frac{n \sum_{i=1}^{k} (\bar{y}_i - \bar{y})^2 \Big/ (k-1)}{\sum_{i=1}^{k} \sum_{t=1}^{n} (y_i(t) - \bar{y}_i)^2 \Big/ k(n-1)} = \frac{VARIANZA \quad TRA \quad I \quad MESI}{VARIANZA \quad RESIDUA}$$

dove F_s si distribuisce come una F di Fisher-Snedecor con $(k\text{-}1)$ e $k(n\text{-}1)$ gradi di libertà, dove nk è il numero delle osservazioni.

Sutradhar, Dagum e Solomon (1991) hanno mostrato che in molte situazioni empiriche l'allontanamento dalla condizione di indipendenza non influisce significativamente sui risultati.

Questo test F è utilizzato anche per controllare la presenza di variazioni significative dovute all'effetto giorni lavorativi, all'effetto Pasqua, e alla presenza di stagionalità residua nella serie destagionalizzata.

Per controllare la presenza di stagionalità mobile si applica un test basato sull'analisi della varianza a due fattori. Per costruire il test si usano i coefficienti irregolari-stagionali della tabella D8 (capitolo 12).

Il modello è:

$$y_i(t) = \mu + \alpha_i + \beta_t + e_i(t)$$

$$e_i(t) \sim N.I.D(0, \sigma_e^2)$$

$y_i(t)$ componente stagionale e irregolare relativa al mese i dell'anno t

μ costante

α_i effetti stagionali tali che $\displaystyle\sum_{i=1}^{k} \alpha_i = 0$; $k=12$ o 4 per serie mensili o trimestrali, rispettivamente.

β_t effetti annui tali che $\displaystyle\sum_{t=1}^{n} \beta_t = 0$; $n=$numero di anni

La statistica test F per controllare l'ipotesi $H_0 : \beta_1 = \beta_2 = \ldots = 0$ contro l'alternativa $H_1 : \beta_t \neq \beta_{t'}$ è:

$$F_m = \frac{k\sum_{t=1}^{n}\left(\overline{y}(t)-\overline{y}\right)^2 \Big/ (n-1)}{\sum_{i=1}^{k}\sum_{t=1}^{n}\left(y_i(t)-\overline{y}_i-\overline{y}(t)+\overline{y}\right)^2 \Big/ (k-1)(n-1)} =$$

$$= \frac{VARIANZA\ TRA\ GLI\ ANNI}{VARIANZA\ RESIDUA}$$

dove F_m si distribuisce come una F di Fisher-Snedecor con $(n\text{-}1)$ e $(k\text{-}1)(n\text{-}1)$ gradi di libertà, dove nk è il numero delle osservazioni.

Sutradhar e Dagum (1998) hanno dimostrato che, se l'autocorrelazione dei residui segue un modello media mobile (il più frequentemente osservato su serie reali), l'allontanamento dalla condizione di indipendenza non influisce significativamente sui risultati.

Alla fine si applica un test per la presenza di "stagionalità identificabile" basato sui valori dei test F_s e F_m per la presenza di stagionalità stabile e mobile (Lothian e Morry, 1978), come segue:

1) Se il test F_s porta al rifiuto dell'ipotesi di stagionalità stabile al livello di significatività 0,1%, la stagionalità non è identificabile.

2) Se il test F_s non rifiuta la presenza di stagionalità stabile, allora si incorpora l'informazione del test di stagionalità mobile F_m come segue: $T_1 = 7/(F_m - F_s)$; $T_2=3F_m/F_s$. Se la media di T_1 e T_2 è maggiore o uguale a 1, non si rifiuta l'ipotesi nulla di assenza di stagionalità identificabile.

Se si verificano i casi 1) o 2) il programma scriverà il messaggio "stagionalità identificabile **non presente**".

3) Se entrambi i test F_s e F_m portano al non rifiuto delle rispettive ipotesi nulle, ma o T_1 o T_2 sono maggiori o uguali a 1, o il test Kruskal-Wallis porta al rifiuto dell'ipotesi nulla al livello di significatività 1%, allora il programma scriverà il messaggio "stagionalità identificabile **probabilmente presente**".

4) Se i test F_s e F_m e il test Kruskal-Wallis non rifiutano le rispettive ipotesi nulle, allora il programma scriverà il messaggio "stagionalità identificabile **presente**".

11.3. 5 Stima delle variazioni stagionali

Il programma *X11ARIMA/88* permette di scegliere tra le seguenti medie mobili stagionali o filtri lineari di lissaggio:
(1) media mobile a 3 termini
(2) media mobile a 5 termini (3x3)
(3) media mobile a 7 termini (3x5)
(4) media mobile a 11 termini (3x9)
(5) media mobile stabile (media di tutti i valori relativi allo stesso mese o trimestre)

Il programma sceglie automaticamente una media mobile a 5 termini e a 7 termini nelle prime due iterazioni, mentre per produrre la stima finale dei fattori stagionali sceglie la media mobile sulla base del rapporto $\overline{I}/\overline{S}$ che dipende dalle caratteristiche della serie oggetto dell'analisi.

Tale rapporto è definito come:

$$\overline{I}/\overline{S} = \sum_{j=1}^{12} \Delta \overline{I}_j / \sum_{j=1}^{12} \Delta \overline{S}_j \,,$$

dove

$$\Delta \bar{I}_j = \sum_{i=1}^{n_i} \left(I_{i,j} - I_{i-1,j} \right) \Big/ \left(n_i - 1 \right) \text{ e}$$

$$\Delta \bar{S}_j = \sum_{i=1}^{n_i} \left(S_{i,j} - S_{i-1,j} \right) \Big/ \left(n_i - 1 \right).$$

$I_{i,j}$ è la componente irregolare nel mese *j* dell'anno *i*,

$S_{i,j}$ è la componente stagionale nel mese *j* dell'anno *i* e

n_i è il numero di anni completi nella serie.

Intervalli di variazione del rapporto scelta	Media mobile
0.00-2.50	3x3
2.51-3.49	?
3.50-5.50	3x5
5.51-6.49	?
6.50-	3x9.

Per la scelta della media mobile stagionale si raccomanda spesso:

(1) se il contributo della componente irregolare alle variazioni mensili è piccolo (minore del 10%), sono da preferirsi filtri stagionali corti;

– se le variazioni stagionali sono piuttosto stabili non saranno influenzate da filtri corti;

– se le variazioni stagionali si muovono rapidamente si otterranno buone stime attraverso l'impiego di filtri corti;

(2) se il contributo della componente irregolare alle variazioni mensili è elevato, sono da preferirsi medie mobili lunghe;

– se le variazioni stagionali sono stabili esse saranno adeguatamente stimate;

– se le variazioni stagionali si muovono rapidamente parte delle variazioni saranno passate alla componente irregolare;

11.3.6 Stima della componente tendenza-ciclo

Ci sono due fasi nella stima della tendenza-ciclo

(1) Fase preliminare

– Il programma sceglie una media mobile centrata a 12 termini (a 4 termini) per serie mensili (trimestrali)

– L'utente può richiedere una media mobile a 24 termini (a 8 termini) per serie mensili (trimestrali).

(2) Fase finale

Per serie storiche mensili, il programma sceglie:
– una media mobile di Henderson a 9 termini se il rapporto $I/C \leq 1$
– una media mobile di Henderson a 13 termini se $1 < I/C \leq 3.49$
– una media mobile di Henderson a 23 termini se $I/C \geq 3.50$
Per serie storiche trimestrali, il programma sceglie:
– una media mobile di Henderson a 5 termini se $I/C \leq 3.49$
– una media mobile di Henderson a 7 termini se $I/C \geq 3.50$

11.3.7 Stima del trend-ciclo come post processamento della serie destagionalizzata

I filtri di Henderson sono applicati a serie destagionalizzate modificate per valori estremi rispetto ai limiti di default $\pm1.5\sigma$ e $\pm2.5\sigma$. In particolare: a stime in valore assoluto maggiori di 2.5σ viene assegnato peso uguale a zero, mentre i valori che cadono all'interno dell'intervallo $[-1.5\sigma, 1.5\sigma]$ ricevono peso uguale a 1. Ai valori compresi tra $\pm1.5\sigma$ e $\pm2.5\sigma$ viene assegnato un peso che muove in modo monotono e graduale tra zero e uno (si veda ancora la Figura 10). Il filtro di Henderson a 13 termini (H13) è quello più largamente impiegato. Tuttavia, per serie caratterizzate da alta volatilità, esso produce un notevole numero di cicli brevi (di periodicità pari a 9 o 10 mesi) indesiderati, che possono essere erroneamente interpretati come falsi punti di svolta nella serie in questione. Questi cicli indesiderati sono una conseguenza delle proprietà del filtro (si veda la funzione di guadagno mostrata in Figura 2). Sebbene il filtro di Henderson a 23 termini produca un numero di cicli indesiderati significativamente minore rispetto all'H13, esso non è utile per stime del trend di breve periodo in quanto l'elevato numero di pesi asimmetrici genera un ritardo nel cogliere effettivi punti di svolta. Al fine di risolvere il problema dei cicli indesiderati prodotti dal filtro di Henderson a 13 termini, Dagum (1996) ha sviluppato una procedura che li riduce in modo significativo (come il filtro di Henderson a 23 termini) pur mantenendo la rapidità a cogliere i veri punti di svolta (come il filtro di Henderson a 13 termini). Il filtro di Dagum (1996) riduce inoltre la misura della revisione tra l'ultimo valore del trend-ciclo stimato e lo stesso una volta che siano state aggiunte altre osservazioni: questo aspetto è cruciale nell'analisi economica congiunturale.
Una volta processato il software *X11/ARIMA/88* o *X11/ARIMA2000* sulla serie oggetto di studio, l'approccio proposto da Dagum (1996) consiste nel: (1) adattare un semplice modello *ARIMA* alla serie in tabella E2 (capitolo 12), che è quella modificata per valori estremi con peso zero (solitamente un modello *ARIMA(0,1,1)(0,0,1)* risulta appropriato); (2)

estendere la serie in tabella E2 (capitolo 12) con un anno di estrapolazioni *ARIMA*; (3) applicare il filtro di Henderson a 13 termini alla serie così ottenuta richiedendo limiti più restrittivi quali $\pm 0.7\sigma$ e $\pm 1.0\sigma$. In questo modo, la stima del trend-ciclo è vista come un post processamento della serie destagionalizzata. Per applicare questa procedura, l'utente dovrebbe richiedere l'opzione Summary del software *X11ARIMA/88* o *X11ARIMA/2000*.

Il filtro proposto da Dagum (1996) è non parametrico e non lineare. Confronti con altri filtri non parametrici, lineari e non lineari, ne hanno rilevato la superiorità rispetto ai seguenti tre criteri fondamentali per l'analisi economica congiunturale: numero di cicli indesiderati, ritardo nel cogliere un punto di svolta e misura della revisione per gli ultimi dati stimati (Dagum e Luati, 2000). Analoghe conclusioni sono emerse dal confronto con metodi parametrici (Chaab, Morry e Dagum, 1999) o con funzioni spline (Dagum e Capitanio, 1998).

11.4 Destagionalizzazione diretta e indiretta di aggregati

Il software *X11ARIMA/88* permette l'aggregazione dei dati originali e delle loro componenti.

Data una serie storica X che risulta dall'aggregazione di varie componenti, ad esempio Y e Z, tale che:

$X=Y+Z$

la destagionalizzazione della serie totale X può essere ottenuta:

- direttamente $X_D^d = \left(Y+Z\right)^d$

- indirettamente $Y^d + Z^d = X_I^d$

A causa delle non linearità che caratterizzano il processo di destagionalizzazione

$$X_D^d \neq X_I^d$$

Il programma offre due misure basate sulla levigatezza di X_D^d e X_I^d per decidere se preferire la destagionalizzazione diretta o indiretta.

$$R_1(X) = \sum_{t=1}^{T-1}(X_t - X_{t-1})^2 / (T-1)$$

$$R_2(X) = \sum_{t=1}^{T}(X_t - H_{13}[X])^2 / T = \sum_{t=1}^{T}\left(X_t - \hat{C}_t\right)^2 / T$$

dove X rappresenta la serie destagionalizzata. Queste due statistiche sono calcolate sia per l'intera lunghezza della serie sia per gli ultimi 3 anni.

Capitolo 12
Procedura *X11ARIMA/88* per la destagionalizzazione: un caso di studio

Questo capitolo illustra l'identificazione e la stima delle varie componenti di una serie storica oltre alla sua destagionalizzazione mdiante il software *X11ARIMA/88*. Si introduce una strategia mirante ad un utilizzo ottimale del metodo e si analizzano i risultati ottenuti nei diversi passi della procedura.

La serie storica analizzata è quella delle esportazioni italiane osservate mensilmente dal gennaio 1986 fino al dicembre 1994.

In questa analisi si pone l'enfasi sulla destagionalizzazione della serie, dato che il software *X11ARIMA/88* è utilizzato dagli istituti ufficiali di statistica principalmente con questo obiettivo.

E' importante ricordare che l'obiettivo principale della destagionalizzazione è analizzare il comportamento della serie soprattutto per l'identificazione dei punti di svolta dei cicli economico e di affari. Infatti, se i dati sono caratterizzati dalla presenza di stagionalità, non è possibile studiare la tendenza di breve periodo della serie attraverso il semplice confronto tra le osservazioni relative a mesi successivi. Ad esempio le vendite al dettaglio mostrano un grande incremento nel mese di dicembre rispetto al mese di novembre, da attribuirsi a un impatto stagionale determinato dalla presenza del Natale. Quindi il confronto novembre-dicembre non dà indicazioni sulla tendenza di breve periodo delle vendite al dettaglio a meno che l'effetto stagionale non sia stato eliminato dalla serie.

12.1 Natura e caratteristiche della componente stagionale

La componente stagionale comprende gli effetti di natura climatica (connessi all'alternarsi delle stagioni e della loro influenza sull'attività economica e la vita in generale) e di natura istituzionale (connessi alla presenza delle festività religiose quali il Natale che cade sempre nel mese di dicembre). Altri effetti stagionali sono legati alla struttura del calendario. Tra questi i più importanti sono quelli determinati dai giorni lavorativi (*trading days*) presenti in ogni mese e dalle feste mobili, come la Pasqua.

Dato che gli effetti stagionali si cancellano approssimativamente nell'arco di un anno, il totale annuo della serie destagionalizzata sarà quasi uguale al totale annuo della serie originale (tranne che per la presenza di una stagionalità evolutiva, per differenze di arrotondamento e/o per aggiustamenti a priori permanenti).

La destagionalizzazione di una serie storica ha come effetto quello di «ridistribuire» i valori mensili ma non di alterare il totale annuo.

La destagionalizzazione deve far emergere l'andamento sottostante della serie, dato che dopo la destagionalizzazione le variazioni ancora presenti nella serie sono soltanto quelle della tendenza-ciclo e della componente irregolare.

Gli effetti dovuti alla composizione del calendario di cui si è parlato, sono fortemente legati al modo con cui si raccolgono le osservazioni. Infatti, come si è visto nel capitolo 1, le serie storiche possono essere classificate nel seguente modo:

(a) serie di stock: i dati sono rilevati in un istante temporale all'interno del periodo. Ad esempio i dati possono essere raccolti in un giorno fissato di ogni mese e usati per rappresentare l'osservazione mensile. Le feste mobili e i giorni lavorativi generalmente non hanno effetto sui dati di stock. Le feste mobili possono avere effetto se cadono nel giorno di rilevazione in qualche anno e non in altri. L'effetto giorni lavorativi può essere presente se il giorno di rilevazione cade in un giorno diverso della settimana nei diversi anni (ad esempio se i dati sono rilevati il primo giorno di ogni mese, allora ci può essere l'effetto giorni lavorativi, mentre se sono rilevati il primo lunedì di ogni mese non ci sarà nessun effetto giorni lavorativi).

(b) serie di flusso: i dati rappresentano il totale per un particolare periodo. Ad esempio nella serie mensile delle vendite i dati sono ottenuti sommando mensilmente le vendite giornaliere. Le serie di flusso sono influenzate da tutti gli effetti di calendario (stagionali, giorni lavorativi, feste mobili). Nelle serie di flusso sono spesso presenti gli effetti dovuti ai giorni lavorativi. E' importante conoscere come sono stati raccolti i dati. Per esempio il dato mensile può fare riferimento sia al proprio mese del calendario sia a un intervallo di fissata lunghezza (generalmente trenta giorni) che si definisce come il mese "statistico" ed è attribuito al mese del calendario.

(c) serie di numeri indici: i dati sono espressi come rapporti. Ad esempio, i dati di produzione possono essere confrontati nel tempo dividendo la produzione totale di ogni anno per la produzione totale di un anno preso come riferimento (l'anno «base»). Nella serie dei numeri indici l'anno base avrà valore 100, così gli anni con produzioni più alte rispetto all'anno base avranno valori superiori a 100 e viceversa. Tutti gli effetti di calendario possono essere presenti nelle serie dei numeri indici.

12.2 Strategia per un utilizzo ottimale del software *X11ARIMA/88*

L'utilizzo ottimale del metodo per la destagionalizzazione richiede un'analisi suddivisa in cinque fasi.

Fase 1: Grafico dei dati originali che permette di determinare visualmente se nel comportamento della serie si osservano dei picchi di massimo e di minimo regolari, se ci sono cambiamenti strutturali nel livello della serie o nella stagionalità, se sono presenti valori anomali e infine se il modello di scomposizione più appropriato sia quello additivo o moltiplicativo.

Fase 2: Si scelgono le opzioni del programma. Fra queste si decidono i cosiddetti **aggiustamenti a priori** fra cui i più importanti sono quelli relativi all'identificazione e alla stima delle variazioni dovute ai giorni lavorativi e all'effetto Pasqua. Si consiglia di controllare sempre l'eventuale presenza di questi effetti. A tal fine si utilizzano le opzioni *trading day* = 3 (per controllare se le variazioni dei giorni lavorativi sono significative ed eliminarle dalla serie in tale situazione), e *Easter* = 3 (per controllare se le variazioni dovute all'effetto Pasqua sono significative ed eliminarle dalla serie in tale situazione). Si noti che soltanto se questi effetti di natura deterministica non sono presenti o sono stati rimossi, i modelli *ARIMA* utilizzati per allungare la serie con estrapolazioni saranno ottimali.

Ulteriori aggiustamenti a priori che è importante decidere in questa fase, sono quelli concernenti la sostituzione temporanea o permanente dei valori anomali e la scelta del modello *ARIMA* per la estrapolazione (automatica o fornita dall'utente).

Per la scelta dei filtri lineari o medie mobili per la stima delle componenti tendenza-ciclo e stagionalità si consiglia in questa fase di utilizzare le opzioni di default.

Fase 3: Analisi dei risultati ottenuti con le opzioni precedenti. Si osservano particolarmente i risultati delle tabelle F2 e F3. In quest'ultima si trovano le 11 misure di monitoraggio e la statistica Q che ne è una sintesi. Fra le 11 misure la più importante è la *M7* che deve essere minore di uno per indicare la presenza di una stagionalità identificabile. Se questo non si verifica, si deve ritornare alla fase 1 anche se le altre 10 misure erano state accettate.

Fase 4: Se i risultati della fase 3 non sono soddisfacenti, si ricomincia il processo *X11ARIMA*. Se ciò è dovuto ad un alto contributo della componente irregolare, è conveniente adottare l'aggiustamento a priori per la presenza dei casi anomali. Invece se ciò è dovuto a una inefficiente stima della tendenza-ciclo o della stagionalità, è conveniente fare una nuova scelta della lunghezza delle medie mobili, oltre alla sostituzione dei casi anomali.

Fase 5: L'insieme di opzioni che si è determinato come ottimale nelle fasi precedenti, si mantiene fisso per tutta la durata dell'anno corrente, anche se si aggiungono nuove osservazioni alla serie. Le opzioni scelte si rivedono soltanto quando si dispone di un intero anno di nuove osservazioni al fine di evitare revisioni spurie dovute fra l'altro all'eventuale presenza di nuovi casi anomali.

12.3 Destagionalizzazione della serie delle esportazioni italiane (1986-1994)

```
-PERIOD COVERED-  1ST    MONTH,1986 TO 12TH    MONTH,1994
             -TYPE OF RUN - MULTIPLICATIVE SEASONAL ADJUSTMENT
             -STANDARD PRINTOUT. STANDARD CHARTS.
             -SIGMA LIMITS FOR GRADUATING EXTREME VALUES ARE 1.5 AND 2.5 .
             -SEASONAL MOVING AVERAGE SELECTED BY THE PROGRAM BASED ON THE GLOBAL I/S RATIO.
             -12 MONTHS   OF FORECASTS FROM ARIMA MODEL SELECTED BY THE PROGRAM.
             -TRADING-DAY REGRESSION COMPUTED STARTING JANUARY   1986 EXCLUDING IRREGULAR VALUES OUTSIDE
2.5-SIGMA LIMITS.
             -TRADING-DAY REGRESSION ESTIMATES APPLIED STARTING JANUARY   1986 IF SIGNIFICANT.
             -TRADING-DAY REGRESSION WEIGHTS USED AS PRIOR WEIGHTS.
             -EASTER ADJUSTMENT FACTORS APPLIED IF SIGNIFICANT.
```

Questa è la prima tabella prodotta nell'output del programma e indica le opzioni scelte per la destagionalizzazione della serie. E' di estrema importanza per verificare se le opzioni sono state introdotte correttamente. Si vede, ad esempio, che per la nostra serie abbiamo scelto, fra l'altro, il modello di scomposizione moltiplicativo, che le soglie per l'identificazione dei valori anomali sono quelle di default, che le medie mobili per la stagionalità e la tendenza-ciclo sono scelte automaticamente dal programma, e che abbiamo scelto l'opzione 3 per *trading day* e *Easter*.

Il primo passo per produrre la serie destagionalizzata, anziché la stima delle singole componenti, consiste nel costruire il grafico della serie originale per vedere: (a) se è presente un comportamento stagionale, cioè se i picchi di minimo e di massimo si posizionano ogni anno negli stessi mesi, (b) se è presente un cambiamento strutturale (di livello o di pendenza della serie) o (c) se ci sono valori anomali. Inoltre l'esame del grafico dovrebbe suggerire il modello di scomposizione (additivo o moltiplicativo) più appropriato per la serie.

La figura 1 mostra un comportamento regolare negli anni, con picchi di minimo in corrispondenza dei mesi di gennaio ed agosto e picchi di massimo in corrispondenza dei mesi di luglio, ottobre e dicembre.

Fig. 1. Grafico della serie originale

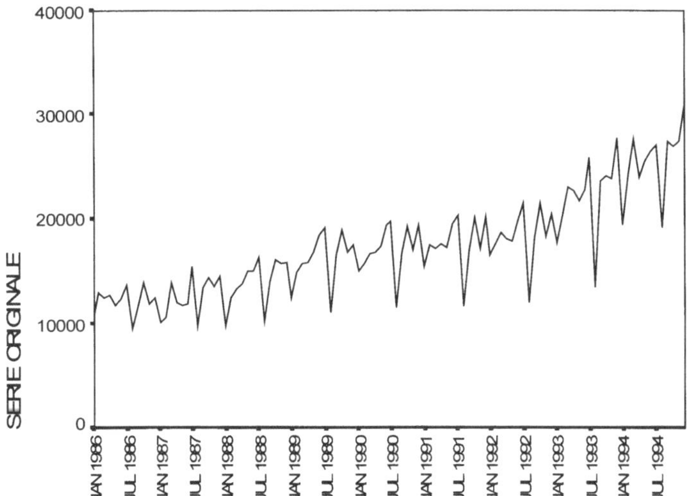

L'esame del grafico suggerisce di utilizzare per la scomposizione un modello di tipo moltiplicativo in quanto l'ampiezza delle fluttuazioni stagionali aumenta all'aumentare della tendenza.

Al fine di confermare tale ipotesi si è fatto girare il programma *X11ARIMA/*88 prima scegliendo la scomposizione moltiplicativa e poi la scomposizione additiva lasciando le altre opzioni ai loro valori di default. Nella tabella riportata nel seguito, che costituisce parte della tabella D8, prodotta in output dal programma, sono indicati i valori delle statistiche test F per controllare l'ipotesi nulla di assenza di stagionalità stabile e di assenza di stagionalità mobile. A condizione che non si rifiuti l'ipotesi di assenza di stagionalità mobile, il modello che dà luogo al più alto valore della statistica test F per il test di stagionalità stabile è quello più appropriato per la scomposizione della serie storica. Nella serie delle esportazioni sia scegliendo il modello moltiplicativo sia scegliendo il modello additivo la stagionalità mobile risulta non significativa.

Il valore di F per l'ipotesi di stagionalità stabile è 57.753 per il modello moltiplicativo e 39.995 per il modello additivo. Quindi è confermata la scelta del modello moltiplicativo come modello di scomposizione per la serie delle esportazioni. In generale, una scomposizione di tipo moltiplicativo è da preferirsi ad una di tipo additivo anche quando i valori di F sono molto vicini. Inoltre, per la destagionalizzazione di serie che sono parte di un più ampio sistema di dati, come è il caso delle serie dei conti nazionali, o che fanno parte di un aggregato, come ad esempio le vendite al dettaglio di beni o le importazioni, si raccomanda di utilizzare

Modello moltiplicativo

```
TEST FOR THE PRESENCE OF SEASONALITY ASSUMING STABILITY

                              SUM OF       DGRS.OF        MEAN
                              SQUARES      FREEDOM        SQUARE      F-VALUE
          BETWEEN   MONTHS    15283.7895     11         1389.43541   57.753**
                  RESIDUAL     2309.5939      96           24.05827
                     TOTAL    17593.3834     107

          **SEASONALITY PRESENT AT THE 0.1 PER CENT LEVEL


       NONPARAMETRIC TEST FOR THE PRESENCE OF SEASONALITY ASSUMING STABILITY

                       KRUSKAL-WALLIS    DEGREES OF    PROBABILITY
                         STATISTIC        FREEDOM         LEVEL

                          82.5055           11            .000%

          SEASONALITY PRESENT AT THE ONE PERCENT LEVEL


       MOVING SEASONALITY TEST
                              SUM OF       DGRS.OF        MEAN
                              SQUARES      FREEDOM        SQUARE      F-VALUE
          BETWEEN YEARS        81.4703       8          10.183786      .500
                    ERROR    1792.3444       88          20.367549

          NO EVIDENCE OF MOVING SEASONALITY AT THE FIVE PER CENT LEVEL


       COMBINED TEST FOR THE PRESENCE OF IDENTIFIABLE SEASONALITY


               IDENTIFIABLE SEASONALITY PRESENT
```

Modello additivo

```
TEST FOR THE PRESENCE OF SEASONALITY ASSUMING STABILITY

                              SUM OF       DGRS.OF        MEAN
                              SQUARES      FREEDOM        SQUARE        F-VALUE
          BETWEEN   MONTHS  460162637.7861    11     41832967.07146    39.995**
                  RESIDUAL  100410672.7557    96      1045944.50787
                     TOTAL  560573310.5417   107

          **SEASONALITY PRESENT AT THE 0.1 PER CENT LEVEL


       NONPARAMETRIC TEST FOR THE PRESENCE OF SEASONALITY ASSUMING STABILITY

                       KRUSKAL-WALLIS    DEGREES OF    PROBABILITY
                         STATISTIC        FREEDOM         LEVEL

                          82.7907           11            .000%

          SEASONALITY PRESENT AT THE ONE PERCENT LEVEL


       MOVING SEASONALITY TEST
                              SUM OF       DGRS.OF        MEAN
                              SQUARES      FREEDOM        SQUARE        F-VALUE
          BETWEEN YEARS     9796803.4051     8       1224600.425633     1.338
                    ERROR  80571203.0467     88       915581.852804

          NO EVIDENCE OF MOVING SEASONALITY AT THE FIVE PER CENT LEVEL


       COMBINED TEST FOR THE PRESENCE OF IDENTIFIABLE SEASONALITY
               IDENTIFIABLE SEASONALITY PRESENT
```

il modello di scomposizione dominante nella maggior parte delle serie del sistema o dell'aggregato in modo da evitare inconsistenze.

A questo punto, scelto il modello di scomposizione, è importante verificare se sono presenti variazioni dovute alla composizione del calendario o alla presenza di feste mobili. Con tale obiettivo, si selezionano l'opzione TDR 3 e l'opzione EASTER 3 del comando SA. Nello stesso comando SA si decide se il modello *ARIMA* sarà scelto automaticamente dal programma (opzione di default) o sarà fornito dall'utente. Per la nostra serie abbiamo utilizzato l'opzione di default, ossia è stato il programma a trovare il modello *ARIMA* che soddisfacesse i criteri di buon adattamento e di previsione.

Prendiamo ora in considerazione le tabelle prodotte in output dal programma.

La **tabella A1** contiene la serie originale.

```
A 1    ORIGINAL SERIES

  YEAR     JAN      FEB      MAR      APR      MAY      JUN      JUL      AUG      SEP      OCT      NOV      DEC        TOTAL

  1986   10815.6  12662.6  12438.5  12671.8  11726.1  12267.3  13632.5   9424.1  11555.9  13772.0  11762.6  12402.1    145331.1

  1987   10053.5  10548.1  13777.1  11950.4  11685.3  11835.0  15376.2   9690.7  13341.8  14250.9  13479.9  14465.2    150454.3

  1988    9624.0  12364.0  13206.0  13736.0  14859.0  14927.0  16181.0  10199.0  13959.0  16004.0  15563.0  15758.0    166380.0

  1989   12451.0  14719.0  15635.0  15677.0  16692.0  18319.0  19014.0  10969.0  16427.0  18794.0  16704.0  17434.0    192835.0

  1990   14938.0  15604.0  16562.0  16683.0  17312.0  19326.0  19684.0  11500.0  16525.0  19169.0  16883.0  19329.0    203515.0

  1991   15374.0  17424.0  17062.0  17467.0  17201.0  19406.0  20253.0  11514.0  16862.0  19946.0  17086.0  20135.0    209730.0

  1992   16446.0  17548.0  18620.0  17988.0  17751.0  19664.0  21448.0  11880.0  18145.0  21432.0  18187.0  20326.0    219435.0

  1993   17630.0  20180.0  22990.0  22627.0  21665.0  22716.0  25852.0  13391.0  23524.0  24070.0  23806.0  27763.0    266214.0

  1994   19853.0  21071.0  27683.0  23874.0  25403.0  26382.0  26999.0  19018.0  27367.0  26865.0  27383.0  30922.0    305130.0

  AVGE   14066.1  16146.7  17541.5  16963.8  17143.8  18315.8  19826.6  11954.0  17523.0  19367.0  17872.7  19837.1

         TABLE TOTAL-   1859024.0        MEAN-  17213.2        STD. DEVIATION-   4812.7
```

I totali di riga sono i totali annui e danno un'idea della tendenza del fenomeno. Si nota che le esportazioni sono raddoppiate nel decennio considerato passando da 145331.1 miliardi nel 1986 a 305130.0 miliardi nel 1994.

L'ultima riga contiene le medie relative a ciascun mese che danno un'idea della stagionalità. Si osservano i valori più alti in corrispondenza dei mesi di dicembre, luglio e ottobre, e i più bassi in agosto e gennaio.

La **tabella A2** contiene i fattori applicati come aggiustamenti a priori permanenti. Poiché nel caso in esame non si sono applicati aggiustamenti a priori permanenti la tabella A2 non è stampata nell'output.

La **tabella A3** contiene la serie originale aggiustata con i fattori a priori permanenti. I valori originali contenuti in tabella A1 sono divisi per i fattori contenuti in tabella A2, quindi un fattore minore di 100 nella tabella A2 incrementerà l'osservazione originale e viceversa. Per un modello moltiplicativo A3=A1/A2, per un modello additivo A3=A1-A2. Poiché non si sono applicati aggiustamenti a priori in questo esempio, la tabella A3 non è prodotta in output.

La **tabella A4** contiene i fattori applicati come aggiustamenti a priori temporanei, ad esempio per sostituire i valori anomali. Poiché per la serie delle esportazioni non si sono applicati aggiustamenti a priori temporanei la tabella A4 non compare nell'output.

La **tabella A5** contiene i valori della serie originale modificati tenendo conto degli eventuali aggiustamenti a priori sia permanenti che temporanei (A5=A3/A4 oppure A1/A4 se non ci sono aggiustamenti a priori permanenti). Questa è la serie su cui si effettua la regressione per ottenere gli aggiustamenti relativi all'effetto giorni lavorativi e all'effetto Pasqua. Poiché non ci sono aggiustamenti a priori né permanenti né temporanei, la tabella A5 non compare nell'output.

La **tabella A6** contiene i pesi a priori eventualmente assegnati a ciascun giorno della settimana per correggere l'effetto giorni lavorativi. La **tabella A6B** mostra i fattori mensili (calcolati sulla base dei pesi assegnati a priori a ciascun giorno) che saranno applicati alla serie per produrre la serie ripulita dall'effetto giorni lavorativi. Nel nostro esempio non sono stati specificati pesi giornalieri a priori e quindi le tabelle A6 e A6B non sono presentate.

La **tabella A7** mostra i risultati della regressione per stimare i coefficienti o pesi da assegnare a ogni giorno della settimana.

```
A 7.  TRADING-DAY REGRESSION FROM FIRST PASS

                COMBINED      PRIOR     REGRESSION    ST.ERROR        T           T
                WEIGHT        WEIGHT      COEFF.       (COMB.WT.)     (1)      (PRIOR WT.)

        MONDAY   1.225        1.000        .225         .254         .884         .884
       TUESDAY   1.495        1.000        .495         .256        1.932        1.932
     WEDNESDAY   1.026        1.000        .026         .261         .101         .101
      THURSDAY   1.015        1.000        .015         .255         .059         .059
        FRIDAY   1.319        1.000        .319         .256        1.245        1.245
      SATURDAY    .492        1.000       -.508         .254       -1.999*      -1.999*
        SUNDAY    .428        1.000       -.572         .262       -2.181*      -2.181*


        THE STARS INDICATE THE COMBINED WT. IS SIGNIFICANTLY DIFFERENT
        FROM 1 OR THE PRIOR WT. THE SIGNIFICANCE LEVELS ARE
        3 STARS (0.1 PERCENT), 2 STARS (1 PERCENT) 1 STAR (5 PERCENT),
        AND NO STARS INDICATES NOT SIGNIFICANT AT THE 5 PERCENT LEVEL



                SOURCE OF        SUM OF       DGRS.OF        MEAN
                VARIANCE         SQUARES      FREEDOM        SQUARE         F


        REGRESSION               29.143          6           4.857       5.545***
             ERROR               84.087         96            .876
             TOTAL              113.230        102


        *** RESIDUAL TRADING DAY VARIATION PRESENT AT THE 1 PER CENT LEVEL


STANDARD ERRORS OF TRADING DAY ADJUSTMENT FACTORS DERIVED FROM REGRESSION COEFFICIENTS
        31-DAY MONTHS-         .76
        30-DAY MONTHS-         .84
        29-DAY MONTHS-         .88
        28-DAY MONTHS-         .00
```

Nel caso in studio, l'effetto giorni lavorativi risulta significativo all'1%. Quindi per produrre la serie destagionalizzata si deve includere l'aggiustamento per l'effetto giorni lavorativi.

I pesi combinati sono i pesi relativi a ciascun giorno derivati dalla regressione. Se ci fossero informazioni a priori circa il comportamento giornaliero del fenomeno, queste apparirebbero come pesi a priori. Poiché non si sono specificati pesi a priori essi sono posti pari a 1 per ciascun giorno della settimana.

La **tabella A8A** mostra i pesi relativi a ciascun giorno stimati dalla regressione mostrata nella tabella A7.

```
A 8. REGRESSION TRADING DAY ADJUSTMENT

 A 8A. FINAL DAILY WEIGHTS - MON  TUE   WED   THU   FRI   SAT   SUN
                          1.225 1.495 1.026 1.015 1.319  .492   .428
```

E' bene controllare che i pesi riflettano il comportamento atteso. Si noti che i fattori giorni lavorativi sono influenzati dai valori anomali che possono distorcere i risultati e dal modo in cui sono raccolti i dati.

Per esempio se le modalità di rilevazione prevedono che le esportazioni siano registrate dalle dogane principalmente ogni lunedì, martedì e venerdì allora significa che ogni mese con un lunedì, martedì e/o venerdì in più avrà valori più alti delle esportazioni e, nella regressione, questi giorni avranno un peso più alto rispetto agli altri giorni della settimana.

Se ci sono valori anomali che influenzano i risultati della regressione, si possono cambiare i limiti all'interno della regressione in modo tale che i valori estremi siano trattati come dati anomali ed esclusi dalla regressione (il software usa automaticamente il limiti di default, $\pm 2.5\sigma$).

Il programma basa la regressione giorni lavorativi sull'assunzione che i dati siano relativi ai mesi di calendario, se i dati sono in altri formati si ottengono stime poco accurate dei pesi giornalieri.

Con la scomposizione moltiplicativa, i pesi giornalieri variano intorno al valore 1, essendo 1 il peso corrispondente al giorno lavorativo medio. I pesi giornalieri sommano sempre a 7.

I pesi maggiori di 1 relativi a martedì, mercoledì e venerdì indicano che, in questi giorni, le esportazioni sono superiori alla media giornaliera.

Questi pesi devono essere interpretati come un'indicazione del comportamento giornaliero, piuttosto che come valori precisi. Nel nostro esempio, le esportazioni sono elevate il lunedì, martedì e venerdì, basse il sabato e la domenica, quasi nella media per gli altri giorni della settimana.

I risultati della regressione giorni lavorativi possono riflettere le modalità di rilevazione dei dati piuttosto che il reale comportamento del fenomeno.

Comunque sia, si tratta di un effetto che deve essere rimosso dai dati come parte del processo di destagionalizzazione.

La **tabella A8B** mostra i fattori finali da applicare alla serie dei dati grezzi per eliminare l'effetto giorni lavorativi.

```
A 8B. FINAL TRADING-DAY FACTORS
```

YEAR	JAN	FEB	MAR	APR	MAY	JUN	JUL	AUG	SEP	OCT	NOV	DEC	AVGE
1986	101.16	99.12	97.24	101.74	99.44	98.84	101.73	97.55	102.40	101.16	96.40	102.41	99.93
1987	99.44	99.12	100.46	100.14	97.55	102.40	101.16	97.24	101.74	99.44	98.84	101.73	99.94
1988	97.55	103.45	101.73	99.37	100.46	100.14	97.55	102.41	101.11	97.24	101.74	99.44	100.18
1989	100.48	99.12	101.16	96.40	102.41	101.11	97.24	101.73	99.37	100.48	100.14	97.55	99.76
1990	102.41	99.12	99.44	98.84	101.73	99.37	100.48	101.16	96.40	102.41	101.11	97.24	99.98
1991	101.73	99.12	97.55	102.40	101.16	96.40	102.41	99.44	98.84	101.73	99.37	100.48	100.05
1992	101.16	100.86	100.48	100.14	97.55	102.40	101.16	97.24	101.74	99.44	98.84	101.73	100.23
1993	97.55	99.12	102.41	101.11	97.24	101.74	99.44	100.48	100.14	97.55	102.40	101.16	100.03
1994	97.24	99.12	101.73	99.37	100.48	100.14	97.55	102.41	101.11	97.24	101.74	99.44	99.80
AVGE	99.86	99.79	100.25	99.95	99.78	100.28	99.86	99.96	100.32	99.63	100.06	100.13	

```
        TABLE TOTAL-   10798.73      MEAN-   99.99     STD. DEVIATION-   1.80
```

Tali fattori mensili sono ottenuti a partire dai pesi assegnati a ciascun giorno della settimana moltiplicati per il numero di volte in cui tale giorno è presente nel mese.

Nella scomposizione moltiplicativa, ciascun valore della serie è diviso per il corrispondente fattore nella tabella. Nella scomposizione additiva, i fattori sono sottratti alla serie. Questa tabella mostra l'importanza delle variazioni dovute ai giorni lavorativi in ciascun mese e anno. Per esempio l'impatto nel gennaio del 1992 (uguale a 101.16) è maggiore di quello relativo allo stesso mese per l'anno 1993 (uguale a 97.55).

La **tabella A8C** fornisce i valori previsti dei fattori mensili giorni lavorativi per l'anno successivo (nel nostro esempio per il 1995).

```
A 8C  FINAL TRADING-DAY FACTORS, 12 MONTHS   AHEAD
```

YEAR	JAN	FEB	MAR	APR	MAY	JUN	JUL	AUG	SEP	OCT	NOV	DEC	AVGE
1995	100.48	99.12	101.16	96.40	102.41	101.11	97.24	101.73	99.37	100.48	100.14	97.55	99.76

La **tabella A9** mostra i dati grezzi aggiustati con i fattori giorni lavorativi.

```
A 9. FINAL TRADING-DAY ADJUSTED SERIES
```

YEAR	JAN	FEB	MAR	APR	MAY	JUN	JUL	AUG	SEP	OCT	NOV	DEC	TOTAL
1986	10691.4	12977.4	12791.4	12455.4	11792.2	12411.0	13400.7	9661.3	11285.1	13613.8	12201.9	12110.6	145392.3
1987	10110.2	10542.3	13711.8	11934.2	11979.4	11557.7	15199.6	9965.6	13113.9	14331.3	13637.9	14219.2	150403.1
1988	9866.2	11951.6	12981.5	13823.0	14789.6	14906.5	16588.2	9959.3	13805.3	16458.0	15297.2	15846.9	166272.3
1989	12392.0	14850.4	15455.4	16262.4	16299.7	18117.4	19553.4	10782.5	16531.0	18705.0	16681.1	17872.7	193503.1
1990	14586.9	15743.3	16655.4	16878.5	17017.6	19448.4	19590.8	11367.9	17142.1	18718.5	16697.2	19877.4	203724.0
1991	15112.6	17579.6	17491.4	17057.8	17003.4	20130.7	19777.0	11578.9	17059.6	19606.8	17194.2	20039.6	209631.6
1992	16257.1	17398.8	18531.8	17963.3	18197.7	19203.3	21201.6	12217.0	17835.1	21552.9	18400.1	19980.4	218739.1
1993	18073.7	20360.2	22449.7	22377.9	22279.6	22328.0	25997.8	13327.6	23491.7	24675.7	23248.2	27444.1	266054.3
1994	19809.5	24285.9	27114.0	24025.2	25282.7	26345.8	27678.5	18571.1	27065.8	27627.2	26915.3	31096.4	305817.2
AVGE	14100.0	16198.8	17464.7	16975.3	17182.3	18272.1	19887.5	11936.8	17481.1	19476.6	17808.1	19831.9	

```
        TABLE TOTAL-   1859537.0      MEAN-  17217.9     STD. DEVIATION-   4816.3
```

Questi sono aggiustamenti a priori di tipo permanente poiché le fluttuazioni indotte dall'effetto giorni lavorativi sono parte della componente stagionale e quindi non devono apparire nella serie destagionalizzata.

Confrontando la tabella A9 con la tabella A1, si può vedere, ad esempio, che i valori di gennaio 1989 e gennaio 1990 sono stati alterati rimuovendo l'effetto giorni lavorati:

Tabella A1		Tabella A9	
Gennaio 1990	14938.0	Gennaio 1990	14586.9
Gennaio 1989	12451.0	Gennaio 1989	12392.0

Quindi l'incremento totale delle esportazioni tra gennaio 1990 e gennaio 1989 del 19.97% è il risultato di un incremento nella tendenza e nella componente irregolare (assumendo stagionalità stabile) del 17.71% e di un cambiamento nella composizione del mese del 2.26%. L'incremento totale nelle esportazioni del 19.97% è diminuito al 17.71% dopo aver tenuto conto dell'effetto giorni lavorativi.

La **tabella A10** mostra i risultati della regressione per l'effetto Pasqua.

```
A10. EASTER EFFECT.


    NO. OF YEARS OF DATA   9
    NO. APRIL EASTERS   6
    NO. MARCH EASTERS   2
    NO. MARCH-APRIL EASTERS   1


        EHAT=        .208629E-01

                     MARCH EASTER
    MARCH FACTOR        .979923
    APRIL FACTOR       1.020870

                     MARCH-APRIL EASTER
    MARCH FACTOR        .989961
    APRIL FACTOR       1.010435

        SOURCE OF       SUM OF        DEGRS OF       MEAN
        VARIANCE        SQUARES       FREEDOM        SQUARE

        EASTER           .003            1            .003
        RESIDUAL         .034            7            .005
        TOTAL            .036            8


    F STATISTIC          .562554
    SIGNIFICANCE LEVEL   .522          SIGNIFICANT AT  47.8 %  LEVEL

    EASTER EFFECT NOT SIGNIFICANT AT 10% LEVEL
```

Alla fine della tabella il programma stampa un messaggio che specifica se l'effetto Pasqua sia da ritenersi o meno significativo ad un assegnato livello di significatività.

Avendo selezionato l'opzione EASTER 3 nel comando SA, i fattori di aggiustamento a priori per l'effetto Pasqua, calcolati comunque dal

Programma, vengono applicati ai dati solo se l'effetto Pasqua è risultato significativo almeno al 10%. Nel nostro esempio l'effetto Pasqua è ritenuto non significativo.

Nella **tabella A11** sono riportati i fattori a priori per l'eliminazione dell'effetto Pasqua calcolati a partire dai risultati della regressione.

```
A11. EASTER FACTORS

  YEAR     JAN     FEB     MAR     APR     MAY     JUN     JUL     AUG     SEP     OCT     NOV     DEC        AVGE

  1986   100.00  100.00   97.99  102.09  100.00  100.00  100.00  100.00  100.00  100.00  100.00  100.00     100.01

  1987   100.00  100.00  100.00  100.00  100.00  100.00  100.00  100.00  100.00  100.00  100.00  100.00     100.00

  1988   100.00  100.00  100.00  100.00  100.00  100.00  100.00  100.00  100.00  100.00  100.00  100.00     100.00

  1989   100.00  100.00   97.99  102.09  100.00  100.00  100.00  100.00  100.00  100.00  100.00  100.00     100.01

  1990   100.00  100.00  100.00  100.00  100.00  100.00  100.00  100.00  100.00  100.00  100.00  100.00     100.00

  1991   100.00  100.00   99.00  101.04  100.00  100.00  100.00  100.00  100.00  100.00  100.00  100.00     100.00

  1992   100.00  100.00  100.00  100.00  100.00  100.00  100.00  100.00  100.00  100.00  100.00  100.00     100.00

  1993   100.00  100.00  100.00  100.00  100.00  100.00  100.00  100.00  100.00  100.00  100.00  100.00     100.00

  1994   100.00  100.00  100.00  100.00  100.00  100.00  100.00  100.00  100.00  100.00  100.00  100.00     100.00

  AVGE   100.00  100.00   99.44  100.58  100.00  100.00  100.00  100.00  100.00  100.00  100.00  100.00

           TABLE TOTAL-   10800.20        MEAN-   100.00        STD  DEVIATION-      47

A11A. EASTER FACTORS ONE YEAR AHEAD

  YEAR     JAN     FEB     MAR     APR     MAY     JUN     JUL     AUG     SEP     OCT     NOV     DEC        AVGE

  1995   100.00  100.00  100.00  100.00  100.00  100.00  100.00  100.00  100.00  100.00  100.00  100.00     100.00
```

Se l'effetto è giudicato significativo i valori della serie sono divisi per tali fattori, quindi un aggiustamento superiore a 100 ridurrà il valore originale e viceversa.

E' importante verificare che i fattori riflettano gli aggiustamenti che ci si aspetta per controllare che un valore anomalo non abbia distorto i risultati della regressione.

Anche i fattori calcolati per l'effetto Pasqua rappresentano fattori di aggiustamento a priori di tipo permanente.

I pesi presentati in tabella A11 non sono stabili cioè possono subire revisioni significative con l'aggiunta di nuovi dati.

Nel nostro esempio non è significativo l'effetto Pasqua e quindi tali pesi non sono applicati ai dati.

Nonostante l'effetto sia giudicato non significativo si osserva che le esportazioni del mese di marzo sono più basse in quegli anni in cui la Pasqua cade in marzo rispetto agli anni in cui la Pasqua cade in aprile. Questo indica che eventualmente dobbiamo utilizzare o un aggiustamento permanente a priori trattando il caso come anomalo o utilizzare l'opzione EASTER 2 nel cui caso si applicheranno i pesi anche se non sono significativi.

La **tabella A13** mostra gli aggiustamenti combinati per l'effetto giorni lavorativi e per l'effetto Pasqua insieme ai valori previsti per l'anno successivo all'ultima osservazione. La tabella A13 non è stampata nel nostro esempio perché l'effetto Pasqua è non significativo.

La **tabella A14** riporta la serie originale aggiustata per i fattori combinati relativi all'effetto giorni lavorativi e all'effetto Pasqua. Confrontando la tabella A14 con la tabella A1 si può valutare l'impatto dei fattori giorni lavorativi e di Pasqua. Tale tabella non è stampata mancando l'effetto Pasqua nel nostro esempio.

La **tabella A15** mostra i risultati della modellistica *ARIMA*, automaticamente scelta dal programma, applicata per ottenere le previsioni per l'anno successivo all'ultima osservazione.

```
AUTOREGRESSIVE INTEGRATED MOVING AVERAGE (ARIMA) EXTRAPOLATION PROGRAM

A15. ARIMA EXTRAPOLATION MODEL (FORECAST)


                      THIS PROGRAM WAS DEVELOPED FOLLOWING THE PROCEDURES OUTLINED IN
                         'TIME SERIES ANALYSIS' BY G. E. P. BOX AND G. M. JENKINS
                      AVERAGE PERCENTAGE STANDARD
                         ERROR IN FORECASTS
                      -------------------------------------
    MODEL      TRAN    ADDITIVE LAST 3  LAST  LAST-1 LAST-2 CHI-SQ. R-SQUARED        ESTIMATED PARAMETERS
                       CONSTANT YEARS   YEAR  YEAR   YEAR   PROB.   VALUE


  (0,1,1)(0,1,1)  LOG   000E+00  7.29   5.07  13.97  2.84  69.57%   .9272          .674      .411


          THE MODEL CHOSEN IS (0,1,1)(0,1,1)0 WITH TRANSFORMATION -  LOG


HERE ARE THE AUTOCORRELATIONS OF THE MODEL(S)
------------------------------------------------------------------------------------------------------
MODEL 1   - 001    035   - 041   - 076    .008   .118    005    .115    .120   - .169   .112    .035
           071    075   -.113   -.019   - .061  - .011   .143   -.042   -.022  -.049   - .011  - .097
```

Nella prima colonna della tabella è indicato il modello *ARIMA*. Il modello (0,1,1)(0,1,1) è quello più comunemente adattato, ed è applicato insieme alla trasformazione logaritmica nel caso di serie che seguono un modello di scomposizione moltiplicativo, come nell'esempio presente. Il programma sceglie tra quattro modelli *ARIMA* predefiniti e ordinati in relazione al numero di parametri. Adatta il primo tra questi che soddisfa tutti i criteri stabiliti. Se si usa la scomposizione moltiplicativa il programma applica automaticamente la trasformata logaritmica per ridurre la varianza della serie ed aumentarne la simmetria anche se non sempre è necessaria. In quest'ultimo caso l'utente può fornire al programma lo stesso modello senza la trasformazione. Inoltre, se nessun modello soddisfa i criteri stabiliti allora l'utente può specificare un suo modello.

Nella tabella sono riportati quattro valori del *MAPE* (Mean Absolute Percent Error). Il primo valore (quello nella colonna chiamata LAST 3 YEARS) è quello relativo agli ultimi tre anni, uguale a 7.29 nel nostro esempio. Il valore per l'ultimo anno (LAST YEAR), uguale a 5.07, è ottenuto facendo la media degli errori di previsione relativi percentuali in valore assoluto. Gli errori di previsione sono calcolati troncando la serie al 1993, producendo le previsioni per il 1994 e confrontando i valori veri del 1994 con quelli previsti. Il *MAPE* per il penultimo anno (LAST-1 YEAR), uguale a 13.97, è ottenuto troncando la serie al 1992 producendo le previsioni per il 1993 e confrontando i valori veri del 1993 con quelli previsti. Il *MAPE* per il 1992 (LAST-2 YEAR), uguale a 2.84, è ottenuto troncando la serie al 1991 e confrontando le previsioni relative al 1992 con i valori veri. Il modello non è accettato se il *MAPE* per gli ultimi tre anni è più alto del 15%. Più basso è il *MAPE*, migliori sono le previsioni. Si deve controllare che il *MAPE* triennale non sia distorto da un valore particolarmente alto di uno dei *MAPE* annuali. Se c'è un grande valore anomalo o un punto di svolta il modello *ARIMA* non sarà in grado di produrre buone previsioni. Inoltre tanto più è forte la componente irregolare tanto più alto sarà il *MAPE*. Il *MAPE* per il penultimo anno è abbastanza alto 13.97%. E' necessario capire se tale valore è il risultato di un valore anomalo (controllando le tabelle C17 e D13) o di un punto di svolta del trend-ciclo.

Il programma stampa il livello di probabilità associato al test Ljung-Box che si distribuisce come un chi-quadrato per controllare l'ipotesi di non autocorrelazione dei residui. Tale valore è un'indicazione della bontà dell'adattamento del modello. Il modello non è automaticamente accettato se la probabilità è inferiore al 5%. Nel nostro esempio il valore della probabilità è 69.57% indicando un adattamento accettabile.

Nella tabella è indicato anche il valore di R^2 che fornisce un'altra misura della bontà dell'adattamento. Nell'esempio è pari a 0.9272 che significa che il modello si adatta bene. R^2 misura quanta parte della variabilità dei dati è spiegata dal modello. Un valore di R^2 pari a 1 indica un adattamento perfetto cioè il modello spiega tutta la variabilità dei dati mentre un R^2 pari a 0 significa che il modello spiega molto poco dei cambiamenti nei dati.

Nella tabella sono indicati anche i parametri stimati del modello. I valori delle stime vicini a 1 indicano la presenza di quasi sovradifferenziazione nel modello. Nell'esempio i valori delle stime sono: θ=0.674 e Θ=0.411. Non c'è quindi evidenza di sovradifferenziazione e sono soddisfatte le condizioni di invertibilità.

Il programma stampa i coefficienti di autocorrelazione dei residui del modello stimato per i primi 24 ritardi. Tutti i coefficienti devono risultare non significativamente diversi da 0. Altrimenti significa che è rimasto nei dati qualcosa di sistematico per esempio effetti legati ai giorni lavorativi o alla Pasqua oppure alla tendenza o alla stagionalità. In particolare si deve controllare che le autocorrelazioni ai lag 3, 6 e 9 non presentino valori positivi elevati. Altrimenti significa che sono ancora presenti nei dati effetti legati ai giorni lavorativi (e quindi che l'aggiustamento non ha rimosso bene l'effetto giorni lavorativi). Nel nostro esempio i coefficienti di autocorrelazione ai lag 3, 6 e 9 assumono valori positivi e negativi piccoli e quindi non c'è evidenza di effetti giorni lavorativi residui. I coefficienti sono non significativamente diversi da 0 e quindi l'adattamento del modello *ARIMA* ha rimosso tutte le componenti sistematiche dalla serie. Si noti che ci potrebbero essere uno o due coefficienti significativi, anche se l'insieme dei residui è non autocorrelato, questo non rappresenta un problema purché non succeda ai lag 1, 2 o 12 che sono fortemente legati alla presenza del trend-ciclo e della stagionalità.

Tutte le informazioni contenute nelle tabelle A si riferiscono agli aggiustamenti a priori applicati alla serie per stimare ed eliminare gli effetti di natura deterministica (giorni lavorativi, Pasqua), per produrre le estrapolazioni *ARIMA*, e per sostituire in forma permanente o temporanea i valori anomali.

Il secondo insieme di tabelle, indicato con la lettera B, serve per una identificazione e sostituzione preliminare automatica degli outlier, al fine di ottenere una buona stima delle componenti stagionale e tendenza-ciclo. Se si è specificata l'opzione standard per stampa delle tabelle (opzione di default), verranno mostrate nell'output solo le tabelle B1 e B1A. E' comunque sempre possibile richiedere la stampa di altre tabelle specifiche, se lo si desidera.

Nella **tabella B1** è rappresentata la serie che sarà sottoposta alla procedura di destagionalizzazione, ossia la serie corretta per gli aggiustamenti a priori temporanei e permanenti e da cui sono stati eliminati gli effetti legati ai giorni lavorativi e alla Pasqua. Si noti che le previsioni mostrate in **tabella B1A** per i successivi 12 mesi sono le previsioni dei dati aggiustati per i giorni lavorativi e per la Pasqua.

```
B 1.  ORIGINAL SERIES

 YEAR      JAN      FEB      MAR      APR      MAY      JUN      JUL      AUG      SEP      OCT      NOV      DEC        TOTAL

 1986   10691.4  12977.4  12791.4  12455.4  11792.2  12411.0  13400.7   9661.3  11285.1  13613.8  12201.9  12110.6    145392.3

 1987   10110.2  10642.3  13711.8  11934.2  11979.4  11557.7  15199.6   9965.6  13113.9  14331.3  13637.9  14219.2    150403.1

 1988    9866.2  11931.6  12981.5  13823.0  14788.6  14906.5  16588.2   9959.3  13805.3  16458.0  15297.2  15846.9    166272.3

 1989   12392.0  14850.4  15455.4  16262.4  16299.7  18117.4  19553.4  10782.5  16531.0  18705.0  16681.1  17872.7    193503.1

 1990   14586.9  15743.3  16655.4  16878.5  17017.6  19448.4  19590.8  11367.9  17142.1  18718.5  16697.2  19877.4    203724.0

 1991   15112.6  17579.6  17491.4  17057.8  17003.4  20130.7  19777.0  11578.9  17059.6  19806.8  17194.2  20039.6    209631.6

 1992   16257.1  17398.8  18531.8  17963.3  18197.7  19203.3  21201.6  12217.0  17835.1  21552.9  18400.1  19980.4    218739.1

 1993   18073.7  20360.2  22449.7  22377.9  22279.6  22328.0  25997.8  13327.6  23491.7  24675.7  23248.2  27444.1    266054.3

 1994   19809.5  24285.9  27114.0  24025.2  25282.7  26345.8  27678.5  18571.1  27065.8  27627.2  26915.3  31096.4    305817.2

 AVGE   14100.0  16198.8  17464.7  16975.3  17182.3  18272.1  19887.5  11936.8  17481.1  19476.6  17808.1  19831.9

          TABLE TOTAL-   1859537.0          MEAN-  17217.9          STD. DEVIATION-   4816.3

B 1A  ORIGINAL SERIES EXTRAPOLATED 12 MONTHS   AHEAD

 YEAR      JAN      FEB      MAR      APR      MAY      JUN      JUL      AUG      SEP      OCT      NOV      DEC        TOTAL

 1995   23854.6  28137.0  30983.5  28726.9  29615.7  30824.9  33270.6  20404.5  31172.2  32821.6  31098.4  35887.7    356797.6
```

Il terzo insieme di tabelle, indicato con la lettera C, serve per l'identificazione e la sostituzione **finale** dei casi anomali. Fra queste tabelle la più importante è la C17.

La **tabella C17** mostra i pesi che il programma ha assegnato a ciascun mese dopo l'identificazione dei valori anomali.

Nella tabella C17 si controlli che:

```
C17.    FINAL  WEIGHTS FOR IRREGULAR COMPONENT
        GRADUATION RANGE FROM 1.5 TO 2.5 SIGMA
```

YEAR	JAN	FEB	MAR	APR	MAY	JUN	JUL	AUG	SEP	OCT	NOV	DEC	S.D.
1986	100.0	100.0	100.0	100.0	100.0	100.0	100.0	.0	100.0	100.0	100.0	49.2	2.9
1987	100.0	.0	.0	100.0	100.0	.0	100.0	.0	100.0	100.0	100.0	100.0	2.9
1988	.0	94.1	100.0	100.0	.0	100.0	100.0	100.0	100.0	100.0	100.0	100.0	2.9
1989	100.0	100.0	100.0	100.0	100.0	100.0	100.0	100.0	100.0	100.0	100.0	100.0	2.8
1990	100.0	100.0	100.0	100.0	100.0	30.1	100.0	100.0	100.0	100.0	100.0	100.0	2.6
1991	100.0	60.7	100.0	100.0	100.0	.0	100.0	100.0	100.0	100.0	100.0	100.0	2.0
1992	100.0	100.0	100.0	100.0	100.0	100.0	100.0	100.0	100.0	1.5	100.0	.0	2.5
1993	100.0	100.0	100.0	100.0	100.0	77.1	100.0	.0	100.0	100.0	100.0	100.0	2.4
1994	.0	100.0	100.0	100.0	100.0	100.0	58.5	.0	100.0	100.0	100.0	100.0	2.4

- i valori anomali non siano concentrati in un mese. Altrimenti l'aggiustamento stagionale relativo a questo mese non sarà di buona qualità;
- i valori anomali non siano concentrati in un anno. Altrimenti l'aggiustamento stagionale per quell'anno non sarà di buona qualità;
- i valori anomali identificati dal programma si distribuiscano casualmente nella serie.

Pesi pari a 100 indicano valori che non saranno modificati. Pesi pari a 0 indicano valori completamente anomali. Per tali valori può essere necessario introdurre aggiustamenti a priori temporanei per migliorare la destagionalizzazione. Pesi tra 0 e 100 indicano valori parzialmente anomali.

Nella nostra serie ci sono 12 valori completamente anomali, di cui 4 nel mese di agosto (due dei quali all'inizio, negli anni 1986, 1987, e due alla fine, negli anni 1993 e 1994), due nel mese di gennaio (1988 e 1994), due nel mese di giugno (1987 e 1991); 7 valori parzialmente anomali di cui due nel mese di febbraio (1988 e 1991) e due nel mese di giugno (1990 e 1993). Valori parzialmente anomali con pesi più alti di 50 non sono preoccupanti. Le deviazioni standard sono abbastanza elevate, ciò significa che i dati non sono molto regolari e questo potrebbe compromettere la bontà della destagionalizzazione.

L'insieme di tabelle indicato con la lettera D, fornisce la stima finale delle componenti stagionale, tendenza-ciclo e irregolare ed inoltre la serie destagionalizzata.

La **tabella D8** mostra i cosiddetti coefficienti stagionali-irregolari (SI) anche detti rapporti SI in quanto per la nostra serie si è assunto il modello di scomposizione moltiplicativo.

I coefficienti SI risultano dal rapporto tra la serie originale modificata contenuta nella **tabella B1** e una stima preliminare della componente tendenza-ciclo. Il coefficiente sarà costituito solo dalle variazioni dovute all'impatto della componente stagionale e irregolare (outlier inclusi).

Nella **tabella D8** sono indicati i valori delle statistiche test F e dei corrispondenti livelli di significatività per il controllo delle ipotesi di stagionalità stabile e mobile. In fondo alla tabella è indicato se è presente o meno stagionalità identificabile.

```
D 8.  FINAL  UNMODIFIED SI RATIOS

 YEAR      JAN     FEB     MAR     APR     MAY     JUN     JUL     AUG     SEP     OCT     NOV     DEC          AVGE

 1986     80.2    99.3   100.3   100.6    98.4   106.4   116.9    84.7    98.4   117.4   104.0   102.1         100.7

 1987     84.6    86.7   114.0    98.7    98.2    93.7   121.4    78.3   101.8   110.6   105.2   109.6         100.4

 1988     75.8    91.4    98.3   103.4   109.1   108.3   118.8    70.5    96.6   113.8   104.5   106.8          99.8

 1989     82.2    96.6    98.6   102.1   101.0   111.2   119.4    65.6   100.2   113.1   100.7   107.8          99.9

 1990     87.9    94.8   100.1   101.1   101.4   115.3   115.6    66.8   100.3   108.9    96.6   114.5         100.3

 1991     87.1   101.7   101.8   100.0   100.0   118.2   113.3    66.8    97.4   110.9    96.7   112.4         100.7

 1992     91.2    99.7   103.9   100.4   101.2   106.2   116.5    66.7    96.5   115.1    96.5   102.3          99.5

 1993     90.1    98.8   106.3   103.9   101.7   100.4   115.3    58.3   101.3   104.9    97.6   114.1          99.4

 1994     81.8    99.7   110.8    97.6   101.9   105.0   108.7    71.7   102.8   103.5    99.6   113.8          99.7

 AVGE     84.5    96.5   103.8   100.9   101.4   107.2   116.4    69.9    99.5   110.9   100.1   109.3

          TABLE TOTAL-   10804.5        MEAN-    100.0       STD. DEVIATION-     12.7


TEST FOR THE PRESENCE OF SEASONALITY ASSUMING STABILITY

                                    SUM OF          DGRS.OF            MEAN
                                    SQUARES         FREEDOM            SQUARE          F-VALUE
            BETWEEN    MONTHS      15302.4519          11            1391.13199        59.929**
                       RESIDUAL     2228.4613          96              23.21314
                       TOTAL       17530.9132         107


            **SEASONALITY PRESENT AT THE 0.1 PER CENT LEVEL


    NONPARAMETRIC TEST FOR THE PRESENCE OF SEASONALITY ASSUMING STABILITY

                       KRUSKAL-WALLIS       DEGREES OF      PROBABILITY
                         STATISTIC            FREEDOM          LEVEL

                          84.1406               11             .000%

            SEASONALITY PRESENT AT THE ONE PERCENT LEVEL


    MOVING SEASONALITY TEST
                                    SUM OF          DGRS.OF            MEAN
                                    SQUARES         FREEDOM            SQUARE          F-VALUE
            BETWEEN YEARS            126.5176           8             15.814705          .834
                    ERROR          1668.4846           88             18.960053

            NO EVIDENCE OF MOVING SEASONALITY AT THE FIVE PER CENT LEVEL


    COMBINED TEST FOR THE PRESENCE OF IDENTIFIABLE SEASONALITY


            IDENTIFIABLE SEASONALITY PRESENT
```

La prima ipotesi nulla sotto controllo è quella di assenza di stagionalità stabile. Più alto è il valore della statistica test F più significativo risulta il test cioè più evidente è la presenza di stagionalità stabile nella serie. L'ipotesi è controllata anche attraverso il test non parametrico di Kruskal e Wallis.

La seconda ipotesi nulla sotto controllo è quella di assenza di stagionalità mobile. Poiché è sempre difficile identificare e stimare la stagionalità mobile è auspicabile che il test risulti non significativo e quindi che il valore della statistica test F sia basso.

Infine, è controllata l'ipotesi di presenza di stagionalità identificabile. La stagionalità identificabile è calcolata sulla base della relazione tra la stagionalità stabile e la stagionalità mobile. Quindi se la stagionalità mobile è alta il programma non è in grado di produrre una buona serie destagionalizzata. Allo stesso modo, se la stagionalità mobile è bassa ma anche la stagionalità stabile è bassa il programma non sarà in grado di calcolare una buona serie destagionalizzata.

Nella serie delle esportazioni i risultati presentati in tabella D8 indicano la presenza di stagionalità stabile, l'assenza di stagionalità mobile e la **presenza di stagionalità identificabile (identifiable seasonality present)**. Si noti che quest'ultimo messaggio è il più importante per una ottima destagionalizzazione della serie.

La **tabella D9** mostra i rapporti stagionali-irregolari che sono stati modificati a causa della presenza di valori estremi. Nella **tabella D9A** sono mostrati i rapporti I_t/S_t relativi a ciascun mese.

```
D 9.  FINAL  REPLACEMENT VALUES FOR EXTREME SI RATIOS

   YEAR     JAN      FEB      MAR      APR      MAY      JUN      JUL      AUG      SEP      OCT      NOV      DEC

   1986 ********* ******** ******** ******** ******** ******** ********   69.8  ******** ******** ********  105.3

   1987 *********   96.2     99.7  ******** ********  107.9  ********   68.9  ******** ******** ******** ********

   1988    83.1     91.6  ******** ********  100.7  ******** ******** ******** ******** ******** ******** ********

   1989 ******** ******** ******** ******** ******** ******** ******** ******** ******** ******** ******** ********

   1990 ******** ******** ******** ******** ********  110.9  ******** ******** ******** ******** ******** ********

   1991 ********  100.2  ******** ******** ********  108.3  ******** ******** ******** ******** ******** ********

   1992 ******** ******** ******** ******** ******** ******** ******** ******** ********  108.4  ********  112.6

   1993 ******** ******** ******** ******** ********  101.4  ********   65.9  ******** ******** ******** ********

   1994    88.5  ******** ******** ******** ******** ********  110.8    66.7  ******** ******** ******** ********


D 9A. YEAR TO YEAR CHANGE IN IRREGULAR AND SEASONAL COMPONENTS AND MOVING SEASONALITY RATIO

          JAN      FEB      MAR      APR      MAY      JUN      JUL      AUG      SEP      OCT      NOV      DEC

      I  3.038    3.150    1.084    2.627     .794    2.004    2.071    2.041    2.962    2.270    1.718    1.898
      S  1.161     .521     .977     .216     .291     .608     .589     .619     .271     .992     .961     .831
  RATIO   2.62     6.05     1.11    12.14     2.73     3.30     3.51     3.30    10.95     2.29     1.79     2.28
```

Se un mese presenta un rapporto I_t/S_t molto diverso dagli altri mesi bisogna controllare se tale diversità sia da attribuirsi alla componente irregolare o alla componente stagionale. Se il rapporto I_t/S_t è alto perché la componente irregolare è alta per quel mese, bisogna tentare di ridurre il livello del rumore nella serie (ad esempio sostituendo i valori anomali con aggiustamenti a priori temporanei). Se il rapporto I_t/S_t è basso perché è alta la componente stagionale, la destagionalizzazione può essere migliorata applicando una media mobile più corta per quel mese.

Nella serie delle esportazioni, maggio e settembre presentano valori elevati del rapporto I/S a causa dei valori bassi della componente stagionale indicando un minore effetto della stagionalità in questi mesi rispetto agli altri. La componente irregolare è abbastanza elevata nei mesi di gennaio e febbraio, che presentano di conseguenza valori piuttosto elevati del rapporto I_t/S_t rispetto agli altri mesi.

Se la destagionalizzazione dovesse risultare non accettabile, allora si deve cercare di ridurre la componente irregolare introducendo aggiustamenti a priori per questi mesi.

Inoltre, un fenomeno comune a tutte le serie italiane consiste nel fatto che molte attività economiche rallentano in agosto. Si ottiene così un valore basso per il rapporto I_t/S_t relativo a quel mese, valore che indica la necessità di applicare una media mobile diversa per il mese di agosto. Solitamente una media mobile più corta di quella che si utilizza per l'insieme degli altri mesi.

La **tabella D10** contiene i fattori o coefficienti stagionali.

```
D10    FINAL  SEASONAL FACTORS
       3X5      MOVING AVERAGE SELECTED AND I/S RATIO IS   3.19

YEAR     JAN     FEB     MAR     APR     MAY     JUN     JUL     AUG     SEP     OCT     NOV     DEC      AVGE

1986    82.65   95.92   99.41  101.17   99.47  108.20  119.21   69.16   99.20  113.92  104.04  107.36    99.98
1987    82.54   95.86   99.40  101.21   99.71  108.59  118.97   68.80   99.28  113.50  103.33  107.80    99.95
1988    83.83   93.84   99.46  101.19  100.06  109.08  118.62   68.24   99.30  112.62  102.10  108.70    99.91
1989    84.90   95.90   99.91  101.26  100.51  109.29  117.98   67.77   98.90  111.63  100.50  109.81    99.86
1990    86.25   96.54  100.82  101.36  100.89  108.84  117.32   67.12   98.75  110.39   98.94  110.95    99.85
1991    87.59   97.35  102.46  101.22  101.22  107.83  116.20   66.75   98.88  108.99   97.84  112.08    99.87
1992    88.40   98.45  104.43  100.87  101.34  106.46  115.05   66.55   99.47  107.57   97.50  112.91    99.92
1993    88.87   98.98  106.24  100.54  101.49  105.28  114.04   66.64   99.96  106.39   97.72  113.34    99.96
1994    88.76   99.40  107.48  100.48  101.60  104.40  113.36   66.63  100.51  105.65   98.11  113.40    99.98
AVGE    86.01   97.14  102.18  101.03  100.70  107.55  116.75   67.52   99.36  110.07  100.01  110.71

         TABLE TOTAL-    10791.21        MEAN-    99.92       STD. DEVIATION-    12.46

D10A  SEASONAL FACTORS  12 MONTHS   AHEAD

YEAR     JAN     FEB     MAR     APR     MAY     JUN     JUL     AUG     SEP     OCT     NOV     DEC      AVGE

1995    88.74   99.42  108.10  100.50  101.71  103.98  113.00   66.60  100.98  105.14   98.35  113.56   100.01
```

I coefficienti stagionali insieme ai coefficienti per le variazioni dovute ai giorni lavorativi e alle feste mobili (Pasqua), se presenti, sono applicati alla serie originale per eliminare gli effetti di cui sono misura e per produrre la serie destagionalizzata.

La prima cosa da controllare è la media mobile che è stata applicata.

La scelta automatica della media mobile si basa sul rapporto globale I/S, ottenuto come sintesi dei rapporti I_t/S_t relativi a ciascun mese. Tanto più elevato è il rapporto I/S tanto più lunga è la media mobile da applicare (e viceversa).

Nell'esempio sulla base del rapporto I/S=3.19 è stata scelta la media mobile 3x5. Tale media mobile è la più comunemente utilizzata.

I mesi in cui i fattori stagionali sono più alti sono luglio, ottobre e dicembre. I mesi che presentano i pesi più bassi sono gennaio e agosto.

Queste osservazioni riflettono l'andamento atteso delle esportazioni nei diversi anni. Se l'andamento riscontrato non riflettesse quello atteso significherebbe che ci sono valori estremi che influenzano i dati e che la serie non è sufficientemente omogenea per fornire il comportamento stagionale atteso.

La **tabella D10A** fornisce i fattori stagionali previsti per l'anno seguente. Si noti che quando la stagionalità è molto regolare, questi fattori possono essere utilizzati invece di applicare nuovamente l'intera procedura ogni volta che una nuova osservazione si rende disponibile.

La **tabella D11** contiene la serie destagionalizzata costituita dalla tendenza ciclo e dalla componente irregolare.

```
D11  SERIES FINALLY ADJUSTED FOR SEASONALITY AND WHEN APPLICABLE FOR TRADING-DAY AND EASTER EFFECTS

 YEAR      JAN      FEB      MAR      APR      MAY      JUN      JUL      AUG      SEP      OCT      NOV      DEC        TOTAL

 1986   12935.1  13529.8  12867.7  12311.2  11855.1  11470.0  11241.4  13969.9  11376.4  11949.9  11727.8  11280.5    146514.7

 1987   12189.2  11102.1  13794.4  11791.9  12013.9  10643.4  12776.0  14485.6  13208.4  12626.7  13199.0  13190.9    151021.5

 1988   11789.6  12469.8  13048.9  13659.8  14780.1  13665.4  13984.0  14594.3  13903.1  14614.2  14983.0  14570.8    166071.0

 1989   14595.2  15485.0  15469.3  16059.6  16216.3  16576.9  16573.2  15911.5  16718.6  16756.3  16598.1  16276.3    193233.3

 1990   16911.6  16308.2  16520.0  16652.4  16867.3  17869.1  16698.9  16937.2  17358.5  16956.8  16876.7  17915.3    203072.0

 1991   17253.0  18059.6  17071.8  16852.7  16798.5  18668.9  17020.2  17346.3  17252.8  17989.1  17574.4  17880.4    209766.9

 1992   18389.5  17673.3  17746.5  17807.6  17957.6  18038.7  18427.8  18357.5  17930.6  20036.5  18872.8  17695.1    218933.4

 1993   20337.8  20570.4  21131.9  22258.7  21952.5  21207.4  22797.2  19998.5  23502.3  23193.2  23791.2  24213.6    264954.7

 1994   22317.9  24432.2  25226.2  23909.5  24885.1  25235.3  24415.6  27871.0  26929.0  26149.8  27434.1  27421.3    306227.0

 AVGE   16302.1  16625.5  16986.3  16811.5  17036.3  17041.7  17103.8  17719.1  17575.2  17808.0  17895.2  17828.0

            TABLE TOTAL-   1860595.0        MEAN-  17227.7        STD. DEVIATION-   4235.9

                         TEST FOR THE PRESENCE OF RESIDUAL SEASONALITY

         NO EVIDENCE OF RESIDUAL SEASONALITY IN THE ENTIRE SERIES AT THE 1 PER CENT LEVEL.  F =       .47

         NO EVIDENCE OF RESIDUAL SEASONALITY IN THE LAST 3 YEARS AT THE 1 PER CENT LEVEL.   F =       .44

         NO EVIDENCE OF RESIDUAL SEASONALITY IN THE LAST 3 YEARS AT THE 5 PER CENT LEVEL.
```

Tanto più basso è il livello del rumore nella serie, tanto più liscia risulterà la serie destagionalizzata.

In fondo alla tabella sono stampati i risultati dei test per controllare l'ipotesi di assenza di stagionalità residua nell'intera serie e negli ultimi tre anni. I valori delle statistiche test F (0.47 e 0.44, rispettivamente) sono non significativi, quindi non c'è evidenza di stagionalità residua.

Se si impone il vincolo che i totali annui della serie destagionalizzata coincidano con i totali annui della serie originale, la serie destagionalizzata che soddisfa tale vincolo è stampata nella tabella **D11A**. I totali possono essere differenti in presenza di stagionalità mobile o di un alto livello della componente irregolare perché in questi casi la componente stagionale non si cancella nell'anno.

Dato che non abbiamo richiesto l'uguaglianza tra i totali annui della serie originale (tabella A1) e i totali annui della serie destagionalizzata (tabella D11), non mostriamo la tabella D11A.

La **tabella D12** contiene la stima della tendenza ciclo con l'indicazione della media mobile di Henderson scelta, sulla base del rapporto I/C, per produrre tale stima.

Nel nostro esempio, sulla base del rapporto I/C=2.44 il programma ha scelto la media mobile di Henderson a 13 termini. Tale media mobile è la più comunemente utilizzata. Essa ha il vantaggio di individuare velocemente i punti di svolta ma lo svantaggio di produrre un gran numero di punti di svolta falsi. Tale limite è superato dal nuovo metodo sviluppato da Dagum (1996) che può essere facilmente applicato in estensione al processo di destagionalizzazione.

```
D12   FINAL   TREND CYCLE - HENDERSON CURVE
              13-TERM MOVING AVERAGE SELECTED  I/C RATIO IS  2.44

   YEAR     JAN      FEB      MAR      APR      MAY      JUN      JUL      AUG      SEP      OCT      NOV      DEC        TOTAL

   1986  13281.7  13020.4  12707.3  12341.1  11957.6  11638.8  11448.6  11413.1  11495.7  11632.6  11775.5  11883.6     144596.0

   1987  11936.4  11966.1  11974.4  12039.1  12165.9  12340.2  12553.6  12776.3  12940.6  13005.8  12988.4  12951.2     149628.0

   1988  12946.0  12996.7  13130.5  13335.9  13569.3  13814.9  14037.2  14210.6  14352.3  14484.0  14617.3  14771.7     166266.8

   1989  14983.9  15273.6  15612.4  15922.2  16181.7  16360.2  16449.2  16498.2  16533.3  16553.8  16563.9  16553.4     193491.9

   1990  16545.8  16557.8  16601.7  16592.7  16801.7  16886.7  16953.5  17006.6  17068.7  17173.8  17300.6  17394.9     202984.5

   1991  17411.7  17336.4  17209.9  17064.8  16968.1  16978.0  17084.8  17257.5  17468.3  17659.9  17807.4  17893.4     208140.1

   1992  17912.3  17888.7  17879.9  17898.8  17955.3  18033.7  18130.2  18248.1  18413.3  18665.2  19040.7  19559.4     219625.5

   1993  20147.4  20722.0  21204.6  21595.2  21918.6  22194.9  22479.1  22792.9  23118.7  23472.9  23805.1  24063.4     267514.7

   1994  24272.1  24436.9  24535.4  24642.4  24795.6  25048.5  25420.1  25853.6  26284.7  26671.1  27003.0  27321.9     306285.5

   AVGE  16804.1  16868.3  16761.8  16836.9  16923.7  17032.9  17172.9  17339.6  17519.5  17702.1  17878.0  18043.7

          TABLE TOTAL-   1858533.0        MEAN-  17208.6        STD. DEVIATION-   4241.2
```

La **tabella D13** contiene la componente irregolare.

```
D13   FINAL   IRREGULAR SERIES

   YEAR    JAN     FEB     MAR     APR     MAY     JUN     JUL     AUG     SEP     OCT     NOV     DEC      S.D.

   1986    97.4   103.9   101.3    99.8    99.1    98.5    98.2   122.4    99.0   102.7    99.6    94.9     6.7

   1987   102.1    92.9   115.2    97.9    98.8    86.3   101.8   113.4   102.1    97.1   101.6   101.9     7.5

   1988    91.1    95.9    99.4   102.4   108.9    98.9    99.6   102.7    96.9   100.9   102.5    98.7     4.2

   1989    97.4   101.3    99.1   100.9   100.2   101.3   100.8    96.4   101.1   101.2   100.2    98.3     1.6

   1990   102.2    98.5    99.5    99.8   100.4   105.8    98.5    99.6   101.7    98.7    97.5   103.0     2.3

   1991    99.1   104.2    99.2    98.8    99.0   110.0    99.6   100.5    98.8   101.9    98.7    99.9     3.2

   1992   102.7    98.8    99.3    99.5   100.0   100.0   101.6   100.6    97.4   107.3    99.1    90.5     3.7

   1993   100.9    99.3    99.7   103.1   100.2    95.6   101.4    87.7   101.7    98.8    99.9   100.6     3.8

   1994    91.9   100.0   102.8    97.0   100.4   100.7    96.0   107.8   102.5    98.0   101.6   100.4     3.8

   S.D.     4.1     3.4     4.9     1.9     2.9     6.2     1.8     9.5     2.0     2.9     1.5     3.6

          TABLE TOTAL-   10823.6        MEAN-   100.2        STD. DEVIATION-    4.5
```

L'ultima riga e l'ultima colonna della tabella contengono le deviazioni standard relative a ciascun mese e a ciascun anno, rispettivamente.

Le deviazioni standard danno indicazioni sul livello del rumore nella serie (più sono alte più c'è rumore) e evidenziano quali mesi hanno un più alto livello della componente irregolare (e quindi necessitano di un trattamento speciale).

La deviazione standard relativa all'anno 1987 è superiore alle altre. Per quanto riguarda i mesi, giugno e agosto presentano valori particolarmente elevati della deviazione standard rispetto agli altri. Questo può significare che ci sia in questi mesi un più alto livello del rumore o che ci siano dati anomali che influenzano il valore della deviazione standard. La tabella C17 permette di capire dove cadono i valori anomali e la tabella E3 mostra le deviazioni standard della componente irregolare dopo l'esclusione dei valori anomali.

La **tabella D16** contiene la componente stagionale ottenuta combinando gli effetti stagionali, l'effetto giorni lavorativi (se presente) e l'effetto Pasqua (se presente). La **tabella D16A** mostra le previsioni relative a questa combinazione di componenti per l'anno seguente.

```
D16  COMBINED SEASONAL, TRADING DAY ( IF PRESENT ), AND EASTER ( IF PRESENT ) FACTORS

 YEAR     JAN      FEB      MAR      APR      MAY      JUN      JUL      AUG      SEP      OCT      NOV      DEC       AVGE

 1986    83.61    95.07    96.66   102.93    98.91   106.95   121.27    67.46   101.58   115.25   100.30   109.94     99.99
 1987    82.48    95.01    99.87   101.35    97.26   111.20   120.35    66.90   101.01   112.86   102.13   109.66    100.01
 1988    81.63    99.15   101.20   100.56   100.53   109.23   115.71    69.88   100.40   109.51   103.87   108.09     99.98
 1989    85.31    95.05   101.07    97.62   102.93   110.51   114.73    68.94    98.27   112.16   100.64   107.11     99.53
 1990    88.33    95.68   100.25   100.18   102.64   108.15   117.88    67.50    95.20   113.05   100.04   107.89     99.77
 1991    89.11    98.49    99.94   103.64   102.40   103.95   118.99    66.38    97.73   110.88    97.22   112.61     99.95
 1992    89.43    99.29   104.92   101.01    98.85   109.01   116.39    64.71   101.20   106.96    96.37   114.87    100.25
 1993    86.69    98.10   108.79   101.65    98.69   107.11   113.40    66.96   100.09   103.78   100.06   114.66    100.00
 1994    86.31    98.52   109.34    99.85   102.08   104.54   110.58    68.24   101.63   102.73    99.81   112.77     99.70
 AVGE    85.88    96.93   102.45   100.96   100.48   107.85   116.59    67.49    99.68   109.69   100.05   110.84

          TABLE TOTAL-    10790.09       MEAN-    99.91       STD. DEVIATION-    12.60

D16A  COMBINED SEASONAL, TRADING DAY ( IF PRESENT ), AND EASTER ( IF PRESENT ) FACTORS, 12 MONTHS   AHEAD

 YEAR     JAN      FEB      MAR      APR      MAY      JUN      JUL      AUG      SEP      OCT      NOV      DEC       AVGE

 1995    89.16    98.54   109.36    96.89   104.16   105.13   109.89    67.75   100.35   105.64    98.49   110.77     99.68
```

L'insieme di tabelle E mostra la stima delle componenti quando dai dati originali sono stati eliminati permanentemente i valori anomali a cui si è attribuito un peso pari a zero.

La **tabella E1** contiene la serie originale con i valori anomali (quelli a cui è stato assegnato peso 0 in tabella C17) modificati in forma permanente.

```
E 1. ORIGINAL SERIES MODIFIED FOR EXTREMES WITH ZERO FINAL WEIGHTS

 YEAR    JAN      FEB      MAR      APR      MAY      JUN      JUL      AUG      SEP      OCT      NOV      DEC        TOTAL

 1986  10815.6  12862.6  12438.5  12671.8  11726.1  12267.3  13632.5   7699.3  11555.9  13772.0  11762.6  12402.1   143606.3
 1987  10053.5  11359.4  11959.4  11950.6  11685.3  13721.7  15376.2   8547.2  13341.8  14250.9  13479.9  14465.2   150191.1
 1988  10567.9  12364.0  13206.0  13736.0  13641.8  14927.0  16181.0  10199.0  13959.0  16004.0  15563.0  15758.0   166106.7
 1989  12451.0  14719.0  15635.0  15677.0  16692.0  18319.0  19014.0  10969.0  16427.0  18794.0  16704.0  17434.0   192835.0
 1990  14938.0  15604.0  16562.0  16683.0  17312.0  19326.0  19684.0  11500.0  16525.0  19169.0  16883.0  19329.0   203515.0
 1991  15374.0  17424.0  17062.0  17467.0  17201.0  17648.3  20253.0  11514.0  16862.0  19946.0  17086.0  20135.0   207972.3
 1992  16446.0  17548.0  18620.0  17988.0  17751.0  19664.0  21448.0  11880.0  18145.0  21432.0  18187.0  22467.5   221576.5
 1993  17630.0  20190.0  22990.0  22627.0  21665.0  22716.0  25852.0  15262.1  23524.0  24070.0  23806.0  27763.0   268085.1
 1994  20949.8  24071.0  27583.0  23874.0  25403.0  26382.0  26999.0  17641.4  27367.0  26865.0  27383.0  30922.0   305440.2
 AVGE  14358.4  16236.9  17339.5  16963.8  17008.6  18330.1  19826.6  11490.2  17523.0  19367.0  17872.7  20075.1

         TABLE TOTAL-    1859328.0       MEAN-   17216.0       STD. DEVIATION-    4851.3
```

La **tabella E2** contiene la serie destagionalizzata in cui sono stati modificati i valori a cui corrispondono pesi nulli (valori identificati come completamente anomali in tabella C17).

```
E 2.  FINAL SEASONALLY ADJUSTED SERIES MODIFIED FOR EXTREMES WITH ZERO WEIGHTS

 YEAR    JAN      FEB      MAR      APR      MAY      JUN      JUL      AUG      SEP      OCT      NOV      DEC        TOTAL

 1986  12935.1  13529.8  12867.7  12311.2  11855.1  11470.0  11241.4  11413.1  11375.4  11949.9  11727.8  11280.5   143957.8
 1987  12189.2  11956.1  11974.4  11791.9  12013.9  12340.2  12776.0  12776.3  13208.4  12626.7  13199.0  13190.9   150042.9
 1988  12946.0  12469.8  13048.9  13659.8  13569.3  13665.4  13984.0  14594.3  13903.1  14614.2  14983.0  14578.8   166016.6
```

	JAN	FEB	MAR	APR	MAY	JUN	JUL	AUG	SEP	OCT	NOV	DEC	
1989	14595.2	15485.0	15469.3	16059.6	16216.3	16576.9	16573.2	15911.5	16715.6	16756.3	16598.1	16276.3	193233.3
1990	16911.6	16308.2	16520.0	16652.4	16867.3	17869.1	16698.9	16937.2	17358.5	16956.8	16876.7	17915.3	203872.0
1991	17253.0	18058.5	17071.8	16852.7	16798.5	16978.0	17020.2	17346.3	17252.8	17989.1	17574.4	17880.4	208076.0
1992	18389.5	17673.3	17746.5	17807.6	17957.6	18038.7	18427.8	18357.5	17930.6	20036.5	18872.8	19559.4	220797.9
1993	20337.8	20570.4	21131.9	22258.7	21952.5	21207.4	22797.2	22792.9	23502.3	23193.2	23791.2	24213.6	267749.1
1994	24272.1	24432.2	25226.2	23909.5	24885.1	25235.3	24415.6	25853.6	26929.0	26149.8	27434.1	27421.3	306163.9
AVGE	16647.7	16720.4	16784.1	16811.5	16901.7	17042.3	17103.8	17331.4	17575.2	17808.0	17895.2	18035.2	

TABLE TOTAL- 1859909.0   MEAN- 17221.4   STD. DEVIATION- 4268.1

La **tabella E3** contiene la componente irregolare modificata. Ai valori anomali è stato sostituito il valore 100.

E 3   MODIFIED IRREGULAR SERIES

YEAR	JAN	FEB	MAR	APR	MAY	JUN	JUL	AUG	SEP	OCT	NOV	DEC	S.D
1986	97.4	103.9	101.3	99.8	99.1	98.5	98.2	100.0	99.0	102.7	99.6	94.9	2.3
1987	102.1	100.0	100.0	97.9	98.8	100.0	101.8	100.0	102.1	97.1	101.6	101.9	1.6
1988	100.0	95.9	99.4	102.4	100.0	98.9	99.6	102.7	96.9	100.9	102.5	98.7	2.0
1989	97.4	101.3	99.1	100.9	100.2	101.3	100.8	96.4	101.1	101.2	100.2	98.3	1.6
1990	101.2	98.3	99.5	99.9	100.4	105.8	98.5	99.6	101.7	98.7	97.5	103.0	2.3
1991	99.1	104.2	99.2	98.8	99.0	100.0	99.6	100.5	98.8	101.9	98.7	99.9	1.5
1992	102.7	98.8	99.3	99.5	100.0	100.0	101.6	100.6	97.4	107.3	99.1	100.0	2.4
1993	100.9	99.3	99.7	103.1	100.2	95.6	101.4	100.0	101.7	98.8	99.9	100.5	1.8
1994	100.0	100.0	102.8	97.0	100.4	100.7	96.0	100.0	102.5	98.0	101.6	100.4	1.9
S.D.	1.9	2.5	1.2	1.9	.6	2.6	1.8	1.5	2.0	2.9	1.5	2.2	

TABLE TOTAL- 10805.6   MEAN- 100.1   STD. DEVIATION- 2.0

La **tabella E4** contiene i rapporti tra i totali annui della serie originale e della serie destagionalizzata.

E 4. RATIOS   OF ANNUAL TOTALS, ORIGINAL AND ADJUSTED SERIES

YEAR	UNMODIFIED	MODIFIED
1986	99.19	99.76
1987	99.62	100.10
1988	100.19	100.05
1989	99.79	99.79
1990	99.82	99.82
1991	99.98	99.95
1992	100.23	100.35
1993	100.48	100.13
1994	99.64	99.76

Nella prima colonna ci sono i rapporti tra i totali annui della tabella A1 e quelli della tabella D11. Nella seconda colonna ci sono i rapporti tra i totali annui delle serie modificate per i valori anomali, cioè i totali annui della tabella E1 divisi per i totali annui della tabella E2. Più vicini a 100 sono questi rapporti, più la stagionalità è stabile, nel senso che si cancella nell'anno.

La **tabella E5** contiene le variazioni mensili della serie originale che possono essere utilizzate come uno strumento per valutare l'andamento della stagionalità e la sua stabilità.

```
E 5.   MONTH-TO-  MONTH CHANGES IN THE ORIGINAL SERIES
```

YEAR	JAN	FEB	MAR	APR	MAY	JUN	JUL	AUG	SEP	OCT	NOV	DEC	AVGE
1986	**********	18.9	-3.3	1.9	-7.5	4.6	11.1	-30.9	22.6	19.2	-14.6	5.4	2.5
1987	-18.9	4.9	30.6	-13.3	-2.2	1.3	29.9	-37.0	37.7	6.8	-5.4	7.3	3.5
1988	-33.5	28.5	6.6	4.0	8.2	.5	8.4	-37.0	36.9	14.7	-2.8	1.3	3.0
1989	-21.0	18.2	6.2	.3	6.5	9.7	3.8	-42.3	49.8	14.4	-11.1	4.4	3.2
1990	-14.3	4.5	6.1	.7	3.8	11.6	1.9	-41.6	43.7	16.0	-11.9	14.5	2.9
1991	-20.5	13.3	-2.1	2.4	-1.5	12.8	4.4	-43.1	46.4	18.3	-14.3	17.8	2.8
1992	-18.3	6.7	6.1	-3.4	-1.3	10.8	9.1	-44.6	52.7	18.1	-15.1	11.8	2.7
1993	-13.3	14.5	13.9	-1.6	-4.3	4.9	13.8	-48.2	75.7	2.3	-1.1	16.6	6.1
1994	-30.6	25.0	14.6	-13.4	6.4	3.9	2.3	-29.6	43.5	-1.8	1.9	12.9	3.0
AVGE	-21.3	14.9	8.8	-2.5	.9	6.7	9.4	-39.4	45.5	12.0	-8.3	10.2	

```
       TABLE TOTAL-      354.1        MEAN-      3.3      STD. DEVIATION-     21.2
```

Nel nostro esempio tutti i mesi tranne marzo e aprile mostrano un comportamento stagionale stabile, in quanto il segno delle variazioni rispetto al mese precedente rimane sempre lo stesso nel corso degli anni.

Il segno (positivo o negativo) mostra la presenza di stagionalità mentre l'entità delle variazioni mostra la stabilità del comportamento stagionale. Si possono inoltre identificare facilmente gli outlier, per esempio, nel luglio 1987 si osserva un valore molto alto relativamente a quello dello stesso mese negli anni successivi, mentre il valore di giugno 1988 è molto più basso dei valori relativi allo stesso mese negli altri anni.

La **tabella E6** mostra le variazioni mensili della serie destagionalizzata e dà indicazioni sulla bontà della destagionalizzazione.

```
E 6.   MONTH-TO-  MONTH CHANGES IN THE FINAL SEASONALLY ADJUSTED SERIES (D11. )
```

YEAR	JAN	FEB	MAR	APR	MAY	JUN	JUL	AUG	SEP	OCT	NOV	DEC	AVGE
1986	**********	4.6	-4.9	-4.3	-3.7	-3.2	-2.0	24.3	-18.6	5.0	-1.9	-3.8	-.8
1987	8.1	-8.9	24.3	-14.5	1.9	-11.4	20.0	13.4	-8.8	-4.4	4.5	-.1	2.0
1988	-10.5	5.8	4.6	4.7	8.2	-7.5	2.3	4.4	-4.7	5.1	2.5	-2.7	1.0
1989	.1	6.1	-.1	3.8	1.0	2.2	.0	-4.0	5.1	2	-.9	-1.9	1.0
1990	3.9	-3.6	1.3	.8	1.3	5.9	-6.5	1.4	2.5	-2.3	-.5	6.2	.9
1991	-3.7	4.7	-5.5	-1.3	-.3	11.1	-8.8	1.9	-.5	4.3	-2.3	1.7	.1
1992	2.8	-3.5	.4	.3	.8	.5	2.2	-.4	-2.3	11.7	-5.8	-6.2	.0
1993	14.9	1.1	2.7	5.3	-1.4	-3.4	7.5	-12.3	17.5	-1.3	2.6	1.8	2.9
1994	-7.8	9.5	3.2	-5.2	4.1	1.4	-3.2	14.2	-3.4	-2.9	4.9	.0	1.3
AVGE	1.0	1.7	2.9	-1.2	1.3	-.5	1.3	4.8	-1.5	1.7	4	-.6	

```
       TABLE TOTAL-      100.7        MEAN-      .9      STD. DEVIATION-     7.0
```

La permanenza del segno nel corso degli anni indica la tendenza-ciclo positiva o negativa. All'interno di ogni mese i segni positivi e negativi si devono distribuire casualmente, altrimenti significa che parte della componente stagionale non è stata rimossa dalla serie.

Nel nostro esempio non c'è permanenza di segno all'interno di ogni mese.

Questo significa che la componente stagionale è stata efficacemente stimata e rimossa dalla serie.

L'insieme delle tabelle F serve a valutare l'output del programma.

La **tabella F1** mostra una serie destagionalizzata "smooth", cioè liscia, mirante a ridurre l'impatto della componente irregolare. Tale serie è ottenuta dal programma applicando una media mobile semplice di lunghezza equivalente al MCD (Months for Cyclical Dominance, mesi per la dominanza ciclica), dato dal numero di mesi necessari affinché la variazione mensile della serie destagionalizzata sia dominata dalla variazione della tendenza-ciclo piuttosto che dalla variazione della componente irregolare. Questa tabella è raramente usata, in quanto in essa non compaiono i valori smooth agli estremi della serie.

```
F 1  MCD MOVING AVERAGE
          MCD IS   5

  YEAR     JAN      FEB      MAR      APR      MAY      JUN      JUL      AUG      SEP      OCT      NOV      DEC        TOTAL

  1986  **********  ********  12699.8  12406.8  11949.1  12169.5  11982.6  12001.5  12053.1  12060 9  11704.7  11649.9    120677.7

  1987  12018 8  12031 6  12178.3  11869.2  12203.9  12342.2  12625.5  12748.0  13259.1  13342 1  12802.9  12655.2    150076.9

  1988  12739 5  12831.8  13149.6  13524.8  13827.6  14136.7  14185.4  14152.2  14415.7  14534 7  14534.9  14851 2    166884.3

  1989  15022 3  15237.6  15565.1  15961.4  16179.1  16267 5  16358.7  16306.7  16510.9  16451 6  16651.6  16570.1    193322.5

  1990  16522 8  16533.7  16651.9  16843.4  16921.5  17005.0  17146.2  17164.1  16965.6  17208 9  17272.1  17412.1    203647.3

  1991  17435.1  17430 3  17206.9  17490.1  17282.4  17337.3  17417.4  17655.5  17435.6  17608.6  17817.2  17901.3    210018.8

  1992  17852.8  17899.5  17914.9  17844.7  17995.6  18117.8  18142.4  18558.2  18725.0  18578.5  18974.5  19502.5    220106.6

  1993  19721 6  20398.8  21250.3  21424.2  21869.6  21642.9  21891.6  22139.7  22656.5  22939.7  23403 6  23589.6    262928.0

  1994  23996.2  24019.9  24154.2  24737.7  24734.3  25263.3  25867.2  26120.1  26559.9  27161.0  ********  ********    252613.9

  AVGE  16913.7  17047.9  16752.3  16900.3  16995.9  17142.5  17295.2  17449.6  17620.3  17765.1  16645.2  16766.5

           TABLE TOTAL-   1780276.0        MEAN-  17118.0        STD. DEVIATION-   3980.0
```

La **tabella F2A** mostra le variazioni medie percentuali in valore assoluto misurate tra i valori separati da 1, 2, …, 12 mesi delle tabelle B1, D11,…

```
F 2  SUMMARY MEASURES
    F 2A  AVERAGE  PER CENT CHANGE  WITHOUT REGARD TO SIGN OVER THE INDICATED SPAN
      SPAN
       IN       B1       D11      D13      D12      D10      A4      C18      F 1         E 1      E 2      E 3
     MONTHS      O        CI       I        C        S       P       TD      MCD        MOD.O   MOD.CI   MOD I
        1      15.58    5.02     4.79     1.02    14.84     .00     2.67     1 78        15.67    2.80     2.51
        2      17.15    5.31     4.52     2.03    16.25     .00     2.42     2 14        17.11    3.33     2.36
        3      16.35    5.47     4.29     2.99    15.25     .00     1.47     2.91        15 93    3.79     2.04
        4      17 56    6.24     4 43     3.90    16.58     .00     2.64     3 68        17 54    4.71     2.21
        5      14 64    6.57     4.13     4.78    12.68     .00     2.08     4 43        14 79    5.41     2.25
        6      15.81    7.03     4.04     5.62    14 37     .00     1.73     5 16        17 00    6.03     2.00
        7      16 07    7.54     4.21     6.40    12.61     .00     2.62     5 99        16 42    6 87     2.26
        8      18 49    8 49     3.87     7.19    15.52     .00     1.92     6 84        18 36    7 51     2 12
        9      18.81    9 02     4.21     7.98    15.19     .00     1.34     7.66        18 52    8 33     2.19
       10      20.82   10 35     4.44     8.83    16.09     .00     2.74     8 58        20.33    9.15     2.16
       11      19.93   10 84     3.74     9.73    16.44     .00     2 02     9.40        19 60   10.05     1 69
       12      10.99   11.15     4.11    10.65      .62     .00     1 84    10 33        11 01   10.97     2 33
```

La prima riga contenente le variazioni medie assolute mensili mostra il livello di smoothing prodotto dalla destagionalizzazione.

La variazione media assoluta mensile (espressa in percentuale) della serie destagionalizzata (colonna CI) dovrebbe essere più piccola di quella della serie sottoposta alla destagionalizzazione (cioè la serie originale mostrata nella colonna O) indicando che la destagionalizzazione ha ridotto la variazione media assoluta mensile della serie originale.

Se i due valori sono simili significa che la destagionalizzazione non ha lisciato la serie.

Nel nostro esempio la variazione nella serie originale è pari al 15.58%. Dopo la destagionalizzazione la variazione si è ridotta al 5.02%.

Quindi la destagionalizzazione ha lisciato la serie, le variazioni mensili della serie originale sono elevate per effetto del comportamento stagionale e non della tendenza, quindi eliminando la componente stagionale si può evidenziare il comportamento sottostante della serie.

La **tabella F2B** mostra il contributo relativo delle componenti alla varianza della serie.

```
F 2B: RELATIVE CONTRIBUTIONS TO THE VARIANCE OF THE PER CENT CHANGE   IN THE COMPONENTS OF
THE ORIGINAL SERIES
        SPAN
         IN    D13     D12     D10     A4      C18            RATIO
       MONTHS   I       C       S      P      TD     TOTAL   (X100)
          1    9.11     .42    87.63    .00    2.84   100.00  103.51
          2    6.93    1.40    89.69    .00    1.99   100.00  100.06
          3    7.02    3.41    88.75    .00     .82   100.00   97.96
          4    6.20    4.81    86.78    .00    2.20   100.00  102.77
          5    8.29   11.16    78.44    .00    2.11   100.00   95.78
          6    6.33   12.26    80.23    .00    1.17   100.00   91.04
          7    7.73   17.86    71.41    .00    3.00   100.00   88.94
          8    4.82   16.59    77.41    .00    1.19   100.00   91.06
          9    5.65   20.29    73.48    .00     .57   100.00   88.74
         10    5.42   21.40    71.11    .00    2.07   100.00   84.04
         11    3.65   24.72    70.56    .00    1.07   100.00   96.42
         12   12.59   84.60     .28     .00    2.53   100.00  110.98
```

Il calcolo di tali contributi relativi è approssimato in quanto si basa sull'assunzione di indipendenza fra le componenti. I rapporti mostrati nell'ultima colonna danno un'indicazione della bontà di questa assunzione. I rapporti sono calcolati come:

$$\overline{O}_t^{'2} \Big/ \overline{O}_t^{2}$$

dove $\overline{O}_t^{2}$ è la varianza della serie originale, e

$$\overline{O}_t^{'2} = \overline{I}_t^{2} + \overline{C}_t^{2} + \overline{S}_t^{2} + \overline{P}_t^{2} + \overline{TD}_t^{2}$$

è la somma delle varianze della componente irregolare ($\overline{I}_t^{2}$), della componente tendenza-ciclo ($\overline{C}_t^{2}$), della componente stagionale ($\overline{S}_t^{2}$), dei fattori a priori ($\overline{P}_t^{2}$) e della componente giorni lavorativi ($\overline{TD}_t^{2}$).

Tanto più elevato è il contributo della colonna I cioè della componente irregolare, tanto più la variazione percentuale è dovuta al rumore. Il contributo della componente stagionale S alle variazioni nell'arco di 3 mesi deve essere maggiore rispetto a quello della componente irregolare per garantire una buona identificazione e stima della stagionalità. Nel nostro esempio la componente stagionale contribuisce per l'88.75% alle variazioni a 3 mesi della serie originale mentre la componente irregolare contribuisce per il 7.02% indicando che l'impatto della stagionalità è molto più forte di quello del rumore.

Quindi la destagionalizzazione può essere giudicata buona, in quanto la maggior parte delle variazioni mensili a 3 mesi è spiegata dalla componente stagionale.

La **tabella F2C** mostra le medie e le deviazioni standard delle variazioni percentuali di ogni componente per ogni intervallo (*span*) temporale.

```
F 2C   AVERAGE, PER CENT CHANGE  WITH REGARD TO SIGN AND STANDARD DEVIATION OVER INDICATED SPAN
       SPAN         B1               D13                D12                D10               D11                 F1
        IN           O                I                  C                  S                 CI                 MCD
       MONTHS   AVGE    S.D.     AVGE    S.D.      AVGE    S.D.      AVGE    S.D.      AVGE    S.D.      AVGE    S.D.
          1     3.31    21.18     .26    6.85      .68     1.07      2.56    20.50      .94    8.99      .75     1.45
          2     4.37    24.39     .23    5.78     1.40     2.09      2.84    23.52     1.63    7.23     1.53     2.22
          3     4.59    21.10     .20    6.65     2.16     3.01      2.33    20.07     2.35    7.42     2.35     2.81
          4     5.84    24.66     .22    6.61     2.95     3.80      2.80    23.55     3.17    7.75     3.16     3.40
          5     5.52    18.89     .26    5.97     3.78     4.45      1.47    16.89     4.03    7.41     3.99     3.91
          6     6.94    22.68     .26    6.30     4.63     4.96      2.06    20.58     4.87    7.92     4.81     4.28
          7     7.32    21.92     .27    6.23     5.51     5.36      1.44    18.53     5.75    7.91     5.66     4.69
          8     8.92    23.18     .05    5.75     6.40     5.73      2.42    20.57     6.45    8.31     6.51     5.12
          9     9.70    23.60     .04    5.92     7.31     6.12      2.26    20.41     7.34    8.67     7.40     5.51
         10    11.26    26.79     .11    6.79     8.23     6.54      2.69    22.69     8.34    9.74     8.33     5.94
         11    12.12    28.43     .05    6.04     9.16     6.99      2.80    25.12     9.20    9.46     9.23     6.35
         12    10.08     9.79     .00    5.80    10.10     7.45      .01      .78     10.08    9.62    10.15     6.78
```

La **tabella F2D** mostra la durata media del run (ADR, Average Duration of Run), dove per run si intende il numero di cambiamenti mensili consecutivi nella stessa direzione. In una serie puramente casuale l'ADR è uguale a 1.55.

```
F 2D: AVERAGE DURATION OF RUN,       CI      I       C       MCD
                                    1.62    1.53   10.70    3.03
```

La **tabella F2E** mostra il numero di mesi necessari affinché la variazione mensile della serie destagionalizzata sia dominata dalla variazione della tendenza piuttosto che dalla variazione della componente irregolare.

```
F 2E: I/C RATIO FOR ,   MONTHS SPAN
                          1       2       3       4       5       6       7       8       9
  10      11      12
                         4.67    2.23    1.43    1.14     .86     .72     .66     .54
 .53     .50     .38     .39

       MONTHS FOR CYCLICAL DOMINANCE:        5
```

Se tale numero di mesi, indicato con MCD (Months for Cyclical Dominance, mesi per la dominanza ciclica), è pari a 3, significa che le variazioni mensili a 3 mesi della serie destagionalizzata sono da attribuirsi alla tendenza ciclo e non alla componente irregolare della serie.

L'MCD è, cioè, il numero di mesi necessari affinché il rapporto $\bar{I}_t/\bar{C}_t$ sia inferiore a 1, dove il rapporto è calcolato come:

$$\bar{I}_t/\bar{C}_t = \frac{\sum\left|\dfrac{I_t}{I_{t-k}}\right|}{\sum\left|\dfrac{C_t}{C_{t-k}}\right|} \quad \text{per } k=1,2,\dots,12$$

Il numero di mesi per la dominanza ciclica dovrebbe essere inferiore o uguale a 3. Se è più alto, può significare che:
- c'è troppo rumore nella serie (in questo caso si può provare a sostituire i valori anomali con aggiustamenti a priori temporanei usando i pesi della tabella C17);
- oppure la tendenza è piatta (in questo caso non ci sono rimedi)

Nel nostro esempio l'MCD è 5, ma come è indicato nella tabella F2E il rapporto I/C è vicino a 1 per un intervallo di 4 mesi, ciò significa che è accettabile anche un MCD pari a 4. La componente irregolare è piuttosto forte.

La **tabella F2F** stampa il contributo relativo delle componenti alla varianza della serie originale, una volta rimosso un trend lineare.

```
F 2F: RELATIVE CONTRIBUTION OF THE COMPONENTS TO THE STATIONARY PORTION OF THE VARIANCE IN
THE ORIGINAL SERIES
              I       C       S       P      TD    TOTAL
            8.80    13.64   86.91     .00    1.47  110.83
```

La **tabella F2G** stampa le autocorrelazioni della componente irregolare finale (valori estremi inclusi) ai lag 1, 2, ..., 14. Si auspica che i coefficienti di autocorrelazione siano bassi nei primi lag e nei lag stagionali. In particolare autocorrelazioni positive a questi lag indicano che i filtri scelti hanno lasciato variazioni legate alla tendenza ciclo e/o alla stagionalità nella componente irregolare.

```
F 2G: THE AUTOCORRELATION OF THE IRREGULARS FOR SPANS 1 TO 14
         1      2      3      4      5      6      7      8      9     10     11     12     13     14
       -.16   -.11   -.11   -.08    .11    .00    .10    .07    .05   -.31    .04    .12    .11    .01
```

La **tabella F2H** riassume i valori dei rapporti I/C (tabella D12) e I/S (tabella D10). Sul primo è basata la scelta della media mobile di Henderson per la stima della tendenza ciclo. Sul secondo è basata la scelta della media mobile stagionale per la stima finale della stagionalità.

```
F 2H: THE FINAL I/C RATIO FROM TABLE D12:      2.44
          THE FINAL I/S RATIO FROM TABLE D10:      3.19
```

La **tabella F2I** riassume i risultati dei test per la stagionalità, per i giorni lavorativi e per la Pasqua riportando i valori delle statistiche test e i corrispondenti livelli di probabilità.

```
F 2I:,                                                             STATISTIC PROBABILITY
                                                                             LEVEL
       F-TEST FOR STABLE SEASONALITY FROM TABLE B 1.               :   49.493    .00%
       F-TEST FOR THE TRADING DAY REGRESSION IN TABLE C15.         :    3.545    .01%
       F-TEST FOR STABLE SEASONALITY FROM TABLE D 8.               :   59.929    .00%
       KRUSKAL-WALLIS CHI SQUARED TEST FOR STABLE SEASONALITY FROM TABLE D 8. :   84.141    .00%
       F-TEST FOR MOVING SEASONALITY FROM TABLE D 8.               :     .834   57.51%
       F-TEST FOR EASTER VARIATION FROM TABLE A10.                 :     .563   47.77%
```

Le ipotesi nulle per la stagionalità stabile e per l'effetto giorni lavorativi sono che tali variazioni non siano presenti. Si vuole un livello di significatività basso in modo che i test risultino significativi. L'ipotesi nulla per la stagionalità mobile è che la stagionalità mobile non sia presente. Si vuole un livello di significatività alto in modo che il test risulti non significativo.

La **tabella F3** mostra le statistiche di monitoraggio e di controllo della qualità del metodo di scomposizione. Ogni misura può prendere valori tra 0 e 3. La regione di accettabilità è definita dai valori tra 0 e 1.

```
F 3  MONITORING AND QUALITY ASSESSMENT STATISTICS

     ALL THE MEASURES BELOW ARE IN THE RANGE FROM 0 TO 3 WITH AN ACCEPTANCE REGION FROM 0 TO 1

  1. THE RELATIVE CONTRIBUTION OF THE IRREGULAR OVERTHREE MONTHS SPAN (FROM TABLE F 2.B).       M1  =   .702

  2. THE RELATIVE CONTRIBUTION OF THE IRREGULAR COMPONENT TO THE STATIONARY PORTION OF          M2  =   .880
     THE VARIANCE (FROM TABLE F 2.F).

  3. THE AMOUNT OF   MONTH TO   MONTH CHANGE IN THE IRREGULAR COMPONENT AS COMPARED TO THE      M3  =   .722
     AMOUNT OF   MONTH TO   MONTH CHANGE IN THE TREND-CYCLE (FROM TABLE F2.H).

  4. THE AMOUNT OF AUTOCORRELATION IN THE IRREGULAR AS DESCRIBED BY THE AVERAGE DURATION        M4  =   .149
     OF RUN (TABLE F 2.D).

  5. THE NUMBER OF   MONTHS IT TAKES THE CHANGE IN THE TREND-CYCLE TO SURPASS THE AMOUNT        M5  =   .799
     OF CHANGE IN THE IRREGULAR (FROM TABLE F 2.E).

  6. THE AMOUNT OF YEAR TO YEAR CHANGE IN THE IRREGULAR AS COMPARED TO THE AMOUNT OF YEAR       M6  =   .323
     TO YEAR CHANGE IN THE SEASONAL (FROM TABLE F 2.H).

  7. THE AMOUNT OF MOVING SEASONALITY PRESENT RELATIVE TO THE AMOUNT OF STABLE                  M7  =   .282
     SEASONALITY (FROM TABLE F 2.I).

  8. THE SIZE OF THE FLUCTUATIONS IN THE SEASONAL COMPONENT THROUGHOUT THE WHOLE SERIES.        M8  =   .499

  9. THE AVERAGE LINEAR MOVEMENT IN THE SEASONAL COMPONENT THROUGHOUT THE WHOLE SERIES.         M9  =   .453

 10. SAME AS 8, CALCULATED FOR RECENT YEARS ONLY.                                              M10  =   .668

 11. SAME AS 9, CALCULATED FOR RECENT YEARS ONLY.                                              M11  =   .657

                         *** ACCEPTED *** AT THE LEVEL    .57
```

Le statistiche M1-M6 si riferiscono al livello della componente irregolare nella serie. Se una di queste è maggiore di 1 si può provare a ridurre il livello del rumore ad esempio introducendo aggiustamenti a priori temporanei.

M1>1 se il contributo relativo della componente irregolare alle variazioni mensili misurate a tre mesi è maggiore del 10% (tabella F2B).

M2>1 se il contributo relativo della componente irregolare alla varianza della serie stazionaria è maggiore del 10% (tabella F2F).

M3>1 se $\overline{I}/\overline{C}$ >3 (tabella F2H).

M4 >1 se la durata media del run cade al di fuori dell'intervallo 1.30-1.75. Valori di M4 maggiori di 1 suggeriscono l'impiego di medie mobili più corte (tabella F2D).

M5>1 se MCD>6 (tabella F2E).

M6>1 se $\overline{I}/\overline{S}$ cade al di fuori dell'intervallo 1.5-6.5 (tabella F2H). Valori del rapporto maggiori di 6.5 suggeriscono l'impiego di medie mobili stagionali più lunghe. Valori del rapporto minori di 1.5 suggeriscono l'impiego di medie mobili stagionali più corte.

Le misure M7-M11 sono legate alla componente stagionale.

La statistica M7 si riferisce alla relazione tra la stagionalità stabile e la stagionalità mobile. Se è maggiore di 1, significa che nella serie non c'è stagionalità identificabile e quindi la serie non può essere destagionalizzata.

Le statistiche M8 e M9 si riferiscono alla stabilità della componente stagionale nell'intera serie.

M8>1 se la stagionalità cambia molto rapidamente, cioè più del 10% in media per tutti i mesi per l'intera lunghezza della serie.

M9>1 se la stagionalità evolve in maniera erratica.

Le statistiche M10 e M11 sono equivalenti alle statistiche M8 e M9 ma sono calcolate solo per gli ultimi tre anni. Se sono maggiori di 1 indicano un cambiamento nel comportamento stagionale.

La statistica Q stampata in fondo alla tabella è una misura che riassume le precedenti. E' ottenuta combinando le misure M1, ..., M11 come segue:

$$Q=0.13M1+0.13M2+0.10M3+0.05M4+0.11M5+0.10M6+0.16M7$$
$$+0.07M8+0.07M9+0.04M10+0.04M11$$

Se è inferiore a 1 la destagionalizzazione è giudicata accettabile. Se è maggiore di 1 si deve controllare quali statistiche hanno fallito. Se si tratta di una di quelle legate al livello della componente irregolare, la destagionalizzazione può essere migliorata riducendo il rumore nella serie ad esempio sostituendo i valori anomali attraverso aggiustamenti a priori temporanei.

Se la statistica M7 è maggiore di 1, probabilmente non si può fare nulla per migliorare la destagionalizzazione, perché significa che non c'è stagionalità identificabile.

Tanto più vicina a 0 è la statistica Q migliore è la destagionalizzazione.

L'analisi dei grafici prodotti come output dal programma permette di cogliere immediatamente l'andamento della serie originale, destagionalizzata e della componente tendenza-ciclo.

Il grafico **CHART G1** rappresenta i dati grezzi evidenziando i valori ritenuti anomali che sono stati sostituiti. Si utilizzano i simboli: X per i dati originali (tabella A1), O per i dati che sostituiscono i valori anomali con peso 0 (tabella E1), E per le estrapolazioni *ARIMA*.

Il secondo grafico (**CHART G2**) mostra la serie destagionalizzata insieme alla componente tendenza ciclo della serie.

Dai grafici appare che il processo di destagionalizzazione ha notevolmente «lisciato» la serie (si noti la diversa scala dei due grafici).

La serie destagionalizzata sembra essere un buon indicatore della natura sottostante della serie.

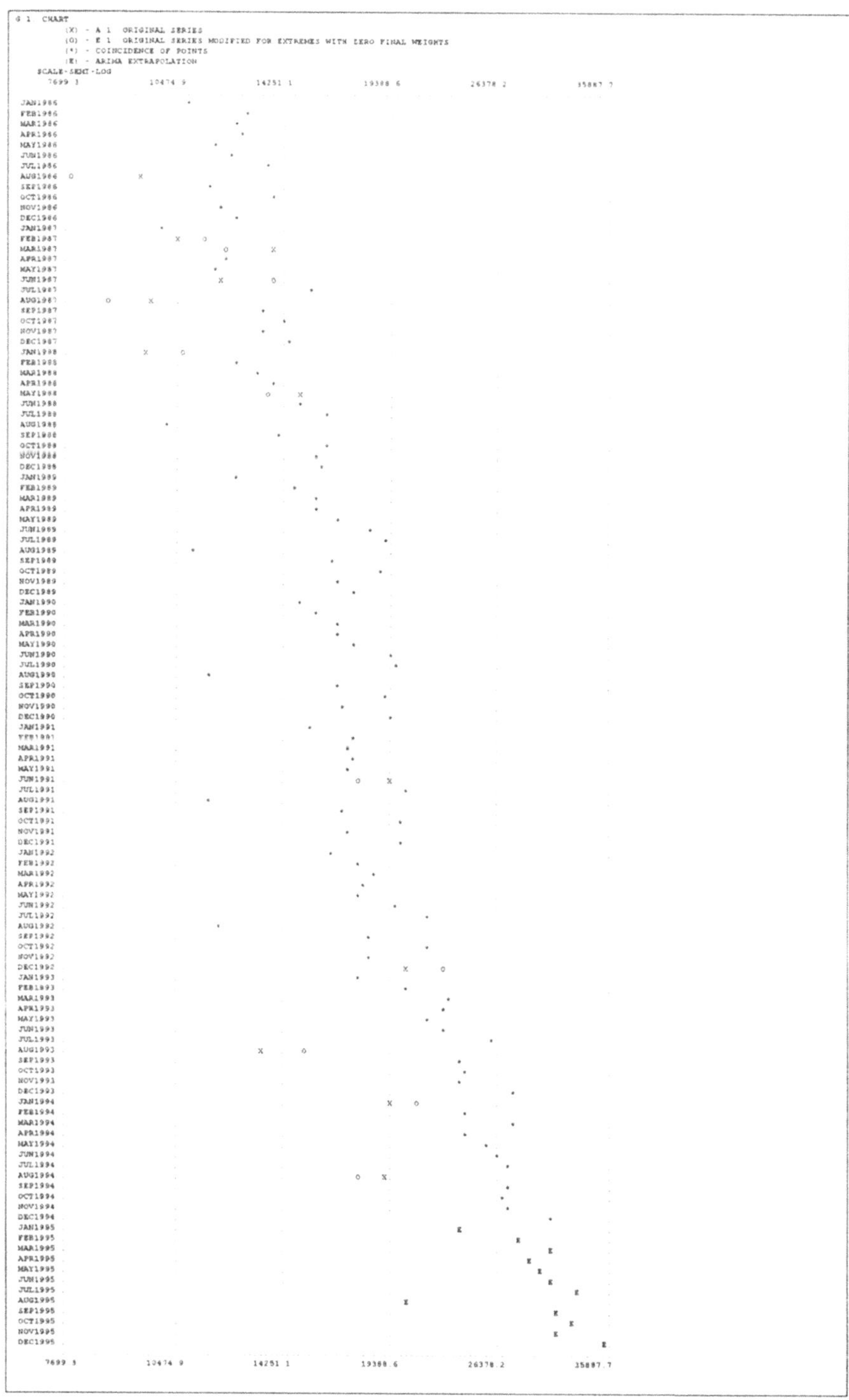
G 1 CHART
(X) - A 1 ORIGINAL SERIES
(O) - E 1 ORIGINAL SERIES MODIFIED FOR EXTREMES WITH ZERO FINAL WEIGHTS
(*) - COINCIDENCE OF POINTS
(E) - ARIMA EXTRAPOLATION
SCALE-SEMI-LOG
7699.3   10474.9   14251.1   19388.6   26378.2   35887.7

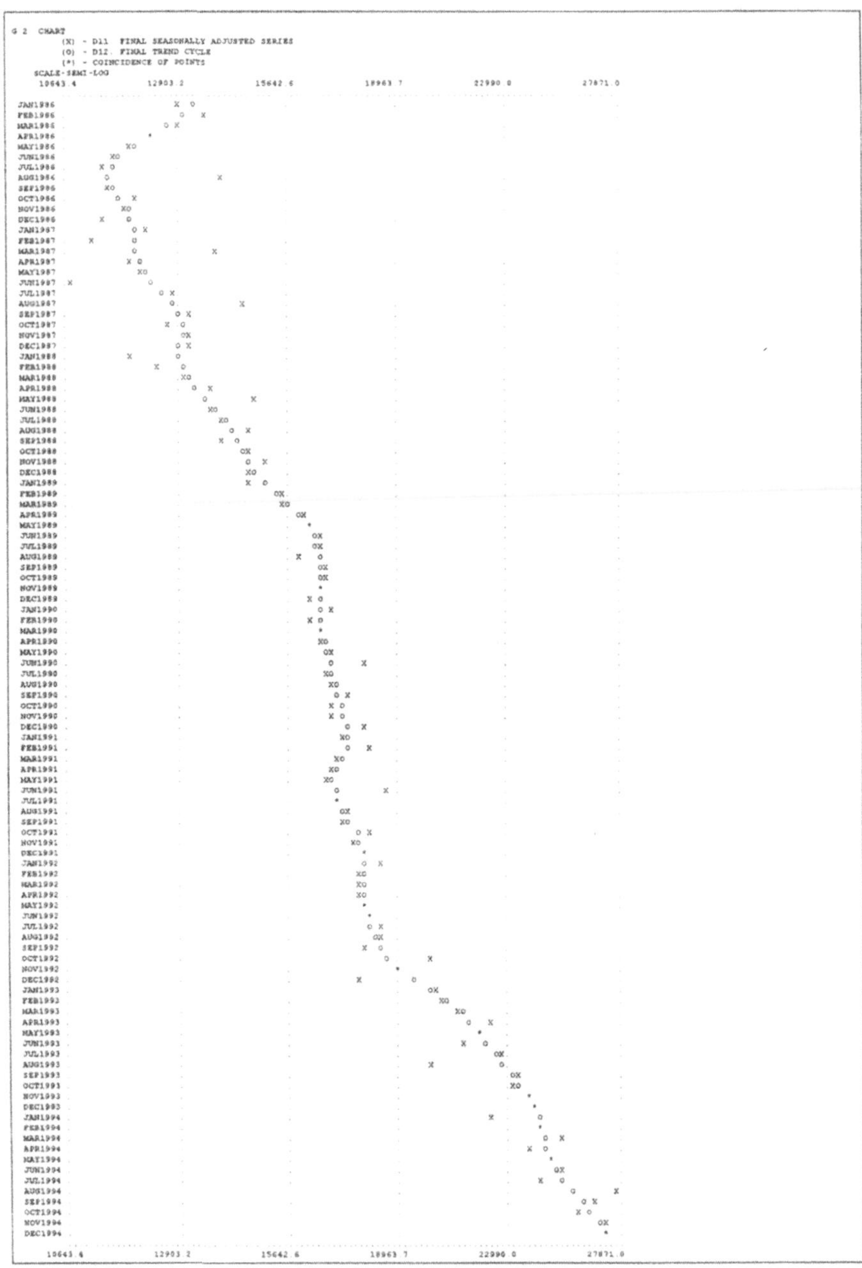

I valori contenuti in tutte le tabelle possono essere importati in un qualsiasi programma che produce grafici, come ad esempio Excel e SPSS. Le figure seguenti sono state ottenute importando in SPSS i valori contenuti nelle tabelle D10, D11, D12, D13 e D16. La figura 2

rappresenta la componente stagionale, la figura 3 la serie destagionalizzata, la figura 4 la tendenza ciclo, la figura 5 la componente irregolare, la figura 6 la componente stagionale e giorni lavorativi. Infine le figure 7 e 8 contengono rispettivamente i grafici della serie originale insieme alla tendenza ciclo e della serie destagionalizzata insieme alla tendenza ciclo.

Fig. 2. Componente stagionale

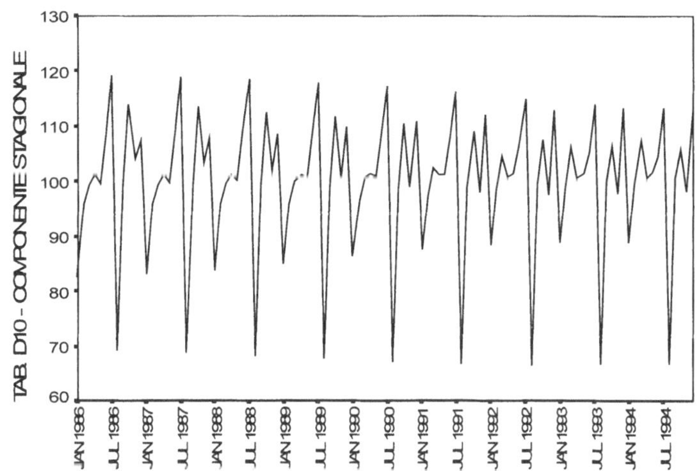

Fig. 3. Serie destagionalizzata

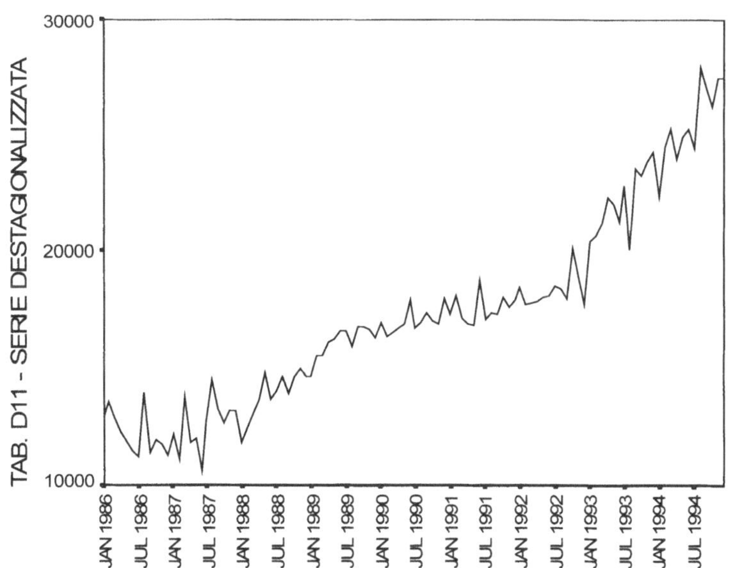

Fig. 4. Tendenza-ciclo

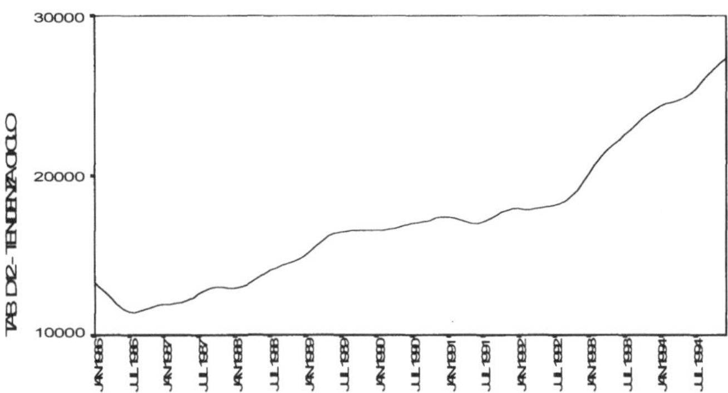

Fig. 5. Componente irregolare

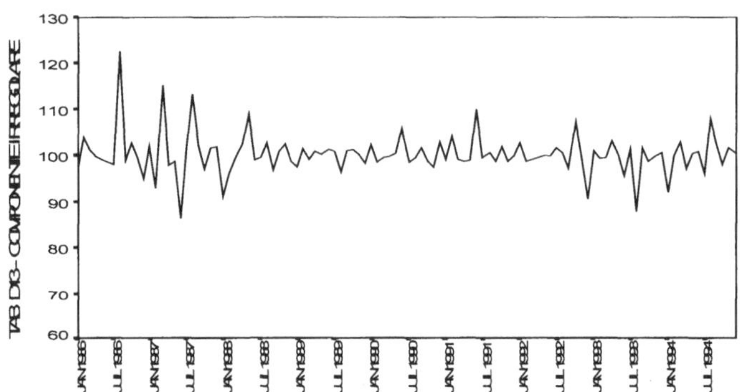

Fig. 6. Componente stagionale e variazioni di giorni lavorativi

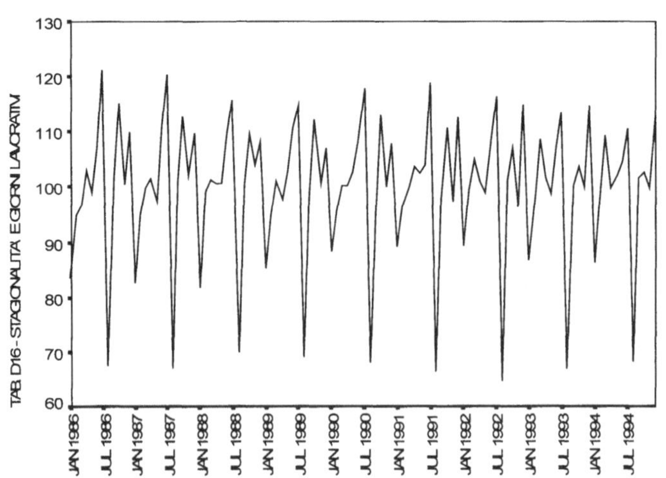

Fig. 7. Serie originale e tendenza-ciclo (linea tratteggiata)

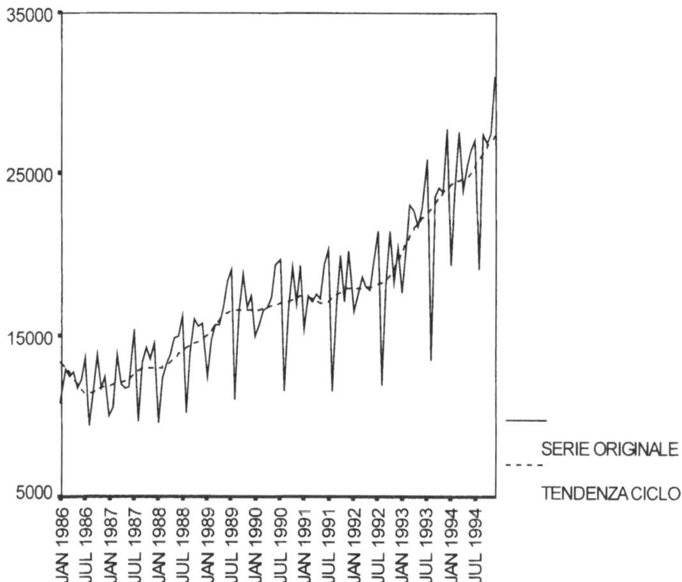

Fig. 8. Serie destagionalizzata e tendenza-ciclo (linea tratteggiata)

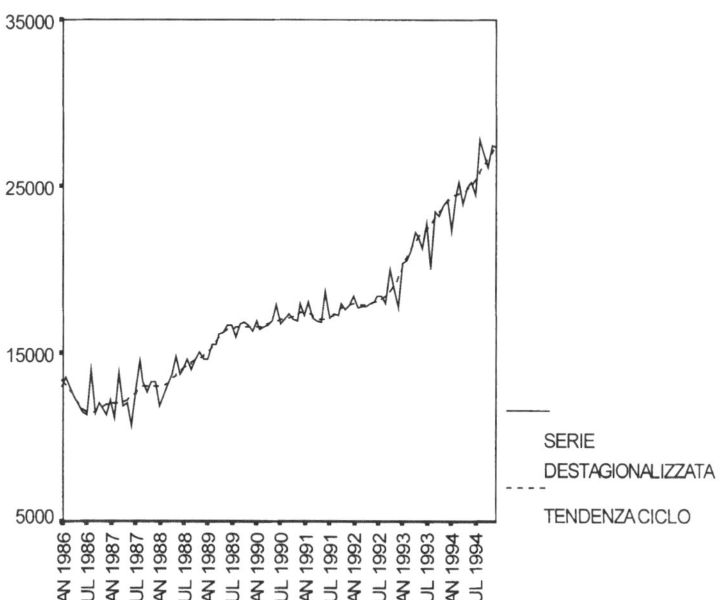

Appendice A.3
PROGRAMMA X11ARIMA (versione 2000 per PC)

Il software *X11ARIMA/2000* è molto simile all' *X11ARIMA/88*: la differenza principale riguarda la possibilità, nel software più recente, di scegliere tra più tipi di medie mobili per la destagionalizzazione.

Per effettuare la destagionalizzazione di una serie storica attraverso il programma *X11ARIMA/2000* si seguono due passi.

Nel primo passo si lancia l'eseguibile XAR2000 che serve per fornire al programma i dati da analizzare e per specificare i comandi e le opzioni per ottenere la scomposizione della serie storica.

Nel secondo passo si lancia l'eseguibile XA2000 e si specifica il nome del file in cui il programma deve scrivere i risultati delle elaborazioni.

Nel seguito useremo la convenzione di sottolineare i comandi e le opzioni specificate dall'utente. Si ricordi di usare sempre le lettere maiuscole.

1° PASSO
Posizionarsi nella directory dove è installato il programma, ad esempio nella directory
C:\X11ARIMA
Al prompt digitare il comando XAR2000
C:\X11ARIMA>XAR2000   (premere invio)
Sullo schermo compariranno le seguenti scritte:

```
            THE X11ARIMA88 PREPROCESSOR
                        BY
                 ESTELA BEE DAGUM
    TIME SERIES RESEARCH AND ANALYSIS DIVISION
    STATISTICS CANADA – OTTAWA – CANADA – K1A0T6
                  NOVEMBER, 1988
ENTER INPUT DATA FILENAME:
```

A questo punto l'utente deve indicare il nome del file che contiene la serie storica da analizzare:

```
ENTER INPUT DATA FILENAME: EXP8694.DAT   (premere invio)
COMMAND:
```

Ora l'utente deve specificare i comandi e le opzioni per effettuare la scomposizione. L'utente può scegliere se scrivere i comandi uno di seguito all'altro durante l'esecuzione del programma oppure se far leggere al programma il file COMMAND.FIL in cui ha precedentemente

scritto tutti i comandi da far eseguire al programma. Questa seconda soluzione ci sembra la più comoda ed è quella che seguiremo.
Quindi, ammesso di aver già creato il file COMMAND.FIL contenente i comandi per ottenere la scomposizione, l'istruzione da digitare è:

COMMAND: <u>READ COMMAND.FIL;</u>   (premere invio)

Ogni comando deve terminare con il punto e virgola.

A questo punto comparirà la scritta:

Stop – Program terminated

e si torna al prompt di DOS C:\X11ARIMA>

2° PASSO
Affinchè il programma esegua le istruzioni che l'utente ha specificato e fornisca i risultati delle elaborazioni si deve eseguire il programma XA2000
C:\X11ARIMA><u>XA2000</u>   (premere invio)

Sullo schermo comparirà la scritta:

File NAME for UNIT 9 (for tables) –

L'utente deve specificare il nome del file di output in cui il programma andrà a scrivere i risultati della scomposizione. Ad esempio:

File NAME for UNIT 9 (for tables) – <u>EXP8694.OUT</u>

Il programma stamperà un messaggio del tipo:

ESP 1ST/86 – 12TH/94
MULTIPLICATIVE SEASONAL ADJUSTMENT,
STANDARD PRINTOUT, MONTHLY PROGRAM
END OF X11ARIMA
STOP

e tornerà al prompt di DOS. Per leggere i risultati l'utente può aprire con un qualsiasi editor il file EXP8694.OUT. Se si usa WINWORD selezionare tutto il contenuto del file e scegliere COURIER NEW come tipo di carattere e 8 come dimensione del carattere.

COMMAND.FIL

Il primo comando da specificare è il comando **RANGE** che serve per definire la periodicità della serie (mensile o trimestrale) e i periodi a cui si riferiscono la prima e l'ultima osservazione.

La sintassi del comando è:

RANGE   p   y1   p1   y2   p2;

p   periodicità (4 per serie trimestrali, 12 per serie mensili)
y1   anno di inizio
p1   mese o trimestre di inizio
y2   anno di fine
p2   mese o trimestre di fine

Nel nostro esempio la serie è mensile, la prima osservazione è relativa a gennaio 1986, l'ultima a dicembre 1994. Quindi la prima riga di comando nel file COMMAND.FIL diventa:

<u>RANGE 12 86 1 94 12;</u>

L'istruzione che si deve specificare successivamente è il comando **X11ARDATA** che serve per definire il formato con cui il programma deve leggere i dati e per assegnare un identificativo alla serie. Il formato deve essere specificato in notazione FORTRAN.

La sintassi del comando è:

X11ARDATA FORMAT (f) id;

f   è il formato in notazione FORTRAN specificato dall'utente
id   identificativo assegnato alla serie

Nel nostro esempio, il file EXP8694.DAT è un file ASCII che contiene le osservazioni disposte in un'unica colonna. I valori sono numeri decimali con una sola cifra dopo la virgola e occupano al massimo 7 spazi. Il formato FORTRAN è quindi 1F7.1. 1 sta a indicare che in ogni riga c'è un solo numero. F sta per Float ossia si tratta di numeri reali. 7.1 significa che ogni numero occupa al massimo 7 spazi e ha 1 sola cifra decimale. ESP è l'identificativo che abbiamo scelto per la serie. L'istruzione è dunque:

<u>X11ARDATA FORMAT (1F7.1) ESP;</u>

L'istruzione **T** permette di specificare un titolo per l'output.
La sintassi è:
T stringa contenente il titolo.
Nel nostro esempio:

T ESPORTAZIONI ITALIANE NEL PERIODO 1986-1994;

Il comando **SA** è quello per effettuare la destagionalizzazione. Nel seguito indichiamo le principali opzioni che si possono specificare nel comando SA. Per ulteriori specifiche si rimanda al manuale.
La sintassi del comando è la seguente:
SA(ID,m,n);

ID   identificativo assegnato alla serie nel comando X11ARDATA

m   tipo di aggiustamento ($0 \le m \le 2$)

    m=0 modello moltiplicativo (default)

    m=1 modello additivo

    m=2 modello logaritmico

n   estrapolazioni ARIMA ($0 \le n \le 5$)

    n=0 il programma sceglie automaticamente tra i 4 modelli predefiniti e usa il modello scelto per produrre le previsioni per un anno

    n=1 il programma non usa nessun modello ARIMA e non produce previsioni

    n=2 il modello è fornito dall'utente. Il programma produce previsioni in avanti e indietro anche se i criteri di accettazione non sono soddisfatti.

    n=3 il modello è fornito dall'utente. Il programma sostituisce automaticamente i valori estremi con le stime ARIMA corrispondenti ottenute con il modello scelto e produce estrapolazioni in avanti e indietro

    n=4 il modello è fornito dall'utente e il programma produce solo le previsioni per un anno

    n=5 il modello è fornito dall'utente e il programma sostituisce automaticamente i valori estremi con le stime ARIMA corrispondenti ottenute con il modello scelto e produce solo le previsioni

Nel nostro esempio il comando per effettuare la scomposizione con un modello di tipo moltiplicativo e per far in modo che il programma allunghi la serie di un anno con il modello ARIMA scelto automaticamente è:

SA (ESP,0,0);

Nel comando SA si possono specificare numerose opzioni per:
-    fornire il modello ARIMA che il programma deve usare per produrre le estrapolazioni o per sostituire i valori estremi (n=3,4,5);

- modificare i criteri sulla base dei quali il programma giudica i modelli ARIMA;
- definire gli aggiustamenti a priori temporanei e/o permanenti;
- scegliere le medie mobili per la stima della tendenza-ciclo e della stagionalità;
- indicare quali tabelle e quali grafici il programma deve produrre in output e in quale formato;
- ...

Chiaramente è necessario specificare le opzioni solo se si vuole assegnare loro valori diversi da quelli di default.

Particolare interesse rivestono le opzioni relative agli aggiustamenti per l'effetto giorni lavorativi (**TDR**) e per l'effetto Pasqua (**EASTER**).

Il valore di default dell'opzione TDR è 0. In questo caso il programma non calcola l'effetto dovuto ai giorni lavorativi. Il valore consigliato per questa opzione è 3. In questo caso il programma effettua la regressione giorni lavorativi e corregge i valori della serie solo se l'effetto stimato è ritenuto significativo.

Il valore di default dell'opzione EASTER è 0 che esclude la stima dell'effetto Pasqua. Il valore consigliato è 3. In questo caso il programma calcola i fattori legati all'effetto Pasqua e opera gli aggiustamenti solo se tale effetto è risultato significativo.

L'altra opzione che abbiamo ritenuto utile modificare nel nostro esempio è **PRTDEC**. Di default il programma stampa in output le tabelle senza nessuna cifra decimale. Specificando PRTDEC 1, i valori sono mostrati con 1 cifra decimale in tutte le tabelle prodotte.

Quindi il comando scritto nel file COMMAND.FIL diventa:

<u>SA (ESP,0,0) TDR 3 EASTER 3 PRTDEC 1;</u>

Un'altra opzione molto utile, soprattutto quando si vogliono esportare tabelle in altri programmi per produrre grafici, è l'opzione **PUNCH**.

La sintassi dell'opzione è la seguente:

PUNCH n(tab1,id1,dec1,tab2,id2,dec2,...) <(ufmt)>;

n   permette di scegliere tra diversi formati

          n=0 il formato per dati mensili è (12F6.0,I2,A6), per dati trimestrali (4(12X,F6.0),I2,A6)

          n=1 il formato è fornito dall'utente

tab1   nome della prima tabella da esportare

tab2   nome della seconda tabella da esportare

id1   identificativo assegnato dall'utente alla prima tabella

id2   identificativo assegnato dall'utente alla seconda tabella
dec1   numero di decimali con cui stampare i valori della prima tabella
dec2   numero di decimali con cui stampare i valori della seconda
tabella
ufmt   formato fornito dall'utente in notazione FORTRAN

Nel nostro esempio abbiamo voluto esportare la tabella D11 contenente la serie destagionalizzata, e la tabella D12 contenente la componente tendenza ciclo. L'opzione da aggiungere al comando SA (prima del punto e virgola) è:

<u>PUNCH 1(D11,MSD11,1,D12,MSD12,1) (1F7.1);</u>

Specificando tale opzione, al momento dell'esecuzione del programma (cioè quando si lancia XA2000), viene creato un file che si chiama SPEF che contiene un'unica colonna, i primi 108 valori (108 è la lunghezza della serie analizzata 1986-1994) sono i valori della serie destagionalizzata contenuti in tabella D11, i successivi 108 valori sono i valori della tendenza ciclo contenuti in tabella D12.

Il programma completo da scrivere nel file COMMAND.FIL è quindi:

```
RANGE 12 86 1 94 12;
X11ARDATA FORMAT(1F7.1) ESP;
T ESPORTAZIONI ITALIANE NEL PERIODO 1986-1994;
SA (ESP,0,0) TDR 3 EASTER 3 PRTDEC 1 PUNCH
1(D11,MSD11,1,D12,MSD12,1) (1F10.2);
END;
```

Per avere informazioni sulle opzioni che non sono state trattate qui è possibile consultare l'help in linea. Al prompt dei comandi del programma digitando il comando **HELP** si ottiene un elenco di tutti i comandi a disposizione:

```
COMMAND: HELP;

        DATA            X11ARDATA       PRTAV
        PRTDATA
        COMP_BEGIN      RANGE           TITLE
        SA
        COMP_END        HELP;
```

Digitando **HELP OPTION** si ottiene un elenco di tutte le opzioni disponibili:

COMMAND: <u>HELP OPTION;</u>

PRINT	PRTDEC	CHART
TOTAL		
SUMMARY	MAVS	MAVTC
SLSTC		
ADJTC	TEMP_PRIOR	PDV
TDR		
DMAS	TCMA	LMA
COMP1		
COMP2	MODEL	INITIAL
ORDER		
EASTER	CHISQ	HORIZON
FCLIMIT		
MIT	DIVPOWER	PUNCH
PERM_PRIOR		
SLTD		

Se si vogliono informazioni circa la sintassi di un'opzione il comando per ottenerle è:

COMMAND: <u>HELP nome opzione;</u>

Bibliografia

Akaike, H. (1980): "Seasonal Adjustment by a Bayesian Modelling", *Journal of Time Series Analysis*, 1, pp. 1-13.

Bartlett, M.S. (1946): "On the Theoretical Specification of Sampling Properties of Autocorrelated Time Series", *Journal of the Royal Statistical Society, Series B*, 8, pp. 27-41.

Bell W.H., Hillmer, S.C., (1984): "Issues Involved with the Seasonal Adjustment of Economic Time Series", *Journal of Business and Economic Statistics*, 2, 3, pp. 291-320.

Bordignon, S. (1991): "Destagionalizzazione delle serie storiche delle forze di lavoro", in U. Trivellato (a cura di), *Forze di lavoro: disegno dell'indagine e indagini strutturali*, ISTAT, Roma.

Box, G.E.P., Cox, D.R. (1964): "An Analysis of Transformations", *Journal of the Royal Statistical Society, Series B*, 26, pp. 211-243.

Box, G.E.P., Jenkins, G.M. (1970): *Time Series Analysis: Forecasting and Control*, Holden-Day, San Francisco, U.S.A (seconda edizione, 1976).

Box, G.E.P., Pierce, D. (1970):"Distribution of Residual Autocorrelations in Autoregressive Integrated Moving Average Time Series Models", *Journal of the American Statistical Association*, 65, pp. 1509-1526

Box, G.E.P., Tiao, G.C. (1975): "Intervention Analysis with Applications to Economic and Environmental Problems", *Journal of the American Statistical Association*, 70, pp. 70-79.

Bourbonnais, R., Terraza, M. (1998): *Analyse des Séries Temporelles en Economie*, Presses Universitaires de France, Paris.

Brillinger, D. (1975): *Time Series Data Analysis and Theory*, Holt, Rinehart and Winston, New York.

Brockwell, P., Davis, R. (1996): *Introduction to Time Series and Forecasting*, Springer-Verlag, New York.

Bunzel, H., Hylleberg, S. (1982): "Seasonality in Dynamic Regression Models: A Comparative Study of Finite Sample Properties of Various Regression Estimators Including Band Spectrum Regression", *Journal of Econometrics*, 19, pp. 345-366.

Burman, J.P. (1980): "Seasonal adjustment by signal extraction", *Journal of the Royal Statistical Society, Series A*, 143, pp. 321-337.

Burridge, P., Wallis, K.F. (1984): "Unobserved Components Models for Seasonal Adjustment Filters", *Journal of Business and Economic Statistics*, 2, pp. 350-359.

Chaab, N., Morry, M., Dagum, E.B. (1999): "Further Results on Alternative Trend-Cycle Estimators for Current Economic Analysis", *Estadistica*, 6, pp. 3-73.

Chatfield, C. (1989): *An Introduction to the Analysis of Time Series*, Chapman and Hall, London.

Chen, Z-G, Cholette, P.A., Dagum, E.B. (1996): "A Non-Parametric Method for Benchmarking Survey Data via Signal Extraction ", *Journal of the American Statistical Association*, 92, 440, pp. 1536-1571.

Cleveland, R.B., Cleveland, W.S., McRae, J.E., Terpenning, I.J. (1990): "A Seasonal Trend Decomposition Procedure Based on Loess", *Journal of Official Statistics*, 6, pp. 3-73.

Cleveland, W.P., Tiao, G.C. (1976): "Decomposition of Seasonal Time Series: a Model for Census X11 Program", *Journal of the American Statistical Association*, 71, pp. 581-587.

Cleveland, W.S. (1983): "Seasonal and Calendar Adjustment", in *Handbook of Statistics* (Brillinger, D.R. e Krishnaiah, P.R., a cura di), North Holland, 3, pp. 39-72.

Cleveland, W.S., Dunn, D.M., Terpenning, I.J. (1978): "SABL a Resistant Seasonal Adjustment Procedure with Graphical Methods for Interpretation and Diagnosis", in *Seasonal Analysis of Economic Time Series*, a cura di A. Zellner, U.S. GPO, Washington, DC, pp. 201-231.

Cleveland, R.B., Cleveland, W.S., McRae, J.E., Terpenning, I.J. (1990): "STL a Seasonal Trend Decomposition Procedure based on Loess", *Journal of Official Statistics*, 6,1, pp. 3-33.

Cramer, H., Leadbetter, R. (1967): *Stationary and Related Stochastic Processes*, John Wiley and Sons, New York.

Dagum, C., Dagum, E.B. (1988): "Trend", in Encyclopedia of Statistical Sciences, Kotz, S. e Johnson, N. Eds., John Wiley & Sons, New York, vol. 9, pp. 321-324.

Dagum, E.B. (1978a): "Comparison and Assessment of Seasonal Adjustment Methods for Labour Force Series", Background Paper n. 5, U.S. National Commission on Employment and Unemployment Statistics, Superintendent of Documents, Washington, D.C.: U.S. Government Printing Office.

Dagum, E.B. (1978b): "Modelling, Forecasting and Seasonally Adjusting Economic Time Series with the X11ARIMA Method", *The Statistician*, 27, 3 e 4, pp. 203-216.

Dagum, E.B. (1980): *The X-11-ARIMA Seasonal Adjustment Method*, Statistics Canada, Ottawa, Canada.

Dagum, E.B. (1982a): "Revisions of Time Varying Seasonal Filters", *Journal of Forecasting*, 1, pp. 173-187.

Dagum, E.B. (1982b): "The Effects of Asymmetric Filters of Seasonal Factor Revisions", *Journal of the American Statistical Association*, 77, pp. 732-738.

Dagum, E.B. (1982c): "Revisions of Seasonally Adjusted Data Due to Filter Changes", *Proceedings of the Business and Economic Section, American Statistical Association*, pp. 39-45.

Dagum, E.B. (1983): "Spectral Properties of the Concurrent and Forecasting Seasonal Linear Filters of the X11ARIMA Method", *The Canadian Journal of Statistics*", 11, pp. 73-90.

Dagum, E.B. (1985): "Moving Averages", Encyclopedia of Statistical Sciences, Kotz, S. e Johnson, N. Eds., John Wiley & Sons, New York, 5, pp. 630-634.

Dagum, E.B. (1988): *The X11ARIMA/88 Seasonal Adjustment Method – Foundations and User's Manual*, Time-series research and analysis centre, Statistics Canada, Ottawa, Canada.

Dagum, E.B. (1988a): "Seasonality", in Encyclopedia of Statistical Sciences, Kotz, S. e Johnson, N. Eds., John Wiley & Sons, New York, vol. 8, pp. 321-326.

Dagum, E.B. (1996): "A New Method to Reduce Unwanted Ripples and Revisions in Trend-Cycle Estimates from X11ARIMA", *Survey Methodology*, 22, 1, pp. 77-83.

Dagum, E.B. (2001): "Time Series: Seasonal Adjustment", in International Encyclopedia of the Social and Behavioral Sciences, vol. II - Methodology, Fienberg, S. e Kadane, J. Editors, Elsevier Sciences Pub. (in corso di pubblicazione).

Dagum, E.B., Capitanio, A. (1998): "Smoothing Methods for Short-Term Trend Analysis: Cubic Splines and Henderson Filters", *Statistica*, anno LVII, 7, pp. 5-24.

Dagum, E.B., Chhab, N., Chiu, K. (1996): "Derivation and Properties of the Census X-11 Variant and the X-11-ARIMA Linear Filters", *Journal of Official Statistics*, 12, 4, pp. 329-347.

Dagum, E.B., Chhab, N., Solomon, B. (1991): "Autocorrelations of Residuals from X11ARIMA Method", *Journal of Official Statistics*, 7, pp. 181-194.

Dagum, E.B., Cholette, P.A., Chen, Z-G, (1998): "A Unified View of Signal Extraction Benchmarking, Interpolation and Extrapolation of Time Series", *International Statistical Review*, 66, 3, pp. 245-269.

Dagum, E.B., Laniel, N. (1987): "Revisions of Trend-Cycle Estimators of Moving Average Seasonal Adjustment Method", *Journal of Business and Economic Statistics*, 5, pp. 177-189.

Dagum, E.B., Luati, A. (2000): "Predictive Performance of Some Nonparametric Linear and Nonlinear Smoothers for Noisy Data", *Statistica,* anno LX, 4, pp. 5-25.

Dagum, E.B., Luati, A. (2001): "A Study of the Asymmetric and Symmetric Weights of Kernel Smoothers and their Spectral Properties", *Estadistica* (forthcoming).

Dagum, E.B., Quenneville, B. (1993): "Dynamic Linear Models for Time Series Components", *Journal of Econometrics*, 55, pp. 333-351.

Dagum, E.B., Quenneville, B., Sutradhar, B. (1992): "Trading-Day Variations Multiple Regression Models with Random Parameters", *International Statistical Review*, 60, 1, pp. 57-73.

Durbin, J., Murphy, M.J. (1975): "Seasonal Adjustment Based on a Mixed Additive Moltiplicative Model", *Journal of the Royal Statistical Society, Series A*, 138, pp. 385-409.

Duvall, R.M. (1966): "Time Series Analysis by Modified Least-Squares Techniques", *Journal of the American. Statistical Association.*, 61, pp. 152-165.

Faliva, M. (1984): "Trend-cycle estimation in economic time series by filtering methods", *Statistica*, XLIV, pp. 601-617.

Faliva, M. (1994): "Trend-cycle detection as a filtering problem", *Journal of Italian Statistical Society*, 3, pp. 315-338.

Findley, D.F., Monsell, B.C., Bell, W.R., Otto, M.C., Chen B. (1998): "New Capabilities and Methods of the X12-ARIMA Seasonal Adjustment Program", *Journal of Business and Economic Statistics*, 16, 2.

Fischer, B., (1995): *Decomposition of Time Series Comparing Different Methods in Theory and Practice,* Monografia, Econostat, Luxemburg.

Fuller, W.A. (1976): *Introduction to Statistical Time Series*, John Wiley and Sons, New York.

Gersch, W., Kitagawa, G. (1983): "The Prediction of Time Series with Trends and Seasonalities", *Journal of Business and Economic Statistics*, 1, pp. 253-263.

Gersovitz, M., MacKinnon, J.G. (1978): "Seasonality in Regression: An Application of Smoothness Priors", *Journal of the American Statistical Association*, 73, pp. 264-273.

Golberg, S. (1958): "Difference Equations", John Wiley and Sons, NewYork.

Gomez, V., Maravall, A. (1992): "Signal Extraction in ARIMA Time Series. Program SEATS", European University Working paper, n. 92/65.

Gomez, V., Maravall, A. (1996): *TRAMO-SEATS*, Banca di Spagna, Madrid.

Hamilton, J.D. (1994): *Time Series Analysis*, Princeton University Press, New Jersey.

Hahn, G.J., Shapiro S.S. (1967): *Statistical Models in Engineering*, John Wiley & Sons Inc., New York.

Hannan, E.J. (1960): "The Estimation of Seasonal Variations", *Australian Journal of Statististics*, 2, pp. 1-15.

Harvey, A.C. (1981, 1993): *Time Series Models*, Harvester- Wheatsheaf, Great Britain.

Harvey, A.C. (1985): "Trends and Cycles in Macroeconomic Time Series", *Journal of Business and Economic Statististics*, 3, pp. 216-227.

Harvey, A.C. (1989): *Forecasting Structural Time Series Models and the Kalman Filter*,
Cambridge University Press, Cambridge, England.

Henderson, R. (1916): "Note on Graduation by Adjusted Average", *Transaction of the Actuarial Society of America*, 17, pp. 43-48.

Henshaw, R.C. (1966): "Application of the General Linear Model to Seasonal Adjustment of Economic Time Series", *Econometrica*, 34, pp. 381-395.

Hillmer, S.C., Tiao, G.C. (1982): "An ARIMA Model Based Approach to Seasonal Adjustment", *Journal of the American Statistical Association*, 77, pp. 63-70.

Jorgenson, E.W. (1964): "Minimum Variance, Linear Unbiased, Seasonal Adjustment of Economic Time Series", *Journal of the American Statistical Association*, 59, pp. 402-421.

Kendall, M.G., Stuart, A. (1966): *The advanced theory of statistics*, Vol. 3, Griffin, London.

Khintchine, A.Y. (1934): "Korrelation Theorie der Stationariem Stochastichen Prozesse", *Mathematical Annals*, 109, pp. 604-615-421.

Kitagawa, G., Gersch, W. (1984): "A Smoothness Priors-State Space Modeling of Time Series with Trend and Seasonality", *Journal of the American Statistical Association*, 79, pp. 378-389.

Kolmogorov, A. (1933): *Foundations of the theory of probability* (in russo), traduzione in inglese di Chelsea Publishing Company, 1956.

Koopman, S.J., Harvey, A.C., Doornik, J.A., Shephard, N. (1998): *Structural Time Series Analyser, STAMP (5.0)*, International Thomson Business Press, London, England.

Kuiper, A.K., (1976): "A Survey and Comparative Analysis of Various Methods of Seasonal Adjustment" on *Seasonal Adjustment of Economic Time Series*, (A. Zellner editor) U.S. Bureau of Census, Dept of Commerce, Washington D.C., pp. 59-76.

Ladiray, D., Quenneville, B. (2001): "Seasonal Adjustment with the X11 Method", Lecture Notes in Statistics no. 158, Springer-Verlag, New York.

Laniel, N. (1985): "Design Criteria for the 13-Term Henderson End-Weights", Working Paper, Methodology Branch, Statistics Canada, Ottawa.

Ljung, G.M., Box, G.E.P. (1978). "On a Measure of Lack of Fit in Time Series Models", *Biometrika*, 65, pp. 297-303.

Lothian, J., Morry, M. (1978): "A Test for the Presence of Identifiable Seasonality when Using the X11 Program", Research Paper, Seasonal Adjustment and Time Series Staff, Statistics Canada, Ottawa.

Lovell, M.C. (1963): "Seasonal Adjustment of Economic Time Series and Multiple Regression Analysis", *Journal of the American Statistical Association*, 58, pp. 993-1010.

Macaulay, F.R. (1931): *The Smoothing of Time Series*, National Bureau of Economic Research, Washington, D.C.

Maravall, A. (1993). "Stochastic and Linear Trends: Models and Estimators", *Journal of Econometrics*, 56, pp. 5-37.

Pankratz, A. (1991): *Forecasting with Dynamic Regression Models*, John Wiley & Sons, New York.

Persons, W.M. (1919): "Indices of Business Conditions", *Review of Economic Statistics*, 1, pp. 5-107.

Piccolo, D. (1990): *Introduzione all'analisi delle serie storiche*, NIS, Roma.

Pierce, D. (1979): "Seasonal Adjustment when Both Deterministic and Stochastic Seasonality are Present", *Seasonal Analysis of Economic Time Series*, a cura di A. Zellner, U.S. GPO, Washington, DC, pp. 242-269.

Pierce, D. (1980), "Data Revisions with Moving Average Seasonal Adjustment Procedures", *Annals of the Journal of Econometrics*, 14, pp. 95-114.

Plosser, C.I., Schwert G.W. (1977) "Estimation of a non invertible moving average process", *Journal of Econometrics*, 6, pp. 199-224.

Priestley, M.B. (1981): *Spectral Analysis and Time Series*, Academic press, London.

Quenouille, M.H. (1949): "Approximate Tests of Correlation in Time Series", *Journal of the Royal Statistical Society, Series B*, 11, pp. 123-129.

Shiskin, J., Young, A.H., Musgrave, J.C. (1967): "The X-11 Variant of Census Method II Seasonal Adjustment", Technical Paper n. 15, Washington, D.C.: U.S. Bureau of Census.

Slutsky, E. (1937): "The Summation of Random Causes at the Source of Cyclic Processes", traduzione in inglese in *Econometrica*, 5, pp. 105.

Stephenson, J.A., Farr, H.T. (1972): "Seasonal Adjustment of Economic Data by Application of the General Linear Statistical Model", *Journal of the American Statistical Association*, 67, pp. 37-45.

Sutradhar, B.C., MacNeill, I., Dagum, E.B. (1995): "A Simple Test for Stable Seasonality", *Journal of Statistical Planning and Inference*, 43, pp. 157-167.

Sutradhar, B.C., Dagum, E.B. (1998): "Bartlett-type modified test for moving seasonality with applications", *The Statistician*, 47, 1, pp. 191-206.

Sutradhar, B.C., Dagum, E.B., Solomon, B. (1991): "An Exact Test for the Presence of Stable Seasonality with Applications", *Survey Methodology*, 17, 2, pp. 153-161.

Wallis, K.F. (1982): "Seasonal Adjustment and Revision of Current Data: Linear Filters for the X11-Method", *Journal of the Royal Statistical Society, Series A*, 145, pp. 74-85.

Wiener, N. (1949): *Extrapolation, Interpolation and Smoothing of Stationary Time Series*, John Wiley and Sons, New York.

Wold, H.O. (1938): *A Study in the Analysis of Stationary Time Series*, Almquist and Wicksell, Uppsala, (seconda edizione 1954).

Yaglom, A.M. (1955): "The Correlation Theory of Processes whose nth Difference Constitute a Stationary Process", *Matem. Sb.*, 37 (79), pp. 141.

Yaglom, A.M. (1962): *Theory of Stationary Random Functions*, Prentice Hall, N.J..

Young, A.H. (1965): "Estimating Trading-Day Variation in Monthly Economic Time Series", Technical Paper 12, Washington, D.C.: U.S. Bureau of Census.

Young, A.H. (1968): "Linear Approximations to the Census and BLS Seasonal Adjustment Methods", *Journal of the American Statistical Association*, 63, pp. 445-471.

Yule, G.U. (1921): "On the Time Correlation Problems with Special Reference to the Variate Different Correlation Method", *Journal of the Royal Statistical Society,* 84, pp. 497-526.

Yule, G.U. (1927): "On a Method of Investigating Periodicities in Disturbed Series, with Special Reference to Wolfer's Sunspot Numbers", *Philosophical transactions of the Royal Society, Series A,* 225, pp. 267-298.

Zoia, M.G. (1996): *Identificazione e Stima delle Componenti Caratteristiche delle Serie Economiche,* Monografie dell'istituto di econometria e matematica dell'Università Cattolica di Milano.